普通高等教育"十三五"规划教材

# 兽医特殊诊断技术

高光平　邹本革　毛军福　主编

科学出版社

北　京

# 内 容 简 介

本书主要包括兽医特殊诊断基础知识、X线技术、小动物X线机操作技术、大动物X线机操作技术、超声诊断技术、消化道内镜诊断技术等内容，在内容编写上充分考虑了动物医学专业职教师资培养的基本要求，参考发达国家兽医技术员和兽医护士的教育标准，结合我国新形势下动物医学专业毕业生的岗位定位和能力要求，本着理论与实践相互渗透和知识点相互连接的原则，重点明确、图文合一、条理清晰、通俗易懂。本书第七章专门设计了本课程的教学法，将职业教育教学方法与专业课教学高度融合，增加了教材的针对性和实用性。

本书可供动物医学专业职教师资培养单位使用，也可供其他高校动物医学专业、动物医院和相关单位参考。

## 图书在版编目（CIP）数据

兽医特殊诊断技术／高光平，邹本革，毛军福主编. —北京：科学出版社，2016

普通高等教育"十三五"规划教材
ISBN 978-7-03-048947-0

Ⅰ.①兽… Ⅱ.①高… ②邹… ③毛… Ⅲ.①兽医学－诊断学－高等学校－教材 Ⅳ.① S854.4

中国版本图书馆CIP数据核字（2016）第139025号

责任编辑：丛　楠　韩书云／责任校对：张怡君
责任印制：张　伟／封面设计：黄华斌

科学出版社 出版
北京东黄城根北街16号
邮政编码：100717
http://www.sciencep.com

北京虎彩文化传播有限公司 印刷
科学出版社发行　各地新华书店经销

\*

2016年6月第 一 版　　开本：787×1092　1/16
2022年5月第三次印刷　　印张：13 3/4
字数：260 000
定价：55.00元
（如有印装质量问题，我社负责调换）

# 教育部动物医学本科专业职教师资培养核心课程
# 系列教材编写委员会

# 《兽医特殊诊断技术》编委会

# 丛 书 序

为贯彻落实全国教育工作会议精神和《国家中长期教育改革和发展规划纲要（2010—2020 年）》提出的完成培训一大批"双师型"教师、聘任（聘用）一大批有实践经验和技能的专兼职教师的工作要求，进一步推动和加强职业院校教师队伍建设，促进职业教育科学发展，教育部、财政部决定于 2011～2015 年实施职业院校教师素质提高计划，以提升教师专业素质、优化教师队伍结构、完善教师培养培训体系。同时制定了《教育部、财政部关于实施职业院校教师素质提高计划的意见》，把开发 100 个职教师资本科专业的培养标准、培养方案、核心课程和特色教材等培养资源作为该计划的主要建设目标。作为传统而现代的动物医学专业被遴选为培养资源建设开发项目。经申报、遴选和组织专家论证，河北科技师范学院承担了动物医学本科专业职教师资培养资源开发项目（项目编号 VTNE062）。

河北科技师范学院（原河北农业技术师范学院）于 1985 年在全国率先开展农业职教师资培养工作，并把兽医（动物医学）专业作为首批开展职业师范教育的专业进行建设，连续举办了 30 年兽医专业师范类教育，探索出了新型的教学模式，编写了兽医师范教育核心教材，在全国同类教育中起到了引领作用，得到了社会的广泛认可和教育主管部门的肯定。但是职业师范教育在我国起步较晚，一直在摸索中前行。受时代的限制和经验的缺乏等影响，专业教育和师范教育的融合深度还远远不够，专业职教师资培养的效果还不够理想，培养标准、培养方案、核心课程和特色教材等培养资源的开发还不够系统和完善。开发一套具有国际理念、适合我国国情的动物医学专业职教师资培养资源实乃职教师资培养之当务之急。

在我国，由于历史的原因和社会经济发展的客观因素限制，兽医行业的准入门槛较低，职业分工不够明确，导致了兽医教育的结构单一。随着动物在人类文明中扮演的角色日益重要、兽医职能的不断增加和兽医在人类生存发展过程中的制衡作用的体现，原有的兽医教育体系和管理制度都已不适合现代社会。2008 年，我国开始实行新的兽医管理制度，明确提出了执业兽医的准入条件，意味着中等职业学校的兽医毕业生的职业定位应为兽医技术员或兽医护士，而我国尚无这一层次的学历教育。要开办这一层次的学历教育，急需能胜任这一岗位的既有相应专业背景，又有职业教育能力的师资队伍。要培养这样一支队伍，必须要为其专门设计包括教师标准、培养标准、核心教材、配套数字资源和培养质量评价体系在内的完整的教学资源。

我们在开发本套教学资源时，首先进行了充分的政策调研、行业现状调研、中等职业教育兽医专业师资现状调研和职教师资培养现状调研。然后通过出国考察和网络调研学习，借鉴了国际上发达国家兽医分类教育和职教师资培养的先进经验，在我校 30 年开展兽医师范教育的基础上，在教育部《中等职业学校教师专业标准（试行）》的框架内，设计出了《中等职业学校动物医学类专业教师标准》，然后在专业教师标准的基础上又开发出了《动物医学本科专业职教师资培养标准》，明确了培养目标、培养条件、培养过程和质量评价标准。根据培养标准中设计的课程，制定了每门课程的教学目标、实现方法和考核标准。在课程体系的框架内设计了一套覆盖兽医技术员和兽医护士层级职业教育的主干教材，并有相应的配套数字资源支撑。

教材开发是整个培养资源开发的重要成果体现，因此本套教材开发时始终贯彻专业教育与职业师范教育深度融合的理念，编写人员的组成既有动物医学职教师资培养单位的人员，又有行业专家，还有中高职学校的教师，有效保证了教材的系统性、实用性、针对性。本套教材的特点有：①系统性。本套教材是一套覆盖了动物医学本科职教师资培养的系列教材，自成完整体系，不是在动物医学本科专业教材的基础上的简单修补，而是为培养兽医技术员和兽医护士层级职教师资而设计的成套教材。②实用性。本套教材的编写内容经过行业问卷调查和专家研讨，逐一进行认真筛选，参照世界动物卫生组织制定的《兽医毕业生首日技能》的要求，根据四年制的学制安排和职教师资培养的基本要求而确定，保证了内容选取的实用性。③针对性。本套教材融入了现代职业教育理念和方法，把职业师范教育和动物医学专业教育有机融合为一体，把职业师范教育贯穿到动物医学专业教育的全过程，把教材教法融入到各门课程的教材编写过程，使学生在学习任何一门主干课程时都时刻再现动物医学职业教育情境。对于兽医临床操作技术、护理技术、医嘱知识等兽医技术员和兽医护士需要掌握的技术及知识进行了重点安排。④前瞻性。为保证教材在今后一个时期内的领先地位，除了对现阶段常用的技术和知识进行重点介绍外，还对今后随着科技进步可能会普及的技术和知识也进行了必要的遴选。⑤配套性。除了注重课程间内容的衔接与互补以外，还考虑到了中职、高职和本科课程的衔接。此外，数字教学资源库的内容与教材相互配套，弥补了纸质版教材在音频、视频和动画等素材处理上的缺憾。⑥国际性。注重引进国际上先进的兽医技术和理念，将"同一个世界同一个健康"、动物福利、终生学习等理念引入教材编写中来，缩小了与发达国家兽医教育的差距，加快了追赶世界兽医教育先进国家的步伐。

本套教材的编写，始终是在教育部教师工作司和职业教育与成人教育司的宏观指导下和项目管理办公室，以及专家指导委员会的直接指导下进行的。农林项目专家组的汤生玲教授既有动物医学专业背景，又是职业教育专家，对本套教材的整体设计给予了宏观而具体的指导。张建荣教授、徐流教授、曹晔教授和卢双盈教授分别从教材与课程、课程与培养标准、培养标准与专业教师标准的统一，职教理论和方法，教材教法等方面给予了具体指导，使本套教材得以顺利完成。河北科技师范学院王同坤校长、主管教学的房海副校长、继续教育学院赵宝柱院长、教务处武士勋处长、动物科技学院吴建华院长在人力调配、教材整体策划、项目成果应用方面给予大力支持和技术指导。在此项目组全体成员向关心指导本项目的专家、领导一并致以衷心的感谢！

本套教材的编写虽然考虑到了编写人员组成的区域性、行业性、层次性，共有近200人参加了教材的编写，但在内容的选取、编写的风格、专业内容与职教理论和方法的结合等方面，很难完全做到南北适用、东西贯通。编写本科专业职教师资培养核心课程系列教材，既是创举，更是尝试。尽管我们在编写内容和体例设计等方面做了很多努力，但很难完全适合我国不同地域的教学需要。各个职教师资培养单位在使用本教材时，要结合当地、当时的实际需要灵活进行取舍。在使用过程中发现有不当和错误的地方，请提出批评意见，我们将在教材再版时予以更正和改进，共同推进我国动物医学职业教育向前发展。

动物医学本科专业职教师资培养资源开发项目组
2015 年 12 月

# 前　言

发展职业教育关键要有一支高素质的职业教育师资队伍。教育部、财政部为破解这一限制职业教育发展的瓶颈难题，启动了职业学校教师素质提高计划。此计划的任务之一是开发出一套培养本科专业职教师资骨干的教学资源，动物医学本科专业职教师资培养资源开发则属于本套培养资源开发项目的组成部分，计划开发出包括中职学校动物医学专业教师标准、动物医学本科专业职教师资培养标准、动物医学本科专业职教师资培养质量评价体系、动物医学本科专业职教师资培养专用教材和数字教学资源库在内的系列教学资源。

本套培养资源开发正值我国兽医管理制度改革，对中职学校兽医专业毕业生的岗位定位进行了明确界定，为此中等职业学校兽医专业的办学定位也要进行大幅度调整，与之配套的职教师资职业素质也应进行重新设定。为适应这一新形势，动物医学专业职教师资培养资源开发项目组彻底打破了原有的课程体系，参考发达国家兽医技术员和兽医护士层面的教育标准，结合我国新形势下中职学校兽医专业毕业生的岗位定位和能力要求，设计了一套全新的课程体系，并为 16 门骨干课程编制配套教材。本教材属于动物医学本科专业职教师资培养配套教材之一。

本着理论与实践相互渗透和知识点相互连接的原则，我们组织并进行了《兽医特殊诊断技术》教材的编写工作，本教材在内容设计上充分考虑了动物医学职教师资培养的基本要求和中职兽医专业毕业生的最低专业能力要求，遵循"三基"（基本理论、基本知识和基本技能）、"五性"（思想性、科学性、先进性、启发性和适用性）的教材编写原则，特别注重"教师易授、学生易学"的教材编写要求，内容设计包括兽医特殊诊断基础知识、X 线技术、小动物 X 线机操作技术、大动物 X 线机操作技术、超声诊断技术和消化道内镜诊断技术等内容，图文合一，在本书的最后还专门设计了本课程的教学法，将职业教育教学方法与专业课教学高度融合在一起，增加了教材的针对性和实用性。本教材可供动物医学专业职教师资培养单位使用，也可供动物医院和其他相关单位参考。

本教材的编写人员来自全国动物医学专业职教师资培养单位、本科院校、高等职业专科学校、中等职业学校、动物医院和畜牧兽医业务主管部门等，初稿完成后分发到上述各个单位广泛征求意见，也发给兽医临床诊断资深专家进行审阅，经反复修改，形成定稿。

本教材在编写过程中，得到了项目主持单位领导的大力支持，也得到了各个编写单位的大力支持和通力合作，在此一并表示衷心的感谢。

编写职教师资专用教材，是一个大胆的尝试，由于编者水平有限，虽已精心尽力，但疏漏之处在所难免，如能得到同行专家、师生的批评指正，将使用过程中发现的问题及时反馈给我们，我们将不胜感激。

编　者
2015 年 12 月

# 目 录

第一章 兽医特殊诊断基础知识 ……………………………………………… 1

第一节 概述 ……………………………………………………………… 1
一、兽医特殊诊断技术的概念和内容 ……………………………… 1
二、医学特殊诊断的发展历程 ……………………………………… 1
三、兽医特殊诊断技术的发展概况 ………………………………… 2
四、学习中应注意的问题 …………………………………………… 3

第二节 X线诊断的基础知识 …………………………………………… 3
一、X线的产生和特性 ……………………………………………… 4
二、X线诊断的应用原理 …………………………………………… 4
三、X线检查方法 …………………………………………………… 6
四、X线诊断的步骤和方法 ………………………………………… 8
五、如何看X线诊断报告 …………………………………………… 10
六、X线检查中的防护 ……………………………………………… 10

第三节 超声诊断的基础知识 …………………………………………… 12
一、超声检查的基本原理 …………………………………………… 12
二、超声检查的类型 ………………………………………………… 14
三、动物超声波检查的特点 ………………………………………… 15
四、超声诊断仪的使用和维修 ……………………………………… 15
五、超声检测的内容和临床应用 …………………………………… 16
六、注意事项 ………………………………………………………… 18

第四节 内镜的基础知识 ………………………………………………… 19
一、硬式内镜阶段（1805～1932年） ……………………………… 19
二、纤维内镜阶段（1957年～） …………………………………… 20
三、电子内镜阶段（1983年～） …………………………………… 20
四、胶囊内镜（2000年～） ………………………………………… 20

第五节 CT的基本知识 ………………………………………………… 21
一、CT的基本原理与设备 ………………………………………… 22
二、基本概念 ………………………………………………………… 23
三、CT检查技术 …………………………………………………… 24

第六节 核磁共振的基本知识 …………………………………………… 26

第二章 X线技术 …………………………………………………………… 27

第一节 X线机操作规程及注意事项 ………………………………… 27

一、使用原则 ·········································· 27

二、操作技术 ·········································· 27

三、注意事项 ·········································· 27

第二节 透视与摄影 ······································ 28

一、透视检查 ·········································· 28

二、摄影检查 ·········································· 29

第三节 摄影的方位名称及摆位原则 ···················· 31

一、解剖学方位和术语 ································ 31

二、摄影的方位名称 ·································· 31

三、表示方法 ·········································· 32

四、摆位的基本原则 ·································· 33

第四节 X线片质量的影响因素 ······················· 36

一、摄影器材 ·········································· 36

二、照片密度 ·········································· 41

三、对比度 ············································ 42

四、层次 ·············································· 44

五、清晰度 ············································ 44

六、失真度 ············································ 46

第五节 投照条件及其应用 ······························ 46

一、投照条件 ·········································· 46

二、投照条件应用规则 ································ 47

三、曝光条件表的制订与应用 ························ 49

第六节 X线特殊技术及暗室技术 ····················· 50

一、放大摄影 ·········································· 50

二、高千伏摄影 ······································ 51

三、造影技术 ·········································· 51

第七节 胶片冲洗 ········································ 61

一、暗室设计 ·········································· 61

二、胶片的冲洗过程 ·································· 62

三、X线胶片自动冲洗 ······························ 65

第八节 数字X线摄影 ·································· 65

一、引言 ·············································· 65

二、数字X线摄影发展简史 ·························· 65

三、数字X线摄影概述 ······························ 66

四、传统屏-片X线摄影的局限性 ···················· 66

五、数字X线摄影的优点 ···························· 67

六、数字X线摄影的缺点 ···························· 69

七、图像管理软件和图像处理 ························ 69

八、数字图像的观看 ·································· 69

九、数字X线摄影的类型 ···························· 70

十、间接数字 X 线摄影 ……………………………………………… 70

十一、电耦合器件 …………………………………………………… 71

十二、平板检测器 …………………………………………………… 71

十三、数字 X 线摄影伪影 …………………………………………… 71

十四、其他操作错误 ………………………………………………… 72

十五、曝光条件和剂量 ……………………………………………… 72

## 第三章　小动物 X 线机操作技术 ……………………………………… 73

### 第一节　头部检查 ……………………………………………………… 73

一、头部 ……………………………………………………………… 74

二、颅骨 ……………………………………………………………… 75

三、额窦 ……………………………………………………………… 75

四、鼻腔 ……………………………………………………………… 76

五、鼓泡 ……………………………………………………………… 77

六、颞下颌关节 ……………………………………………………… 79

七、上颌骨 …………………………………………………………… 80

八、下颌骨 …………………………………………………………… 82

九、牙齿 ……………………………………………………………… 83

### 第二节　脊椎检查 ……………………………………………………… 84

一、颈椎 ……………………………………………………………… 84

二、胸椎 ……………………………………………………………… 86

三、胸腰椎 …………………………………………………………… 87

四、腰椎 ……………………………………………………………… 88

五、荐椎 ……………………………………………………………… 89

六、尾椎 ……………………………………………………………… 89

### 第三节　前肢检查 ……………………………………………………… 90

一、肩胛骨 …………………………………………………………… 90

二、肩关节 …………………………………………………………… 91

三、肱骨 ……………………………………………………………… 92

四、肘关节 …………………………………………………………… 94

五、桡骨和尺骨 ……………………………………………………… 96

六、腕关节 …………………………………………………………… 97

七、掌骨和指骨 ……………………………………………………… 98

### 第四节　骨盆和后肢检查 ……………………………………………… 99

一、骨盆 ……………………………………………………………… 99

二、股骨 …………………………………………………………… 101

三、膝关节 ………………………………………………………… 101

四、胫骨和腓骨 …………………………………………………… 103

五、跗关节 ………………………………………………………… 104

六、跖骨和趾骨 …………………………………………………… 106

第五节　软组织检查 ……………………………………………………… 107
　　一、咽 ………………………………………………………………… 107
　　二、颈部 ……………………………………………………………… 107
　　三、胸部 ……………………………………………………………… 108
　　四、腹部 ……………………………………………………………… 109
第六节　鸟类和稀有动物检查 …………………………………………… 111
　　一、鸟类 X 线摄影 …………………………………………………… 111
　　二、啮齿动物 X 线摄影 ……………………………………………… 112
　　三、爬行动物 X 线摄影 ……………………………………………… 112

第四章　大动物 X 线机操作技术 ……………………………………… 115
第一节　大动物的保定及准备 …………………………………………… 115
　　一、保定 ……………………………………………………………… 115
　　二、设备 ……………………………………………………………… 116
　　三、患病动物的准备 ………………………………………………… 117
　　四、摆位设备 ………………………………………………………… 117
第二节　头部和脊椎检查 ………………………………………………… 118
　　一、头部 ……………………………………………………………… 118
　　二、喉囊、喉、咽 …………………………………………………… 118
　　三、牙齿（上颌骨和下颌骨） ……………………………………… 119
　　四、颈椎 ……………………………………………………………… 120
第三节　四肢骨检查 ……………………………………………………… 120
　　一、远指（趾）节骨（蹄骨） ……………………………………… 120
　　二、舟状骨 …………………………………………………………… 122
　　三、近指（趾）节骨 ………………………………………………… 123
　　四、系关节 …………………………………………………………… 124
　　五、掌骨 / 跖骨 ……………………………………………………… 126
　　六、腕关节 …………………………………………………………… 128
　　七、跗关节 …………………………………………………………… 131
　　八、肘关节 …………………………………………………………… 132
　　九、肩关节 …………………………………………………………… 133
　　十、膝关节 …………………………………………………………… 134
　　十一、骨盆 …………………………………………………………… 135
第四节　其他部位检查简述 ……………………………………………… 136
　　一、胸部 ……………………………………………………………… 136
　　二、腹部 ……………………………………………………………… 136
　　三、胸椎 ……………………………………………………………… 136

第五章　超声诊断技术 ………………………………………………… 137
第一节　超声检查适应证 ………………………………………………… 137

一、常规超声 137
二、介入性超声诊断或治疗 138
三、术中超声 138
四、器官功能评价 138
第二节　超声探头的分类及其临床应用 138
一、超声探头的分类 139
二、超声探头的临床应用 140
第三节　超声诊断仪控制面板的操作和调节 141
一、系统通用控制功能 141
二、超声成像模式选择、优化及操作概要 143
第四节　超声检查方法 149
一、常规超声检查 149
二、扫查模式 152
第五节　基本扫查断面和声像图方位识别 154
一、腹部及浅表器官的基本扫查断面 154
二、心脏的基本扫查断面 155
三、声像图方位的识别 155
第六节　身体组织的回声表现 157
一、回声强度的表述 157
二、机体组织的声像图表现 157
第七节　声像图的分析方法 159
一、正常动物体器官的回声特点 159
二、异常回声 161
第八节　超声伪像 163
一、超声伪像产生的物理基础 163
二、常见的超声伪像 164
第九节　超声诊断常用术语与报告书写 170
一、回声的部位、大小和形态 170
二、回声的强度 171
三、回声的分布 171
四、边界和边缘 171
五、内部回声 171
六、后方回声 171
七、病变内血流信号 171
八、对毗邻组织的影响 171
九、质地评估 172
十、活动性 172
十一、功能评价 172
十二、心脏和血管的血流动力学评价和描述 172

十三、超声造影 ·································································· 172

十四、声像图的某些形态特征 ············································· 172

十五、描述声像图的注意事项 ············································· 173

十六、超声诊断 ································································· 173

## 第六章　消化道内镜诊断技术 ············································· 175

### 第一节　消化道内镜基本构造和功能 ···································· 175

一、消化道内镜的构造和功能 ············································· 175

二、消化道内镜的附属设备 ················································ 177

三、消化道内镜操作人员准备和设备摆放 ······························ 179

四、消化道内镜的基本操作 ················································ 179

### 第二节　上消化道内镜技术 ··············································· 181

一、适应证 ····································································· 181

二、局限性 ····································································· 181

三、禁忌证 ····································································· 182

四、并发症 ····································································· 182

五、上消化道内镜操作准备 ················································ 182

六、上消化道内镜操作技术 ················································ 183

### 第三节　下消化道内镜技术 ··············································· 188

一、适应证 ····································································· 188

二、局限性 ····································································· 189

三、并发症 ····································································· 189

四、下消化道内镜操作准备 ················································ 189

五、下消化道内镜操作技术 ················································ 189

### 第四节　消化道内镜活检 ················································· 191

一、消化道内镜下活检技术 ················································ 192

二、活检样本的处理 ························································· 193

## 第七章　教学法 ······························································· 196

一、课程分析 ·································································· 196

二、教材分析 ·································································· 196

三、学情分析 ·································································· 197

四、各章教学法举要 ························································· 199

五、教具及实验器材配置 ···················································· 200

六、数字教学资源库利用 ···················································· 201

七、学习方法辅导 ···························································· 202

## 主要参考文献 ································································· 205

# 第一章 兽医特殊诊断基础知识

**【本章术语】**

X线　超声成像　内镜　透视　摄片　造影　CT　核磁共振

## 第一节　概　　述

### 一、兽医特殊诊断技术的概念和内容

兽医特殊诊断技术是兽医临床诊断领域中的一种特殊诊断方法，由多种影像技术组成。虽然各种成像技术的成像原理与方法不同，诊断价值与应用范围各异，但都能使机体内部组织结构和器官成像，借以了解机体的解剖结构与生理机能状况及病理变化，以达到诊断和治疗的目的，这些都属于活体器官的视诊范畴，是特殊的诊断方法。

兽医特殊诊断技术主要包括下面几种影像诊断方法：传统 X 线（X-ray）、X 线计算机断层摄影（X-ray computed tomography，CT）、超声成像（ultrasonography，USG）、核磁共振成像（magnetic resonance imaging，MRI）和内镜（endoscopy）等。

### 二、医学特殊诊断的发展历程

从 1895 年伦琴（图 1-1）发现 X 线至今 100 多年的时间里，以 X 线为基础的影像诊断技术飞速发展并形成了影像诊断学科，影像学的发展被誉为 20 世纪 11 项重大医学成就之一。

X 线被发现后即用于医学临床，开始只用于骨折和体内异物的诊断，以后又逐步用于人体各部的检查。1896 年 *Veterinary Journal* 发表了第一张兽医拍摄的 X 线照片，说明兽医领域也开始应用 X 线技术。20 世纪 10～20 年代研制开发出了常规 X 线机，随后 X 线机和相关的仪器、设备不断发展完善，同时人工造影剂的出现及造影技术的研究和利用，使 X 线诊断技术不断发展成熟，到 20 世纪 60 年代中后期已

图 1-1　W. C. Rontgen（伦琴）

形成了比较完整的学科体系。通过摄片和透视这两大类技术，X 线适用于人体和动物的呼吸、循环、泌尿、生殖、骨骼、中枢神经、消化系统和五官疾病的检查，可提供重要的和确切的诊断信息，已经成为临床医学中不可缺少的重要组成部分。

20 世纪 50～60 年代开始应用超声和核素扫描进行人体检查，出现了超声成像和 Y-闪烁成像。超声成像技术的出现使对腹腔实质器官和心脏大血管病变的检查与诊断更加方便快捷，通过实时监控还能了解器官的动态变化。

20 世纪 70 年代，世界上第一台 X 线计算机断层摄影机由英国工程师 G. N. Hounsfield 研制成功，这是电子技术、计算机技术和 X 线技术相结合的产物，是医学影像设备现代

化的标志，为现代医学影像设备和技术奠定了基础。CT以断面断层摄影，无影像重叠，不受层面上下组织的干扰，分辨力显著提高。随着技术的发展与提高，CT设备已更新了4代，扫描时间由最初的3～5min缩短至1～5s。20世纪80年代又先后研制开发出超高速CT、螺旋CT，使临床应用范围和诊断效果进一步扩大和提高。

核磁共振成像技术是20世纪80年代发展起来的一种现代影像技术，所使用的是非电离辐射式医学成像设备。MRI的密度分辨力高，可进行横、冠、矢状面和斜位等不同体位的检查。该项技术已广泛应用于全身各系统的检查，尤其适用于中枢神经和软组织的检查。

数字减影血管造影（DSA）是20世纪80年代开发的数字式成像设备与技术，它具有创伤少、实时成像、对比分辨力高、安全、简便等特点。

介入放射学是20世纪70年代迅速兴起的一门科学，其特点是改变了影像只作为诊断方法的观念，使诊断与治疗结合应用于临床，即在影像的监视下进行标本采集或疾病治疗，从而扩大了影像学的内容。

内镜是集中了传统光学、人体工程学、精密机械、现代电子、数学、软件等于一体的检测仪器。其具有图像传感器、光学镜头、光源照明、机械装置等，可以经口腔或经其他天然孔道进入体内。利用内镜可以看到X线不能显示的病变，因此它对医生非常有用。

随着科学技术的迅猛发展，特殊诊断技术的发展速度也非常快，影像学设备不断更新，检查技术不断完善，使影像技术的诊断和治疗水平日益提高，极大地促进了临床医学工作的发展。

## 三、兽医特殊诊断技术的发展概况

与人类医学一样，兽医特殊诊断技术也是以X线技术为基础逐步发展起来的。自从1896年第一张动物X线照片出现以来，兽医学家就一直致力于兽医放射技术和设备的研究与开发。1896年，英国皇家兽医学院为马做了X线照相；1897年，Dollar（兽医）设计出了X线设备；1920年，英国皇家兽医学院利用简易X线机给犬进行了X线检查；1927年，爱尔兰也首次为马做了X线检查。在早期的研究和应用中，由于机器性能不良，曝光时间长，X线片质量较差；且人们还不懂防护知识，对工作人员的辐射伤害也很严重。

20世纪30年代，在欧美等发达国家兽医X线技术有了很大发展，X线设备更加完善，在兽医教育中增加了放射学科目，出版了兽医放射学专著，开业兽医诊所也配备了X线设备并用于临床检查。20世纪50～70年代以后，兽医放射学进入全面发展阶段，对马、犬和猫等动物的检查技术、X线解剖结构及疾病的诊断进行了深入的研究，同时也有较多的专著出版。在美国还成立了美国兽医放射学会，并主办出版了专业期刊《兽医放射学》，为兽医影像学的发展奠定了坚实基础。

20世纪70年代前后，超声诊断技术也开始在兽医临床应用，如用A型和D型超声诊断仪进行动物的早期妊娠诊断，用M型超声诊断仪检查心脏。20世纪80年代以后，B型超声诊断仪在兽医领域广泛应用，超声检查的范围也不断扩大，如心血管系统、泌尿系统、肝胆、胰腺、肌肉、腱、韧带和关节囊等；在畜牧生产上参与牛胚胎移植、猪品种选育、肉质鉴定等研究。

发达国家自20世纪80年代开始了CT和MRI在兽医临床中的研究与应用。最初CT

的研究主要集中于人和动物的头部，现已能对小动物的胸部、腹部、脊柱、骨关节和大动物的肢体进行 CT 扫描。MRI 用于检查神经系统病变，如缺血性梗死、脑出血、脑脊髓肿瘤、脑垂体肿块和犬椎间盘疾病等，检查技术已较为成熟。

我国兽医特殊诊断技术的发展相对落后，传统 X 线技术也是在新中国成立以后才逐步发展起来的。从 20 世纪 50 年代开始，我国的兽医放射学家在极其艰苦的条件下开展工作，研制设备，培养人才。到 1956 年，全国部分高等院校和兽医研究机构中已经配备了 X 线设备，并应用在临床实践中，同时编写了配套教材。20 世纪 60 年代，中国的兽医放射学已经普遍开展，多数农业院校设有兽医 X 线诊断课，开展教学和科学研究，在条件较好的基层兽医院（站）也开展了 X 线诊断技术的应用，至此除了对大家畜骨关节病的诊断外，我国已能开展马属动物肺部疾病、心脏病、牛创伤性心包炎、膈疝等疾病的 X 线诊断。X 线诊断技术在全国性防治猪气喘病的工作中曾发挥了不可替代的作用。

随着超声诊断技术在世界范围的应用，我国于 20 世纪 70～80 年代开展了超声技术在兽医领域应用的研究，不论是使用 A 型超声诊断仪还是 B 型超声诊断仪，在动物早期妊娠诊断、正常脏器的超声测定、器官病变的超声检查等方面都取得了很大进展。

进入 20 世纪 90 年代，农村役畜逐渐减少，城市饲养宠物数量增加，临床兽医的医治对象发生了很大转变，这给兽医特殊诊断技术的发展创造了条件。由于犬、猫等伴侣动物体型相对较小，应用影像设备检查比较方便，因此已有越来越多的兽医机构、动物医院和门诊使用相应的影像技术参与临床诊断。虽然我国目前在兽医领域尚没有条件广泛进行 CT 和 MRI 等现代影像技术的研究和利用，但已有兽医利用人医的 CT 进行大熊猫和宠物检查，也有利用 MRI 设备为患脊柱疾病的犬做检查的案例，由此可见利用 CT、MRI 等先进的影像设备和技术为患病动物进行检查的时代即将到来。

## 四、学习中应注意的问题

1）注意了解不同成像技术的基本成像原理和各自的图像特点，从而可通过影像表现来推测组织种类与病变特点。

2）必须有坚实的解剖学知识为基础，既掌握正常的解剖结果，又能识别个体间的解剖差异。

3）了解不同成像技术在不同组织和器官疾病诊断中的作用和局限性，以便在选择影像检查方法时更具有针对性。

4）学会图像的观察和分析方法，通过对图像的观察、分析、归纳与综合而作出正确的影像诊断。

5）影像诊断只是一种辅助诊断方法，在进行临床诊断时应综合临床资料、实验室检查结果等作出最后诊断。

（高光平，高建新）

# 第二节　X 线诊断的基础知识

X 线诊断技术是利用 X 线特性，观察动物机体中器官和组织结构在生理状态下的形态、功能和在疾病过程中的改变，并参考其他临床资料诊断疾病性质的一门技术，是一种特殊的直接视诊方法。

# 一、X 线的产生和特性

1895 年 11 月 8 日，著名物理学家伦琴（W. C. Rontgen）在暗室研究阴极射线，当他将高电压通过阴极管时，偶然发现实验室的一块荧光板发出明亮的荧光，随后他用黑纸将阴极管包裹起来再接通高电压，仍然在荧光板上发出荧光。当他用手去拿这块荧光板，惊奇地在荧光板上看到了自己的手骨阴影。于是他确定这是一种肉眼看不见、但能穿透物质的新射线。由于当时尚未弄清射线的性质，而命名为"X 线"，后人为了纪念他也称为伦琴射线。

## （一）X 线的产生

X 线是高速运行的自由电子群撞击在一定物质上，使其突然受阻而产生的。因此它的产生必须具备自由电子群，并使其高速运行和在运行中突然受阻 3 项条件。为提供这种条件，要有两项基本设备，即 X 线管和高压发生器。近代的 X 线管是一种高真空阴极管，阴极一端是钨制灯丝，灯丝加热即可产生自由电子群。X 线管的阳极一端为钨制靶面，可用于阻止运行的电子群。由高压发生器产生的高电压电流连接 X 线管的两端，由于高电压的电位差，电子群高速向靶面运行并冲撞受阻，便产生了 X 线。

## （二）X 线的特性

X 线是一种波长极短的电磁波，波长为 0.0006～50nm。诊断用的波长为 0.008～0.031nm，相当于用 40～150kV 时所产生的 X 线。X 线有以下几种特性。

### 1. 穿透性

X 线由于波长很短，具有很强的穿透性。它的穿透力与波长有关，波长越短，穿透力越强；使用的电压越高，X 线的波长越短；也与物质的密度和厚薄有关，物质的密度越低、越薄，越容易穿透。由于这种特性，X 线才可用于诊断和深部治疗。

### 2. 荧光作用

X 线波长很短，肉眼是看不见的，但当它照射在涂有荧光物质的荧光板上时，便能产生波长较长的可见光线。借助这一特性用于透视。

### 3. 感光作用

X 线与普通光线一样，可使胶片感光，因此可以进行 X 线摄影。

### 4. 生物效应

X 线照射机体，可使组织细胞和体液受到损害，损害的程度与所照射的 X 线量成正比。这是 X 线治疗恶性肿瘤等疾病的基础，也是应用 X 线时要求进行防护的原因。

# 二、X 线诊断的应用原理

X 线之所以能使机体组织结构在荧光屏上或胶片上形成影像，一方面是基于 X 线的穿透性、荧光效应和感光效应；另一方面是基于机体组织之间存在密度和厚度的差别。当 X 线透过机体不同组织结构时，被吸收的程度不同，所以到达荧光屏或胶片上的 X 线量有差异。这样，在荧光屏或 X 线片上就形成了明暗或黑白对比不同的影像。因此，X 线影像的形成基于以下 3 个基本条件：①X 线具有穿透能力，能穿透机体的组织结构；②被穿透的组织结构中，存在着密度和厚度的差异，X 线在穿透的过程中被吸收的量不同，所以剩余的 X 线的量有差异；③这个有差别的剩余射线是看不见的，只有经过显像过程，如激发荧光或经 X 线片的显影，才能获得具有黑白对比、层次差异的 X 线影像。

机体组织结构由不同元素组成，各种组织结构之间存在着密度差异。机体组织结构的密度可归纳为 3 类：属于高密度的结构有骨组织和钙化灶；属于中等密度的有软骨、肌肉、神经、实质器官、结缔组织和体液等；属于低密度的有脂肪组织及存在于呼吸道、胃肠道和鼻窦等处的气体。

当强度均匀的 X 线穿透厚度相等而密度不同的组织结构时，由于吸收程度不同，会出现黑、白、灰亮度不同的影像。在荧光屏上亮的部分表示该部结构密度低，如空气、脂肪等，吸收 X 线量少，透过的多；黑影部分表示该部结构密度高，如骨骼、金属和钙化灶，对 X 线的吸收多，透过的量少。在 X 线片上透光强的部分代表物体密度高，透光弱的部分代表物体密度低，与荧光屏上的影像正好相反。

病变可以使机体组织密度发生改变。例如，肺肿瘤病变可在低密度的肺组织中产生中等密度的改变，在胸片上，在肺的黑色背景上出现代表病变的灰影或灰白影。

机体组织结构和器官形态不同，厚度也不一样。厚的部分吸收 X 线多，透过的 X 线少，薄的部分则相反，于是在 X 线片上和荧光屏上显示出黑白对比和明暗差异的影像。所以 X 线成像与组织结构和器官厚度也有关。

由于 X 线具有上述特性，而动物机体的器官和组织又有不同的密度和厚度，当 X 线通过动物体时，被吸收的 X 线必然也会有差别，也就是 X 线达到荧光板或胶片上时，要有不同的衰减差别。这种差别就可以形成黑白明暗不同的阴影。通过这些阴影，人们才会看到动物机体内部某些器官、组织或病变的影像。由此可以说明，X 线形成影像的基础是密度和厚度的差别，这种差别称为"对比"。对动物体中自然存在的差别，称为"自然对比"。动物体的自然对比可分为 4 类。

**1. 骨骼**

含有 65%～70% 的钙质，所占比例大，密度最高，X 线通过时多被吸收，在照片上显示为浓白色的骨骼影像。

**2. 软组织和体液**

它们之间密度差别很小，缺乏对比，在 X 线片上均显示为灰白色阴影。例如，腹部的各种器官和组织，人们就不能清楚地看到它们各自的影像。

**3. 脂肪**

密度低于软组织和体液，在 X 线片上呈灰黑色，如皮下脂肪阴影。

**4. 气体**

密度最低，在 X 线片上呈黑色。例如，胸部 X 线片可以清晰地看到两肺，甚至肺内的血管由于气体的衬托，可以显示出肺纹理，就是存在自然对比的结果。

X 线检查只靠上述自然对比是很不够的。为了能清晰地观察某种器官、结构及其内部细节，用人工的方法，将某种高密度或低密度的无害物质，引入备检动物体内，使器官组织与被引入物质之间形成鲜明的密度差别，便可观察在自然对比下看不到的器官和组织结构。这种人工改变密度差别的方法称为人工对比，即造影检查。引入动物体的物质，称为造影剂。

X 线影像是由黑影、白影和不同灰度的灰影所组成，这些不同灰度的影像可以用密度这一名词进行描述。例如，用高密度、中等密度和低密度分别表示白影、灰影和黑影，由它们构成机体组织和器官的影像。由于机体存在自然对比或应用人工对比，X 线图像可以很好地反映机体的组织器官的状态，并在良好的解剖背景上显示出病变，这是应用 X 线进行诊断的基础。但是 X 线图像是 X 线穿透某一部位，在这一部位存在不同密度、不同厚度的各种组织结构，这些结构形成的 X 线影像是互相重叠的二维图像，其中一些影像被掩盖。另外，X 线影像在成像过程中由于几何学的关系，产生放大效果，影像比实际物体要大，由于投照方向的关系，可使器官发生形态失真。

## 三、X 线检查方法

根据检查目的和部位，应采用不同检查方法。X 线检查方法可分为 3 类。

### （一）普通检查

普通检查一般作为常规或首选的方法，分为透视和摄片两种。

#### 1. 透视检查

透视检查有传统的荧光屏透视和现代的 X 线电视透视。透视检查简便易行，可以立即获得结果。对于发现胸部病变、消化道穿孔、肠梗阻、不透 X 线的异物、结石及长骨的骨折和关节脱位等，甚为有用；也可用于观察心脏大血管、胃肠道和膈的运动及四肢骨折脱位的复位；消化道和心血管造影，也要在透视监视下进行。透视时可以随意变换动物体位，进行多方向观察。但一般透视时由于荧光比较微弱，所见影像不如摄片清晰，不能观察细节。对于头颅、脊椎、骨盆等较厚的部位，不能采用。透视只能凭检查者的经验判断结果，不能保存资料供以后观察，是其缺点之一。

#### 2. 摄片检查

X 线透过动物体被检查部位并在胶片上形成影像，称为摄片或照相。可用于动物体各个部位，是小动物临床应用最广泛的一种方法。优点是影像清楚，可留作永久记录，便于复查比较，可以弥补透视检查的不足；缺点为费用较高，操作复杂。此外，一张照片只能观察一定的部位，常规摄片无法观察器官的运动变化。临床上最多用于头颅、脊柱、胸部、腹部、四肢骨骼部位的检查。

### （二）特殊检查

特殊检查是指通过某种特殊装置，获得一般 X 线片所不能取得的特殊影像的一些方法。特殊检查的方法很多，应用价值各有不同，现举例如下。

#### 1. 体层摄影

普通 X 线片是把一个立体结构拍成重叠的平面影像。体层摄影的特点是利用体层摄影机选择拍摄某一层面的影像，避开重叠阴影的干扰，用以显示病变或正常结构的内部情况，对观察大支气管管腔有无阻塞、狭窄，肿块内有无空洞等，很有帮助。

**2. 高千伏摄影**

一般X线摄影电压值为45～90kV，高千伏摄影设备可以把电压提高到120～160kV，甚至更高，目前已广泛地用于胸部摄影。在普通X线片上被骨骼、纵隔或胸腔积液遮蔽的病变也能显示出来。这种检查还有节省X线管和减少患病动物受线量的优点。

**3. 间接摄影（荧光缩影）**

普通摄影拍照部位多大，就需要多大的胶片。间接摄影检查是通过一套特殊装置，将荧光屏的影像缩照成小X线片（有35mm、70mm、100mm不等），曝光剂量少，为普通X线摄影的1/10～1/4。间接摄影具有操作简便、费用低廉和检查速度快的特点；还能快速或快速连续拍摄各种造影影像。

**4. X线电视、录像和电影**

传统的荧光屏透视亮度很低，X线影像增强管可以把亮度增强几千倍。利用X线影像增强管输出的荧光影像，结合其他有关技术，发展成X线电视透视、X线录像和X线电影。

（1）X线电视透视　　是将X线影像增强管输出的荧光影像，经过处理转变为视频信号，以电视屏幕再现影像的一种方法。X线电视透视，医生可以遥控操作和观察，还可以把透视的影像传送到其他地方去，进行会诊或教学示教。X线电视透视影像清晰，效果良好，可以在亮室检查，对X线防护也大有益处。

（2）X线录像　　可做即时观察，还可以通过录像机，把动态影像记录在磁带上，在录像的同时，还可以配制录音，即X线录像。磁带的宽度有25mm和50mm两种，长度可达1200m，每盘磁带可放映80min。放映时不仅可以观察活动画面、慢动作，也可以观察静止画面。录像磁带还可长期保存或转录。

（3）X线电影　　利用电影摄影机，通过光学分配器，可将X线影像增强器输出的荧光影像直接拍成16mm或35mm的电影胶片。每秒可拍25～200帧图像，再经电影放映机放映，可以观察各种活动器官的病理和生理情况。常用于心血管造影，诊断心血管畸形等。

（三）造影检查

采用造影剂，进行透视和摄影检查，统称为造影检查。

**1. 造影剂的分类**

一类是高密度造影剂，在照片上显示为白色阴影，也称阳性造影剂，如医用硫酸钡制成的钡糊、钡胶浆、混悬液，以及用碘制成的碘化钠、碘化油和各种碘水（如泛影葡胺、胆影葡胺等）；另一类是低密度造影剂，在照片上呈黑色，又称阴性造影剂，其中最常用的是空气。

不同的造影检查，须用不同的造影剂。有关造影剂的选择、浓度、用量和配制，应由专业人员决定，不可滥用，否则会影响造影效果，甚至会给患病动物造成危害。

**2. 造影检查的种类**

按造影剂引入途径的不同，可分为直接引入和生理排泄两种。

（1）直接引入法　　①经动物体生理孔道引入，如胃肠钡餐造影、钡灌肠造影、逆行肾盂造影、支气管造影、尿道膀胱造影、子宫输卵管造影等；②经皮穿刺引入，如心血管造影、脑血管造影、脊髓造影、经皮肝胆管造影、腹膜后充气造影等；③经手术造瘘或病变的瘘孔引入，如"T"形管造影、窦道造影等。

（2）生理排泄法　　是指造影剂进入动物体后，经生理排泄，在某器官停留、浓缩，使该器官显影的方法。例如，静脉注入泛影葡胺，主要经肾排出，可做排泄性尿路造影（即静脉肾盂造影）；口服碘番酸片或静脉注入胆影葡胺，造影剂主要经肝排出，可进行胆系造影（即胆囊造影）。

造影检查方法繁多，操作技术也有不同的难度，有时对患病动物还有一些影响，应用时必须选择最佳的方法，并应注意有无禁忌证。对于严重心、肾疾病或过敏体质的患病动物，应当慎用碘制剂。造影前的准备，如碘过敏试验，消化管造影时胃、肠道的清洁措施等，都应按X线检查的要求严格执行。

（四）检查方法的选择

应以简便易行，实用有效为原则。一般首先做普通检查，根据需要再进行特殊检查或造影检查。有的疾病除上述方法外，还需采用其他影像检查方法进行诊断。

## 四、X线诊断的步骤和方法

X线诊断是在掌握动物体解剖、生理、病理和临床基础知识上建立的，因此必须遵循以下原则：①熟悉不同动物解剖和生理的X线投影表现，正确区别正常、变异和异常所见；②应用病理知识发现和解释异常阴影及其可能的病变；③根据异常阴影的特征，结合患病动物的具体情况和临床表现（包括其他检查结果），运用临床基本知识，进行综合分析，提出诊断。

（一）全面系统的观察

对X线片要做全面的观察，如位置是否正确，包括哪些组织、器官，影像清晰度如何，是否显示了正常或病变的细节，有无污染或伪影，以及摄片的日期、左右方位等都要予以注意。首先评价X线片的质量很有必要，一张不合要求的X线片，可以导致诊断错误或漏诊。对X线片中显示的阴影，包括所有的器官和结构，要逐一仔细观察，养成系统的读片习惯，不要只注意一个明显的病变而遗漏其他改变，只有这样才有可能提出正确的结论。

（二）对异常阴影要作具体分析

各种疾病阴影常有一定的特点，分析它的特点有助于作出诊断。

**1. 位置和分布**

某些疾病有一定的好发部位和分布规律。例如，肺结核多发于肺上部，而炎症多发于肺下部；肠结核多见于回盲部，回肠末端与盲肠同时受累；骨结核好发于骨骺和干骺端等。

**2. 病变数目**

肺内多发的球形阴影，大多数是转移瘤，而单发者可能是肿瘤，也可能是结核球或其他病变。

**3. 形状**

阴影的形状可以多种多样。肺肿瘤常呈球形或分叶块状，而片状、斑点状多为炎症改变；肺纤维化为不规则的条索状；肺不张常呈三角形。消化道良性溃疡多呈圆形、椭圆形；而恶性溃疡呈不规则的扁平形。

**4. 边缘**

病变阴影与正常组织之间，界限是否清楚，对诊断有参考价值。一般来讲良性肿瘤、慢性炎症或病变愈合期，边缘锐利；恶性肿瘤、急性炎症或病变的进展期，边缘多不整齐或模糊。

**5. 密度**

病变阴影密度可高可低，反映一定的病理基础。在肺部的低密度片状阴影，可能是渗出性炎症或水肿，密度高的结节状阴影多为肉芽组织；骨样密度者则为钙化；大片浓密阴影表明肺实变，其中如发生坏死性液化，则密度变低，坏死物排出后可出现透明的空洞。骨骼密度升高，表示骨质增生硬化，常见于慢性骨髓炎或肿瘤骨形成；密度降低则代表钙质减少，常见于骨质疏松；骨质破坏、结构消失则密度更低，常见于急性骨髓炎或恶性肿瘤。

**6. 大小**

病变大小可反映病变的发展过程。恶性肿瘤一般早期小而晚期增大。例如，肺部肿块直径超过 5cm 时，结核球的可能性就很小，多为肿瘤。

**7. 功能改变**

一些病变在器质性改变之前，常有功能变化。例如，胸膜炎常首先出现膈肌运动受限；胃癌侵犯肌层时可见胃蠕动消失；溃疡病可能有空腹潴留液增多等。

**8. 病变的动态变化**

一些病变在开始阶段可能缺乏特征，随病变发展就会出现有利于诊断的征象。肺上部的云絮状影，在 2 周后复查，如见病变缩小或消失，则不是结核而是炎症。一个肿块在短期内迅速增大，可能不是肿瘤，因肿瘤多是缓慢增大。所以复查对比，观察病变的动态变化，是重要的诊断方法。

在进行 X 线诊断时应注意以下几点。

1）首先对 X 线片的整体质量进行评价。在观察分析 X 线片时，首先应对 X 线片的质量进行评价，包括投照条件是否准确，摆位是否正确及特殊体位的摆放，X 线片上是否有伪影，以免影响诊断。

2）全面观察。按一定顺序进行系统观察，既要仔细观察病变局部，也不要忽略其他部位；既要注意主要病变，也不要忽略次要的或继发的病变；既要注意解剖形态上的改变，也不能忽略功能方面的变化。观察胸片时应包括胸廓、肺脏、心脏、大血管及食管胸段；观察肺脏时应按顺序分别观察每一个三角区；对于骨骼的观察应包括骨皮质、骨松质、骨髓腔和骨膜。在进行初步观察的基础上，根据临床检查所见，着重于某一局部仔细观察。

3）掌握正常解剖和了解可能的变异。熟悉正常的动物解剖，并注意因动物种类、品种不同而出现的解剖变异。同时应注意区分正常与异常影像。

4）具体分析。运用所掌握的解剖、生理、病理及 X 线诊断的知识，对所观察到的 X 线征象进行具体分析。对于异常 X 线影像，应注意观察它的部位和分布、数量多少、形状、大小、边缘是否锐利、密度是否均匀，注意器官的功能变化，相邻器官组织的形态变化。

5）结合临床资料和其他检验方法所得结果，作出正确的 X 线诊断。临床资料中动物的年龄、性别、品种，对确定 X 线诊断具有重要意义。

6）X 线诊断是一种重要的辅助诊断方法，但也有一些不足之处，如一些疾病的早期或很小的病变，利用 X 线可能检查不出，以致不能作出诊断，需辅助其他方法加以弥补。

## 五、如何看 X 线诊断报告

X 线诊断报告是 X 线检查结果的正式文字资料，是病历的组成部分，一般包括以下内容。

### （一）一般情况

包括动物主人姓名，动物种类、年龄、性别，申请检查兽医师，X 线检查名称，X 线片号，检查和报告日期等，最后应有报告人的签名或盖章。

### （二）检查结果

一般由下列 3 个方面的内容组成。

#### 1. X 线所见描述

X 线所见描述主要是以常用的术语叙述异常 X 线表现和特征，如病变的位置、分布、数目、大小、形状、密度、边界特征等，对于重要的生理变异，也加以记载；有的对正常表现也进行描述，或概括为"无异常 X 线所见"或"无特殊所见"等，以表明未发现有病理意义的改变。

#### 2. X 线诊断意见

X 线诊断意见是综合分析 X 线所见和现有临床资料得出的 X 线检查结论。按诊断的明确程度，常报以诊断、印象诊断或同时提出若干诊断意见。对某些疾病 X 线检查可作出确诊者，则以"诊断"表示；如因某些资料不全，或缺少确切诊断依据时，常提出"印象诊断"，以表明仅为 X 线的初步诊断；同时提出若干诊断意见时，首先提出者为第一诊断，即可能性最大的诊断，依次为不能排除的其他病变。

#### 3. 建议

为了明确诊断，X 线医师可以在报告中提出某些进一步检查意见，供申请检查人参考，如建议补做某种检查（化验或其他检查）、定期随访复查等。

必须了解，X 线诊断学是一门形态学，能否作出明确诊断，与检查方法和临床资料是否完全有密切关系；在诊断报告中还有个人经验和主观看法的问题。因此，报告人和申请人都应尊重客观事实，加强联系，互相配合，以便作出确切的诊断结论。

## 六、X 线检查中的防护

X 线穿透机体会产生一定的生物效应。如果使用的 X 线量过多，超过允许剂量，就可能产生放射反应，严重时会造成不同程度的放射损害；反之，如果 X 线的使用剂量在允许范围内，并进行适当的防护，一般影响很小。

### （一）主要作用于工作人员的射线

在进行 X 线检查时，作用于工作人员的 X 线可来自以下几个方面。

**1. 原射线**

由 X 线窗口射出的射线，辐射强度很大，因此，对原射线的防护是兽医放射安全的主要目标。

**2. 漏出射线**

原射线应从 X 线管窗口发出，但如果 X 线管封套不合格，原射线也会穿过封套而成为漏出射线。

**3. 散射线**

当原射线照射到动物机体、物体、用具或建筑物上后会激发产生次级射线，这种射线称为散射线。散射线的能量随原射线能量变化而增减。在距离原射线照射目标 1m 远处，散射线的强度约为原射线照射强度的 1/1000，并随着距离的增加而递减。

## （二）辐射伤害的反应

**1. 早发反应**

当机体受到大剂量的辐射以后，在几天到几个星期内出现的伤害称为辐射的早发反应。辐射使细胞内有生命的分子被电离而引起机体近期内出现病理变化，伤害的严重程度因照射剂量、照射方式和照射部位而不同。轻者出现红斑，严重者可在数天内死亡。人若一次全身遭受 600rad 剂量的照射，必致死亡。局部照射比全身照射引起的后果要轻得多，如动物肿瘤局部能接受 500rad 的照射，每周 3 次，4 周照射总量可达 6000rad，局部的肿瘤组织被抑制甚至死亡，全身也出现反应，但并不影响动物的生命。

身体不同部位对 X 线的敏感程度差异很大，生殖器官、眼的晶状体、造血组织和胃肠道非常敏感，四肢组织的敏感性则低得多。此外，不同种属的动物对辐射的敏感程度差异也很大。

最严重的早发反应是造成急性死亡，但这种情况在医学 X 线应用中是绝对不会发生的；第二种情况是发生局部组织损伤，当身体的某一局部组织受到较大的辐射剂量照射时，该组织会发生细胞死亡，组织或器官皱缩、萎缩，并丧失正常的组织或器官的功能，但这些局部遭受的伤害，经过一段时间后有一些是可以康复的。

**2. 迟发反应**

迟发反应是机体在较长时间内受到低剂量的电离辐射作用引起的一种远期效应，常在照射后数月到数年发生。迟发反应主要表现在对局部组织的伤害、致癌和对寿命的影响。

皮肤出现迟发反应的总照射剂量要大于 500rad，在照射后数年出现皮肤粗糙、皲裂、角化过度，甚至在皮肤上出现长期不愈合的溃疡。眼晶状体是对电离辐射比较敏感的组织，其辐射损伤主要表现为晶状体混浊，形成白内障。辐射所致的另一个主要迟发效应是致癌，调查资料表明白血病发病率与受照射的剂量成正比，在受照射群体中，除白血病外，甲状腺癌、乳腺癌、肺癌、骨肉瘤和皮肤癌等的发病率也明显增高。

**3. 辐射遗传效应**

辐射遗传效应的结果是流产、胎儿先天畸形、不发育或死亡及发生某些遗传性疾病。这是电离辐射损伤了受照者生殖细胞的遗传物质造成的。

（三）X 线检查中的防护措施

在进行 X 线检查时，工作人员应采取的防护措施有以下几项。

工作之中除操作人员和辅助人员外，其余人员不得在工作现场停留，特别是孕妇和儿童。检查室门外应设明显的警示标示。

在符合检查要求的情况下，可对动物进行镇静或麻醉，利用各种保定辅助器材进行摆位保定，尽量减少人工保定。

参加保定和操作的人员尽量远离机头和原射线以减弱射线的影响。

参加 X 线检查的工作人员应穿戴防护用具如铅围裙、铅手套，透视时还应戴铅眼镜。利用检查室内的活动屏风遮挡散射线。

为减少 X 线的用量，应尽量使用高速增感屏、高速感光胶片和高千伏摄影技术。正确应用投照技术条件表，提高投照成功率，减少重复拍摄。

在满足投照要求的前提下，尽量缩小照射范围，并充分利用遮线器。

（邹本革，张　伟，郭　蕊）

# 第三节　超声诊断的基础知识

声波是物体的机械振动产生的，振动的次数（频率）超过 20 000 次 /s 的称为超声波（简称超声）。超声成像（ultrasonography，USG）是一种无组织损伤、无放射危害的临床诊断方法，是兽医特殊诊断技术的主要内容之一。自 Lindahl 等于 1966 年将超声检查（D 型）用于绵羊的妊娠诊断之后，A 型、M 型和 B 型超声诊断仪相继在兽医领域中得到了广泛的应用。

我国兽医超声诊断始于 20 世纪 70 年代末，且主要借鉴人医的经验，A 型和 D 型超声是当时使用的最主要类型，主要用于妊娠检查、猪背膘测定及羊脑包虫的诊断。20 世纪 80 年代早期，B 型和 M 型超声开始应用于兽医临床，如开展了人工牛黄的探测、水牛超声心动图的研究等。之后，我国兽医超声诊断学在疾病诊断、妊娠检查、背膘测定等领域取得了可喜的进展。

超声检查具有操作简便、可多次重复、能及时获得结论、无特殊禁忌等优点。其主要用于：测定实质性脏器的体积、形态及物理特性；判定囊性器官的大小、形态及其走向；检测心脏、大血管及外周血管的结构、功能与血流的动力学状态；鉴定脏器内占位性病灶的物理性质；检测体腔积液的存在与否，并对其数量作出初步估计；作引导穿刺、活检或导管植入等辅助诊断。

## 一、超声检查的基本原理

（一）超声的物理特性

超声在机体内传播的物理特性是超声影像诊断的基础。

### 1. 超声的定向性

超声的定向性又称方向性或束性。当探头的声源晶片振动发生超声时，声波在介质中以直线的方向传播。声能随频率的提高而集中，当频率达到兆赫的程度时，便形成了一股声束，犹如手电筒的圆柱形光柱，以一定的方向传播。诊断上则利用这一特性做器官的定向探查，以发现体内脏器或组织的位置和形态上的变化。

**2. 超声的反射性**

超声在介质中传播，若遇到声阻抗不同的界面时就出现反射。入射超声的一部分声能引起回声反射，剩余的声能继续传播。如介质中有多个不同的声阻界面，则可顺序产生多次的回声反射。

超声界面的大小要大于超声的半波长，才能产生反射。若界面小于半波长，则无反射而产生衍射。超声入射到直径小于半波长的大量微小粒子中则可引起散射。

超声能检出的物体界面最短的直径叫做超声的分辨力。超声的分辨力与其频率成正比，超声理论上的最大分辨力为其 1/2 波长，频率越高，分辨力越高，观察到的组织结构越细致。

超声垂直入射于界面时，反射的回声可被探头接收而在示波屏显示。入射超声与界面成角而不垂直时，入射角与反射角相等，探头接收不到反射的回声。若介质间阻抗相差不大而声速差别大时，除成角反射外，还可引起折射。

**3. 超声的吸收和衰减性**

超声在介质中传播时，会产生吸收和衰减。由于与介质中的摩擦产生黏滞性和热传播而吸收，又由于声速本身的扩散、反射、散射、折射，导致随传播距离的增加而衰减。吸收和衰减除与介质的不同有关外，也与超声的频率有关。但频率又与超声的穿透力有关，频率越高，衰减越大，穿透力越弱。故若要求穿透较深的组织或易于衰减的组织，就要用 0.8～2.5MHz 较低频的超声；若要求穿透不深的组织但要分辨细小结构，则要用 5～10MHz 较高频的超声。

在超声传播的介质中，当有声阻抗差别大于 0.1% 的界面存时，就会产生反射。超声诊断主要是利用这种界面反射的物理特性。

**（二）动物体的声学特性**

超声在动物体内传播时，具有反射、折射、衍射、干涉、速度、声压、吸收等物理特性。由于动物体的各种器官组织（实质性、液性、含气性等）对超声的吸收（衰减）、声阻抗、反射界面的状态，以及血流速度和脉管搏动振幅的不同，超声在其中传播时，就会产生不同的反射规律。分析、研究反射规律的变化特点，是超声影像诊断的重要理论基础。

**1. 实质性、液性与含气性组织的超声反射差异**

在实质性组织中，如肝脏、脾脏、肾脏等，由于其内部存在多个声学界面，故在示波屏上出现多个高低不等的反射波或实质性暗区。

在液性组织中，如血液、胆汁、尿液、胸腹腔积液、羊水等，由于它们为均质介质，声阻抗率差别很小，故超声经过时不呈现反射，在示波屏上显示出"平段"或液性暗区。

在含气性组织中，如肺脏、胃、肠等，由于空气和机体组织的声阻抗相差近 4000 倍，超声几乎不能穿过，故在示波屏上出现强烈的饱和回波（次递衰减）或次递衰减变化光团。

**2. 脏器运动的变化规律**

心脏、动脉、横膈、胎心等运动器官，一方面由于它们与超声发射源的距离不断地变化，其反射信号则出现有规律的位移，因而可在 A 型、B 型、M 型超声诊断仪的示波屏上显示；另一方面又由于其反射信号在频率上出现频移，又可用多普勒诊断仪监听或显示。

**3. 脏器功能的变化规律**

利用动物体内各种脏器生理功能的变化规律及对比探测的方法，判定其功能状态。如采食前、后测定胆囊的大小，以估计胆囊的收缩功能；排尿前、后测定膀胱内的尿量，以判定有无尿液的潴留等。

**4. 吸收衰减规律**

动物体内各种生理和病理性实质性组织，对超声的吸收系数不同。肿大的病变会增加声路的长度，充血、纤维化的病变增加了反射界面，从而使超声能量分散和吸收，由此出现了病变组织与正常组织间，对超声吸收程度的差异，利用这一规律可判断病变组织的性质和范围。组织对超声的吸收衰减一般是癌性组织＞脂肪组织＞正常组织，因此，在正常灵敏度时，病变组织可出现波的衰减，癌性组织可表现为"衰减平段"，在 B 型超声诊断仪表现为衰减暗区。

超声诊断就是依据上述反射规律的改变原理，用来检查各种脏器和组织中有无占位性病变、器质性的或某些功能性的病理过程。

## 二、超声检查的类型

超声检查的类型较多，目前最常用的是按显示回声的方式进行分类，主要有 A 型、B 型、M 型、D 型和 C 型 5 种。

### （一）A 型探查法

A 型探查法即幅度调制型。此法以波幅的高低，代表界面反射信号的强弱，可探知界面距离，测量脏器径线及鉴别病变的物理特性，可用于对组织结构的定位。由于 A 型探查法的结果粗略，目前其基本上已被淘汰。

### （二）B 型探查法

B 型探查法即辉度调制型。此法是以不同辉度光点表示界面反射信号的强弱，反射强则亮，反射弱则暗，称为灰阶成像。因其采用多声束连续扫描，故可显示脏器的二维图像。当扫描速度超过每秒 24 帧时，则能显示脏器的活动状态，称为实时显像。根据探头和扫描方式的不同，又可分为线型扫描、扇形扫描及凸弧扫描等。高灰阶的实时 B 型超声诊断仪，可清晰显示脏器的外形与毗邻关系，以及软组织的内部回声、内部结构、血管与其他管道的分布情况等。因此 B 型探查法是目前临床使用最为广泛的超声诊断法。

### （三）M 型探查法

此法是在单声束 B 型扫描中加入慢扫描锯齿波，使反射光点自左向右移动显示。纵坐标为扫描空间位置线，代表被探测结构所在位置的深度变化；横坐标为光点慢扫描时间。探查时，以连续方式进行扫描，从光点移动可观察被测物在不同时相的深度和移动情况。所显示出的扫描线称为时间-运动曲线。M 型探查法主要用于探查心脏，临床称其为 M 型超声心动图描记术，与 B 型扫描心脏实时成像结合，诊断效果更佳。

### （四）D 型探查法

D 型探查法是利用超声波的多普勒效应，以多种方式显示多普勒频移，从而对疾病作出诊断。D 型探查法多与 B 型探查法结合，在 B 型图像上进行多普勒采样，临床多用于检测心脏及血管的血液动力学状态，尤其对先天性心脏病和瓣膜病的分流及返流情况，有较大的诊断价值，目前已广泛用于其他脏器病变的诊断与鉴别诊断，有较好的应用前景。多普勒彩色血液显像，是在多普勒二维显像的基础上，以实时彩色编码显示血液的方法，即在显示屏上以不同的色彩显示不同的血液方向和速度，从而增强对血液的直观感。

### （五）C 型探查法

C 型探查法即等深显示技术，使用多晶体探头进行 B 型扫描，其信号经门电路处理后，显示与扫描方向垂直的前后位多层平面断层像。C 型探查法目前主要用于乳腺疾病的诊断。

## 三、动物超声波检查的特点

### （一）动物种类繁多

由于各种动物解剖生理的差异，其检查体位、姿势均各有不同，尤其是要准确了解有关脏器在体表上的投影位置及其深度变化，由此才能识别不同动物、不同探测部位的正常超声影像。

### （二）动物皮肤有被毛

由于各种动物体表均有被毛覆盖，毛丛中存在大量空气，致使超声难以透过，因此，在超声实践检查中，除体表被毛生长稀少部位（软腹壁处）外，均须剪毛或剃毛。

### （三）动物需要保定

人为的保定措施，是动物超声诊断不可缺少的辅助条件。由于动物种类、个体情况、探测部位和方式的不同，其繁简程度不一。

### （四）超声诊断仪的要求

要求超声诊断仪功率较大、检测深度长、分辨力高、体积小、质量轻、便于携带及使用直流或交直流两用电源。

## 四、超声诊断仪的使用和维修

### （一）超声诊断仪的性能要求

功能状态良好的超声诊断仪性能必须稳定且符合以下要求。

电源性能稳定，外接电源电压上下波动 10% 对仪器灵敏度几乎无影响，持续工作 3～4h 时仪器性能无改变。辉度和聚焦良好，在室内日常光照条件下，A 型超声诊断仪波形清晰，B 型超声诊断仪光点明亮。

A 型超声诊断仪始波饱和且较窄，对信号的放大能力均匀，波级清楚；B 型超声诊断仪盲区较小、扫描线性较好，对强弱信号的放大能力一致，灰界明显；M 型超声诊断仪扫描光点分布均匀且连续性好；D 型超声诊断仪电器性能稳定，灵敏度正常，信号失真度小，结构简单且牢固。

时标距离和扫描深度应准确且符合其机械和电子性能；仪器的配套设施和各个配备探头与主机应保持一致；M 型超声诊断仪的超声心动图（UCG）、心电图（ECG）和心音图（PCG）等多种显示的同步性强。

## （二）操作方法

超声诊断仪的操作主要包括：电压必须稳定在 190～240V；选用合适的探头；打开电源，选择超声类型；调节辉度及聚焦；动物保定，剪（剃）毛，涂耦合剂（包括探头发射面）；扫查；调节辉度、对比度、灵敏度、视窗深度及其他技术参数，获得最佳声像图；冻结、存储、编辑、打印；关机、断电源。

## （三）仪器的维护

仪器应放置平稳，防潮、防尘、防震；仪器持续使用 2h 后应休息 15min，一般不应持续使用 4h 以上，夏天应有适当的降温措施；开机前和关机前，仪器各操纵键应复位；导线不应折曲、损伤；探头应轻拿轻放，切不可撞击；探头使用后应揩拭干净，切不可与腐蚀剂或热源接触；经常开机，防止仪器因长时间不使用而出现内部短路、击穿以至烧毁现象；不可频繁开关电源（间隔时间应在 5s 以上）；配件连接或断开前必须关闭电源；仪器出现故障时应请人排查和修理。

## 五、超声检测的内容和临床应用

超声诊断在体外检查，观察体内脏器的结构及其活动规律，为一种无痛、无损、非侵入性的检查方法。其操作简便、安全，但由于超声频率高，不能穿透空气与骨骼（除颅骨外），因此，含气多的脏器或被含气脏器（肺、胃肠胀气）所遮盖的部位、骨骼深部的脏器超声无法显示。

### （一）超声检测的内容

**1. 脏器或病变的深度、大小、各径线或面积等**

如肝内门静脉、肝静脉径，心壁厚度及心腔大小、二尖瓣口面积等。

**2. 脏器的形态及轮廓**

若有占位性病变常使外形失常、局部肿大、突出变形。肿块若有光滑而较强的边界回声，常提示有包膜存在。

**3. 脏器和病变的位置及与周围器官的关系**

如脏器有无下垂或移位、病变在脏器内的具体位置、病变与周围血管的关系及是否压迫或侵入周围血管等。

### 4. 病变性质

根据超声图显示脏器或病变内部回声的特点，包括有无回声，回声强弱、粗细及分布是否均匀等可以鉴别囊性（壁的厚薄、内部有无分隔及乳头状突起、囊内液体的稀稠等）、实质性（密度均匀与否）或气体。

### 5. 活动规律

肝、肾随呼吸运动，腹壁包块（深部）则不随呼吸活动；心内结构的活动规律等。

### 6. 血流速度

超声多普勒可以测定心脏内各部位的血流速度及方向，可以反映瓣口狭窄或关闭不全的湍流、心内间隔缺损分流的湍流，计算心脏每搏量、心内压力及心功能等，并可测定血管狭窄、闭塞、外伤断裂，移植血管的通畅情况等。

## （二）超声的临床应用

### 1. 腹部脏器疾病的超声诊断

主要采用 B 型超声，可动态观察各脏器活动的情况。胆囊、胆道、胰腺、胃肠道的检查需禁食在空腹时进行，脾脏检查不需任何准备。在肝脏血吸虫病、肝包虫病、肝硬化、脂肪肝、肝囊肿、多囊肝、肝脓疡、原发性肝细胞癌、肝血管瘤等诊断时，B 超已成为首选的检查方法。各种类型胆囊结石、胆囊息肉、阻塞性黄疸等经 B 超检查可了解胆道扩张范围，找到阻塞原因；对各种胰腺疾病，B 超检查可明确胰腺和周围众多血管的关系；胃肠道超声检查通过饮水或服胃显影剂、灌肠显示消化道形态，胃肠壁的各层次、结构和厚度，了解其与周围脏器的关系。

### 2. 早期妊娠诊断和产科疾病的 B 超检查

B 超检查在产科起着非常重要的作用，小动物早期妊娠诊断是临床最多见的，也是畜主最为关心的问题。在产科疾病方面，如流产、前置胎盘、异位妊娠、子宫和卵巢肿瘤均需膀胱充盈后检查，才能作出正确诊断；中晚期妊娠、胎儿畸形、葡萄胎不需膀胱充盈。

### 3. 泌尿系统疾病的诊断

经腹部检查膀胱或前列腺需充盈膀胱。而检查肾脏、肾上腺不需任何准备。阴囊疾病检查应选用高频探头（7.5MHz 或 10MHz）。肾囊肿很多、囊肿很大压迫周围脏器才产生症状，而 B 超检查能及时发现病变，此外也能对肾癌作出早期诊断，对肾积水、肾结石、肾萎缩、先天性肾畸形检查，也有其优越性。

### 4. 心脏和血管疾病诊断

现在应用于心脏疾病检查的有 M 型、扇形二维实时超声和彩色多普勒血流录像，包括脉冲波和连续波。在二维图像基础上调节取样线获得所需 M 型图像，统称超声心动图。风湿性心脏病、先天性心脏病、心脏肿瘤、各种类型心肌病、心包疾病，有明显的超声表现，特异性强。通过彩色多普勒血流显像可了解瓣膜狭窄情况，测量瓣口面积，了解心腔内瓣膜关闭不全所致返流情况。先天性心脏畸形可做心内分流测定，测量瓣口流速，并做心功能测定。心脏声学造影是心脏疾病检查的一种非损伤性新技术，通过声学造影剂显示心腔内血流情况、有无分流与返流。声学造影剂可使用过氧化氢、维生素 C 与碳酸氢钠，或乙酸与碳酸氢钠混合物，均可产生良好的造影效果。二维实时显像和彩色多普勒录像可观察血管内血流方向，测定血流速度，计算血流量。

**5. B超对浅表部位检查**

可以选择5MHz、7.5MHz、10MHz、20MHz探头，有直接法和间接法。间接法即探头和被检部位间加一水囊或水槽，检查不需任何准备，可对眼球和眼眶疾病、甲状腺、唾液腺、乳腺疾病进行诊断。

**6. 介入性超声**

介入性超声是一门新学科，应用特制探头在B超的监视和引导下清晰显示穿刺针路径和针尖位置，正确进入预选部位，达到诊断和治疗的目的。介入性超声包括不明原因肿块做细针细胞学检查，体腔内抽取囊液或脓液，原因不明阻塞性黄疸或肾盂积水，经皮穿刺造影以明确梗阻部位和原因，经穿刺引流胆汁或尿液以减轻症状，经直肠做膀胱和前列腺检查，同时可行前列腺穿刺和治疗。

经腹对怀孕动物行超声引导下宫内抽取羊水进行化验，同时可对胎儿做宫内诊断和治疗。经阴道探头可更直接观察子宫和卵巢。在超声引导下抽取成熟卵母细胞行体外授精，培育试管婴儿。

介入性超声也要掌握适应证，如有出血倾向、心肺功能衰竭、急性感染期后禁忌证的患病动物，在术前应做凝血时间检测、血小板计数。探头按规定消毒，穿刺针和器械应严格消毒。超声引导下穿刺术是一种安全简便的方法，对动物体损伤小，很少见有严重并发症的报道。

## 六、注意事项

在超声探查中，有许多影响超声的透过和反射的因素，致使示波屏的影像失真，反射波数减少或波幅降低，难以作出准确的分析和判断。

（一）耦合剂的选择

为使探头紧密地接触皮肤，消除探头与皮肤之间的空气夹层所使用的一种介质称为耦合剂。临床上多选择与机体组织声阻抗率相接近，而且必须是对人和动物无害、价格便宜、来源广泛的物质，常用的耦合剂有蓖麻油、液体石蜡、凡士林或其他无刺激性的中性油类。有时由于耦合剂量少或流失，探头与皮肤间出现空气层，致使超声透过困难或反射回声显著减少。

耦合剂种类繁多，兽医临床上多用液体石蜡与凡士林的合剂，然而，在小动物临床上，最好选用随仪器携带的耦合剂，以保证检查效果。

（二）皮下脂肪组织对超声的衰减

不同种动物或同种动物不同个体，皮下脂肪的厚度不等，因而对超声的吸收衰减不同。实验证明，频率为2.5MHz时，脂肪吸收系数为1.3～2db/cm。因此，在检查时应注意动物的品种、类型、肥胖程度等，其均对超声反射有不同影响。

（三）界面与探查角度

脉冲反射式超声，在相同的介质中，反射的强弱与探头面和被测界面是否垂直有密切关系。实验证明，当探头以 5°角入射时，返回探头的声能只为垂直时的 10%；12°角时，只有 1%。实际上，体内脏器并非处处与皮肤平行，因此在具体探查时要不断摆动探头，以便与被测脏器界面垂直。

（四）频率的选择

超声频率高，波束的方向性好，分辨力强，但穿透力反而变弱，即组织吸收系数高；反之，频率低，方向性差，但穿透力较强。因此，当选择频率时，既要考虑穿透力，又要注意分辨力。一般在声波衰减不大的情况下，既要满足探测深度，又要尽可能选用较高频率的探头。

（五）探测灵敏度

探测灵敏度的确定与反射回波的多少及高低有密切关系。灵敏度过高致使所有反射波和一些杂波都被放大，于是波型密集，波幅饱和，无法分辨组织结构，易于误诊；灵敏度过低时，有些界面反射回波信号被抑制，于是波稀少，波幅小，波型简单，同样不能完全反映组织结构的变化而造成遗漏。

（高光平，观　飒，郝玉兰）

# 第四节　内镜的基础知识

内镜（endoscopy）一词源于希腊语，意为"进入活体体腔进行查看"。第一个有记载的内镜检查是在 1805 年，法兰克福的 Bozzini 尝试借助蜡烛照亮锡管，利用镜子反射控制光线方向进行泌尿道检查（图 1-2，图 1-3）。

图 1-2　第一部内镜发明者 Bozzini　　图 1-3　第一个硬质内镜

随后内镜不断演化和发展，经历了 4 个阶段。

## 一、硬式内镜阶段（1805～1932 年）

以硬质材料加上各种光学反光棱镜装置，操作困难，可视范围小，实用性不强。直到 1932 年，光学师 Wolf 和内镜师 Schindler 研制了半可弯曲式胃镜，内镜才进入了较为实用的阶段。

## 二、纤维内镜阶段（1957 年～ ）

这一阶段主要以玻璃纤维束作为光学传导路径，内镜变得可以弯曲，并有工作通道，后期还将目镜部分增加了图像转换电耦合器件（CCD）装置，但仍没能改变光学纤维传输的特性。

## 三、电子内镜阶段（1983 年～ ）

1983 年，美国 Weloh Allyn 公司首先将 CCD 片安装在内镜前端，将光学变成电能，经过数码转换，直接在监视屏上观察图像，并可记录和存储图像。

## 四、胶囊内镜（2000 年～ ）

2000 年，以色列发明一台可以将图像连续发射至体外的医学照相机，外形酷似胶囊，患者吞入照相机后，可将消化道内的图像不断传输到体外的接收器内，可以直接观察到整个肠道的病变，随着科学进步，以后胶囊内镜还可以对病变位置进行治疗和修复。

兽医内镜检查开始于 20 世纪 70 年代。1970 年，O'Brien 首先报道了犬、猫下呼吸道内镜的使用；1976 年，Johnson 首次报道了胃肠内镜在小动物诊疗中的使用。由于昂贵的设备和在兽医中的接受程度并不是很高，兽医内镜的发展缓慢，内镜的使用部位主要集中在消化道和呼吸道。

动物医学专业的外科教师总是教育学生"伤口的愈合是一侧到一侧的，不是起点到终点的，所以做一个大切口"，大切口可以获得更好的视野，方便操作。但随着兽医内镜技术的普及，这种观点被颠覆，小于 5mm 的切口，疼痛减轻，恢复迅速，以及人类自身医学经历，越来越多的人选择为他们的宠物采用内镜方法进行检查和操作。

随着内镜设备成本的降低，检查操作费用的下降，兽医内镜发展也变得迅速起来，不只局限于消化道内镜、呼吸内镜，其他内镜也开始普及和发展，如鼻腔镜、膀胱镜、关节镜、阴道镜、耳镜、胸腔镜等，涉及的动物也不仅仅是犬和猫，马属动物、海洋动物、两栖动物、禽类都有相应的内镜检查操作设备。

随着纤维光学技术的不断发展及工艺改进，目前已经制成多种类型的纤维内镜。各种内腔镜的性状、结构虽不相同，但一般均由粗细、长短、性状不一的导管（金属或塑料）制成。其前端附有照明装置，管内有折射用的反光镜及电线，通过电线将尖端照明装置与外面的电源相连接。有的还附有采取组织标本的刮削或切除系统（如腹腔镜、胃镜等），或附有摄影装置（如纤维食管镜、纤维肠镜、纤维胆道镜、纤维支气管镜、纤维膀胱镜、纤维腹腔镜、关节腔镜等）。这些新型内镜能够清晰地观察病变，并可摄影或录像、活检取材，不但大大提高了对部位病变的早期诊断水平，而且开辟了内镜治疗的新领域，如内镜下药物注射、高频电凝电切、激光及微波等；治疗上消化道出血、息肉及肿瘤；乳头切开及取石等都取得了进展。超声波诊断技术与内镜应用相结合，超声内镜（endoscopic ultrasonography，EUS）已研制成功。其能探测消化道管壁各层及邻近脏器的病变，适用于黏膜下肿瘤的鉴别；消化道癌浸润深度及周围淋巴结转移的判断；胰胆肿瘤的早期诊断等。但超声内镜价格昂贵，限制了其推广使用。

20世纪80年代研制出了电子（摄像）内镜（electronic videoendoscopy），其由CCD元件摄像（代替了光学纤维导像的内镜部分）、中心处理器和电视图像监视器等主要部件组成。它避免了因光学纤维折断、老化影响图像的缺点，图像放大清晰地显示于屏幕上；并可摄片、录像，资料储存、复制、分析和传递极为方便，便于临床会诊和教学。国内不少单位使用效果甚佳。电子内镜的使用操作如插镜、观察、活检等均与纤维内镜相似。

但在兽医学领域，动物不像人那样容易与检查者配合，故应用的难度较大。但是近年来由于诊疗方面的需要，内镜技术越来越受重视，尤其在国外小动物诊疗方面发展很快，如胃镜、肠镜、直肠镜、咽喉镜、膀胱镜、阴道镜、关节镜、胸腔镜、腹腔镜等，应用已非常广泛。现在国内动物医院也逐渐把各种内镜应用于兽医临床。

应用内镜前要先检查照明装置、电极、反射镜等部分，如各部件正常再行检查。

根据检查部位和器械的不同，须做不同准备。下面扼要介绍几种最常见的内镜的诊断应用。

应用咽喉镜时，动物需横卧保定，并牢固固定头部。先将器械在温水中稍加温，并涂以润滑剂。然后经鼻插至咽喉部，并用拇指紧紧将其固定于鼻翼上，打开电源开关使前端照明装置将检查部照亮，即可借反射镜作用通过镜管窥视咽喉内的情况，如黏膜变化、异物、破裂、软骨陷没等。

应用直肠镜时，宜先灌肠并排空直肠内宿粪，然后从肛门插入直肠镜检查。

膀胱镜主要用于雌性动物（雄性动物须先行尿道切开术，故只有在严重适应证时才可使用），通过阴门、尿道插入。借助膀胱镜可以窥视膀胱的黏膜情况，如颜色、表面性状，有无肿瘤、结石，输尿管外口等，甚至可见尿液进入膀胱的情况。

应用腹腔镜时，根据需要检查器官的不同而选不同部位。局部按常规剃毛消毒，先将腹部以无菌手术切开小口，通过切口插入腹腔镜，打开光源，进行检查。利用腹腔镜可以观察腹膜颜色、光滑度，某些脏器（如肝脏）表面平滑度、颜色，是否肿大（边缘锐、钝情况），有无肿瘤等，对于胃肠变位等也有参考价值。当然这些检查需要用气腹机扩充腹腔空间，提供充分的视野才能完成。此外，腹腔镜尚可完成某些手术，如切取小片组织（如肿瘤）进行实验室检验等。应该指出，目前腹腔镜在诊断治疗方面的报道很多，如腹腔探察、隐睾切除、卵巢切除、腹股沟阴囊疝修复、膀胱破裂修复、胃固定术、结肠固定术等，尤其是应用于泌尿生殖系统检查、诊断、活组织取材、胚胎移植等方面，是其他方法难以取代的。

器械用前及用后应清洗、消毒，按规定保存。检查后的动物也应做一般的护理。

近年来，伴随光导纤维的应用，内镜及插入技术的不断改进，已能顺利地对整个消化道、呼吸道、胸腹腔等进行检查，大大地提高了疾病的早期诊断率及诊断的准确性。有理由相信内镜在兽医临床上的应用将日益受到重视。

（毛军福，高建新）

# 第五节　CT的基本知识

CT是X线计算机断层摄影（X-ray computed tomography）的简称。CT不是X线直

接摄影，而是利用 X 线对动物机体某一层面进行扫描，就像身体被切成一系列薄片，由探测器接收透过该层面的 X 线，通过计算机处理重建图像的一种现代医学成像技术。它是 X 线检查技术与计算机技术相结合的产物。

英国工程师 Hounsfield 早在 1972 年英国放射学年会上，首次作将 Electric and Musical Industries Ltd（EMI）公司头部 CT 机应用于医学的报告，并于 1973 年在英国放射学杂志上报道，这是影像技术的一项重大突破，Hounsfield 因此获得 1979 年诺贝尔生理学或医学奖。此后，CT 发展迅速，现已出现第五代 CT 和螺旋 CT。第一代 CT 仅有 1 个或 2 个探测器，扫描时间较长（5min）；第二代 CT 的探测器增加至 30 个，扫描时间缩短至 15～20s；第三、四代 CT 探测器分别增加至 800 个、1200 个，扫描时间缩短至 2～5s；第五代 CT 是利用电子束透过机体，能量衰减后被探测器所探测，经转换等处理形成图像，第五代 CT 没有球管和探测器的机械转动，最快扫描速度为每层 0.05s。螺旋 CT 扫描则是指当检查床上的机体以匀速进入 CT 机架时，X 线球管同时进行连续螺旋式扫描，具有扫描速度快、病灶检出率较高、多功能显示病灶等优点。

CT 使传统的 X 线难以显示的器官和病灶得以成像，图像清晰逼真，解剖关系明确，且具有检查方便、迅速、安全、直观的特点，大大提高了病变的检出率和诊断的准确率。CT 诊断只要动物能确切地保定或麻醉在诊断台上，被放在台上缓缓送入装有一个 X 线发射管和一个称为 CT 探测仪的环型装置。X 线发射管沿环型框架旋转并发射 X 线，X 线穿过动物体内被另一端的 CT 探测仪所接收，并被转成电信号送至 CT 扫描仪的计算机，计算机将这些电信号转化后制成一系列身体横切面的图像。另外一些计算机程序还可以将这些信息组合成三维图像，即可顺利完成检查。在检查过程中可即时观察图像，如电视透视一样，可立即获得初步印象。特殊检查图像拍成照片或储存于磁带、磁盘，可供会诊和随访观察用。

CT 图像的主要优点是：①普通 X 线照片是动物机体结构的重叠影像，而 CT 则一般是与动物体长轴相垂直的一组横断面连续图像。即将所检查的部位，分别重建成一层一层的横断面像，每层的厚度一般为 10mm，根据需要可以更薄，如 2～5mm，因而检查精密，很少受组织或器官重叠的干扰，按顺序观察各层面图像，便可了解某器官或病变的总体影像。②CT 最大的优点是密度分辨力高，可以显示普通照片不能显示的器官或病变。普通照片密度差别在 10% 以上时，才能形成影像，而 CT 可以分辨 0.1%～0.5% 的密度差别。例如，腹部平片对肝、脾、肾、胃肠道等，均不能清晰地显示，而 CT 扫描的它们的横断面像则十分清楚；颅骨平片看不到脑室、脑池、脑沟和基底节等结构，而头部 CT 则可一目了然。③灵敏度高，能以数字形式做定量分析，能充分有效地利用 X 线信息，如器官、组织和病变的密度能以 CT 值检测出来。

# 一、CT 的基本原理与设备

## （一）CT 的基本原理

计算机断层成像是将 X 线经准直器形成狭窄线束，做动物体层面扫描。X 线束被机体吸收而衰减，位于对侧的灵敏高效探测器收集衰减后的 X 线信号，并借模 / 数转换器转换成数字信号，传入计算机。计算机将输入的原始数据处理，得出扫描断层面各点处的 X 线吸收值，并将各点的数值排列成数字矩阵。数字矩阵经数 / 模转换器转换成不同灰暗度的光点，形成断层图像显示在荧光屏上。断层图像可以胶片、磁盘、光盘等形式永久保存。

### （二）CT 的基本设备

**1. X 线球管**

可分为固定阳极球管和旋转阳极球管。固定阳极球管热容量小，仅用于第一、二代CT。旋转阳极球管热容量较大，焦点较小，为目前 CT 均采用。

**2. 准直器**

准直器位于 X 线球管出口端。准直器的缝隙宽度可在 1～10mm 内调节，缝隙宽度决定扫描层的厚度。

**3. 探测器**

用于探测透过动物体的 X 线信号，并将其转换成电信号。

**4. 模 / 数转换器**

用于将探测器收集的电信号转换成数字信号，供计算机重建图像。

**5. 高压发生器**

为 X 线球管提供高压，保证 X 线球管发射能量稳定的 X 线。

**6. 扫描机架与检查床**

扫描机架装有 X 线球管、准直器、探测器、旋转机械和控制电路等。检查床可上下前后移动，将动物体送入扫描孔。

**7. 电子计算机系统**

CT 有主计算机和阵列处理器。主计算机控制机架与检查床的移动、X 线的产生、数据的产生与收集、各部件间的信息交换等整个系统的运行；阵列处理器作图像重建。CT 图像可以用胶片记录，或存储在磁盘、光盘中，或以医学影像存档于通信系统（PACS）中。

## 二、基本概念

### （一）CT 值

不同的组织结构密度存在差异，从而导致穿透物质后 X 线的衰减程度不同。将这衰减系数 $\mu$ 值换算为 CT 值，作为表达组织密度的统一单位。某物质的 CT 值等于该物质的衰减系数（$\mu_m$）与水的衰减系数（$\mu_w$）之差，再与水的衰减系数相比之后乘以 1000，单位为 HU（Hounsfield unit），即

$$某物质的 CT 值 = \frac{(\mu_m - \mu_w)}{\mu_w} \times 1000 \qquad (1\text{-}1)$$

水、骨、空气的衰减系数分别为 1.0、2.0 和 0，则其 CT 值分别为 0HU、1000HU 和 −1000HU。机体组织 CT 值的范围以骨的 CT 值 1000HU 为上界，以空气的 CT 值 −1000HU 为下界，即可包括由骨组织至含气器官的 CT 值。其中软组织的 CT 值为 35HU，脂肪的 CT 值为 −50HU。不同的组织有不同的组织密度，CT 图像上就有不同的 CT 值，这是区别正常组织和病理组织的重要基础。

传统的 X 线片是三维立体生物的二维平面图，相邻组织器官影像相互重叠。而断层摄影虽可消除影像重叠，但其分辨力不高。相比之下，CT 图像是真正的断面图像，是组织断面密度分布图，图像清晰，密度分辨力高，无断面以外组织结构干扰等。

（二）窗位与窗宽

窗位是指检出某一组织时所选择的 CT 值范围的中间值。窗宽则是指该组织显示图像所选择的 CT 值范围。在观察某一组织结构时，通常以其 CT 值为窗位，提高窗位可使图像变黑，降低窗位则使图像变白。加大窗宽可使图像层次增多、组织对比减少、细节显示差，缩短窗宽则使图像层次减少。

（三）像素

像素是组成 CT 图像的基本单元。像素越小、越多，越能分辨图像的细节，即图像的分辨力越高。现在的 CT 像素已由早期的 $160 \times 160$，经 $256 \times 256$ 过渡到 $512 \times 512$。

（四）空间分辨力

空间分辨力是指在一定密度差下分辨组织几何形态的能力，常以每厘米内的线对数或以可分辨最小物体的直径（nm）来表示。

（五）密度分辨力

密度分辨力是指在低对比下分辨组织密度细小差别的能力。CT 的密度分辨力是普通 X 线的 $10 \sim 20$ 倍。

（六）部分容积效应

部分容积效应是指当同一扫描层面内有两种以上不同密度的物质时，所测 CT 值不是其中一种物质的 CT 值，而是这些物质的平均 CT 值。

## 三、CT 检查技术

CT 检查技术有平扫、增强扫描和造影扫描等，还有薄层扫描、重叠扫描、靶区 CT 扫描、高分辨力 CT 扫描、延迟扫描、动态扫描、CT 三维图像重建、CT 多平面重组、CT 血管造影、CT 仿真内镜技术、CT 灌注成像等特殊扫描技术。

（一）平扫

平扫是指血管内不注射造影剂的扫描，层厚 $1 \sim 10mm$。

（二）增强扫描

增强扫描是指血管内注射造影剂的扫描，可以提高病变组织与正常组织的密度差和显示平扫未显示或显示不清的病变。

（三）造影扫描

造影扫描是对某一组织结构造影的同时作 CT 扫描，如脊髓造影 CT、胆囊造影扫描等。

（四）薄层扫描

薄层扫描适合于观察细节病变，可避免部分容积效应，层厚 $1 \sim 5mm$。

## （五）重叠扫描

重叠扫描是指扫描床移动距离小于层厚，使扫描层面部分重叠，可避免遗漏小病灶和部分容积效应。

## （六）靶区 CT 扫描

靶区 CT 扫描是指仅对感兴趣的小病灶区域做局部扫描，常使用小视野和薄层扫描。

## （七）高分辨力 CT 扫描

高分辨力 CT 扫描是指使用薄层高分辨力重建和特殊过滤处理，以获得细微的组织结构图像。

## （八）延迟扫描

延迟扫描是指对某一组织结构做造影扫描时，利用某些组织或细胞的吸收与排泄功能，注射造影剂后一段时间再次扫描。

## （九）动态扫描

动态扫描是指注射造影剂后做连续快速扫描，可分为进床式动态扫描和同层动态扫描。

## （十）CT 三维图像重建

CT 三维图像重建是指将螺旋 CT 扫描的容积资料在工作站重建，合成三维图像。这种重建三维图像可 360° 随意旋转，供不同角度观察病灶。

## （十一）CT 多平面重组

CT 多平面重组可将任意平面容积资料重组成冠状面、矢状面、斜面、曲面等任意平面，以便从多平面和多角度细致分析病变的内部结构及其与周围组织的关系。

## （十二）CT 血管造影

CT 血管造影是指静脉注射造影剂后，直到在循环血液及靶血管内出现最高造影剂浓度的时间内，做螺旋 CT 容积扫描，重建靶血管数字化立体影像。

## （十三）CT 仿真内镜技术

CT 仿真内镜技术是指将 CT 容积扫描获得的影像数据做计算机后处理，重建类似纤维内镜所见的空腔器官立体图像。

## （十四）CT 灌注成像

CT 灌注成像是指加压快速静脉注射造影剂后，做一特定层面的快速动态扫描，将反映血流灌注的参数转换成灌注成像。

与核素显像、超声图像相比，CT 图像更清晰，解剖关系更明确，病变检出率和诊断率也较高，几乎可以用于动物体各部的检查。但 CT 仪器价格昂贵，检查室要求条件高，检查费用高，有些疾病能用其他方法作出诊断者，不宜首先采用 CT。我国目前的动物医院，甚至高等院校兽医院，限于经济条件，还很少能够配备该设备。随着伴侣动物、小动物在人们生活中地位的改变，宠物爱好者的增多，城乡人民生活水平的不断提高，宠物保健和疾病治疗的需要，CT 在不远的将来也会像在医学界一样，成为兽医临床诊断常规的医疗设备之一。

（高光平，范玉青）

## 第六节　核磁共振的基本知识

　　MRI 技术是当代医学影像学中的一项重大变革。MRI 的成像基础与传统放射影像技术有本质的不同，它是利用原子核在磁场内共振而产生影像的一种全新的影像诊断方法。核磁共振现象原先被用于化学分析领域。1973 年，Paul C. Lauterbur 率先进行核磁共振人体成像实验。1978 年，MRI 的图像质量已达到早期 X 线 CT 的水平，1981 年完成了 MRI 全身扫描图像。后来 MRI 被逐渐用于医学临床，近年来国外一些高校和动物医院也开始用核磁共振技术诊断动物疾病。

　　核磁共振成像的主要结构由三大部分组成，即磁体、核磁共振波谱仪和图像重建显示系统。磁体系统包括主磁体、梯度线圈磁场和射频磁场，它们负责激发原子核产生共振信号，并为共振核进行空间定位提供三维空间信息。核磁共振波谱仪是射频发射和信号采集装置，在核磁共振成像中起"承上启下"的作用。它采集的信号，通过适当接口，传送给电子计算机进行分析处理。图像重建和显示系统负责信号数据的采取、处理和显示。从波谱仪传来的信号，经计算机处理后成为数字信号，再经数模转换后由显示装置产生各种断层图像，由于各种组织的 MRI 信号强度不同，这样它们之间的信号图像便形成了鲜明对比。MRI 检查可获得动物体横断面、矢状面和冠状面 3 种图像，它提供的图像信息大于其他许多影像技术，并且没有辐射危害。

　　进行 MRI 时，有病动物被送入一个具有强磁场的长管型装置，强磁场使得体内所有的氢原子有序排列，而仪器发出的射频脉冲则打乱这种有序排列，这些放出的能量被一个称为接收线圈的装置所测量并转成电信号送至 MRI 扫描仪计算机，电信号在那里数字化后成像，与 CT 一样，MRI 图像也可以合成三维图像并以各种方式表现和储存。

　　目前 MRI 在神经系统应用较为成熟和成功，主要用于诊断脑部和脊髓疾病，尤其对于脑干、枕骨大孔区、脊髓与椎间盘的显示明显优于 CT。核磁共振对软组织检查也相当敏感，在显示关节病变及软组织方面显示了优越性。随着 MRI 技术的不断成熟和完善，它已开始应用于全身各系统检查，包括心血管、呼吸、消化等脏器及五官器官等。MRI 已成为影像诊断学方面不可缺少的具有很大潜力的一种手段。

（高光平）

# 第二章  X 线 技 术

**【本章术语】**

摆位  透视  摄影  失真度  伪影  对比度  放大摄影  DR

**【操作关键技术】**

1. 拍摄长骨时，必须包括其远端和近端的关节。
2. 任何既定的拍摄部位应尽可能使用最小的曝光区域。
3. 摆位名词根据原射线进入和穿出被检部位的位置来命名。
4. 一般来说，患猫反抗过多的保定，而患犬乐于接受平静、命令式的保定方式。
5. 在拍摄 X 线片之前，要检查患病动物的皮毛，应尽可能保持干燥、清洁。

## 第一节  X 线机操作规程及注意事项

为了充分发挥 X 线机的设计效能，拍出较满意的 X 线片，必须掌握所用 X 线机的特性；同时，为了保证机器的安全及延长其使用寿命，还必须严格按照操作规程使用 X 线机，才能保证工作的顺利进行。

### 一、使用原则

首先对 X 线机有基本认识，了解机器的性能、规格、特点和各部件的使用及注意事项；严格遵守操作规程，正确而熟练地操作，以保证机器的安全；工作人员在操作过程中，认真负责，耐心细致；使用过程中，必须严格防止过载。

### 二、操作技术

X 线机的种类繁多，但主要工作原理相同，控制台的各种调节器也基本相似。每部机器都要按其操作规程进行工作。各种 X 线机，一般操作步骤如下。

闭合外接电源总开关；将 X 线管交换开关或按键调至需用的位置；根据检查方式进行技术选择，如是否用滤线器、点片等；接通机器电源，调节电源调节器，使电源电压表指示针在标准位置上；根据摄片位置、被照动物的情况，调节管电压（kV）、管电流（mA）和曝光时间。

### 三、注意事项

在没有详细了解所用 X 线机的性能、使用方法及操作规程之前，严禁拨动控制台面、摄影台及点片架等处的各个旋钮和开关。

X 线机是要求电源供电条件较严格的电器设备，在使用中必须先调整电源电压至标准位置。电源电压不可超出规定电压的 ±10%。频率波动范围不可超出 ±1Hz。

在曝光过程中，不可临时调动各调节旋钮。因为在 X 线照射过程中各调节器都影响高压的发生，高压初级接触点有较大的电流通过，此时调动旋钮，可使接触点发生较大的电弧，产生瞬间高电压，损坏 X 线机的主要部件。

为了正确地使用 X 线管和延长其寿命，必须严格按 X 线管的规格使用。在条件允许的情况下，尽可能利用低毫安投照。每次投照后，要有必要的间歇冷却时间；连续工作时，要注意 X 线管的热量储存，X 线管套表面的温度不得超过 50～60℃。

在使用过程中，注意控制台各仪表指示的数值，熟悉各电器部件的工作声音，有无其他异味。

移动式 X 线机，移动前应将 X 线管及各种旋钮固定，避免搬运中受损。

随时注意机器清洁，避免水分、潮湿空气及酸碱性蒸发气侵蚀机器。

高压电缆的弯曲弧度不宜过小，一般弧度直径不得小于 15cm。同时严禁与油类物质接触，以免电缆橡胶受侵蚀变质而损坏。

（高光平）

# 第二节　透视与摄影

透视与摄影是兽医 X 线技术中的两种基本方法，它们可以单独使用，也可以先做透视，根据透视所见再进行摄影。但不论应用哪一种方法，都应从动物的特点、诊断的需要、技术的优势和检查的可能来考虑，目的是通过 X 线检查能获得较多的诊断信息。如有必要还可进行特殊摄影和造影检查。

## 一、透视检查

透视是利用 X 线的荧光作用，在荧光屏上显示出被照物体的影像，进行观察的一种方法。一般透视须在暗室内进行，透视前须对视力进行暗适应。如采用影像增强电视系统，则影像亮度明显增强，效果很好，并可在明室内进行透视。

透视检查时，X 线穿过被检对象到达荧光屏上，产生被检对象的影像。检查者面对透视屏或电视屏幕进行观察，必要时还可移动透视屏或被检动物，以便从各个位置和不同的角度观察病变。通过透视还能看到内部器官的动态影像，所以透视是一种经济、方便、快速的 X 线技术。

透视技术主要用于：观察某些器官或系统的动态变化，如心脏、大血管的搏动，食管、小肠内造影时硫酸钡通过的情况；帮助和指导外科手术，如骨折整复、异物定位和取出；评价膈的运动和肺的功能；寻找病变部位、范围，为拍片做先期定位；进行畜群的透视检疫，如猪气喘病的普查等。

（一）透视技术

普通透视必须在暗房中进行，应用影像增强电视系统时则可在明室操作。透视屏由能够透过 X 线的塑料保护板、荧光屏和一块铅玻璃组成。荧光屏上的荧光物质是硫化锌镉，它在 X 线激发下能发出人眼敏感的绿色光线。铅玻璃盖在荧光屏上，不影响观察影像，但阻挡了 X 线，对观察者有防护作用。为此，铅玻璃的铅当量不应小于 1.5mm。为了方便检查者灵活变动观察部位，机头应与透视屏联动，机头前应装上一副能由检查者控制的可变孔隙遮线板，以便调整X线的照射范围。在透视屏的周围应有含铅橡皮的遮挡防护。

在兽医检查中，由于工作的需要，常使用一种透视暗箱，以便在没有透视暗房的情况下也能进行透视检查。可把透视屏周围做成暗视环境，但这种透视屏面积不大，比较简单，检查者在正面对着透视屏的情况下，虽有铅玻璃的保护，但透视屏四周外面仍有射线，因此，应十分注意对X线的防护。

透视之前应把患病动物需检查部位的皮肤上的泥土、药物等除掉，以免出现干扰阴影，影响观察和发生误诊。透视时要将动物安全保定，必要时给予镇静剂，甚至进行麻醉。

在进行普通透视检查前，检查者必须对眼睛进行暗适应，即在暗房中坐等10min。如果检查者在透视前必须在日光或灯光下活动，可提前15min佩带红色眼镜，以使眼睛保持在暗的环境中。

透视时先将检查部位置于X线管和透视屏之间，并使透视屏尽量靠近被检部位。X线焦点与透视屏的距离为50～100cm，检查部位越厚，距离也应越长。透视时要利用X线管前的可变孔隙遮线器，尽量缩小在荧光屏上观察的范围。透视用的管电压为50～90kV，管电流为5mA左右。观察时间即X线的发射时间由透视者掌握，每一个病例不超过3～5min，以间断曝光的形式进行。

由于透视的曝光时间较摄影时间长得多，虽然管电流很小，但病畜受到的辐射量还是很大，每分钟可达10R[①]，附近50cm处的散射线为每分钟10～20mR。因此，透视检查必须十分注意防护设备的应用，必须遵守操作规定。提高视力的暗适应、合理应用可变孔隙遮线器以缩小投照范围、应用间断曝光等措施在透视辐射防护中是非常重要的。

（二）透视检查法的优缺点

**1. 优点**

1）可移动荧光屏随意检查，范围不受限制。
2）可随意转动检查部位进行多轴观察。
3）手续简便，可立即获得结果。
4）可直接在荧光屏或电视监护下进行诊断与治疗。

**2. 缺点**

1）影像不能留作记录。
2）不易看到细微病变。
3）长久透视使患病动物、检查者受到较大的X线辐射。

## 二、摄影检查

摄影是把动物要检查的部位摄制成X线片，然后再对X线片上的影像进行研究的一种方法。X线片上的空间分辨力较高，影像清晰，可看到较细小的变化，身体较厚部位及厚度和密度差异较小的部位的病变也能显示，因此，对病变的发现率与诊断准确率均较高；同时X线片可长期保存，便于随时研究、比较和复查时参考。尽管此法需要的器材较多，费时较长，成本也高，但它还是兽医影像检查中最常用的一种方法。

---

① 1R＝0.01Gy

## （一）摄影技术

摄影前应了解摄影检查的目的和要求，以便决定摄影的位置和使用胶片的大小。与透视前要准备的一样，要把患病动物被检部位皮肤上的泥土、污物和药物（特别是含碘制剂）清除干净，防止在 X 线片上留下干扰的阴影；确实地保定好动物，必要时可使用化学保定，甚至全身麻醉。

摄影时要使 X 线机头、检查部位和 X 线胶片三者排在一条直线上，在摆位时可利用各种形状的塑料、海绵块、木块、沙袋及绷带、绳索等辅助摆正和固定好动物；大动物摄影时常由辅助人员手持片盒，为防止摄影时片盒晃动，应使用带支杆的持片架。摄影距离即焦点到胶片的距离，它的大小应根据所用 X 线机的容量决定，一般为 75～100cm。管电压则根据被照部位的厚度决定。由于动物不能主动配合，因此在兽医 X 线检查中多采用高电压、大电流、短时间的摄影模式，以抓住动物安静的时机进行曝光。曝光后的胶片经过暗室冲洗、晾干后才能成为诊断用的 X 线片。

**1．X 线摄影步骤**

1）确定投照体位。根据检查目的和要求，选择正确的投照体位。

2）测量体厚。测量投照部位的厚度，以便确定投照条件，一般测量所拍摄部位的最厚处。

3）选择胶片尺寸。根据投照范围选用适当的遮线器和胶片尺寸。

4）安放照片标记。诊断用 X 线片必须进行标记，否则出现混乱造成事故。X 线片用铅字号码标记，将号码按顺序放在片盒的边缘。

5）摆位置，对中心线。依投照部位和检查目的摆好体位，使 X 线管、被检机体和片盒三者在一条直线上，X 线束的中心应在被检机体和片盒的中央。

6）选择曝光条件。根据投照部位的位置、体厚、生理、病理情况和机器条件，选择大小焦点、管电压（kV）、管电流（mA）、时间（s）和焦点到胶片的距离（FFD）。

7）在动物安静不动时曝光。

8）曝光后的胶片送暗室内冲洗。

**2．X 线片标记法**

每张 X 线片都必须有它的识别标记，以便查找，没有标记的 X 线片不能作为正式诊断用 X 线片使用。一张 X 线片的标记内容有 X 线片号码、摄片日期、投照体位，完整的标记还应有医疗机构名称，畜主姓名和住址，畜别、品种、性别、年龄等，这些可以在 X 线片专用袋上记载。

X 线片的标记方法有多种，常用的是铅字标记法，即将需要标记的号码、日期、左或右的铅字排列起来，用胶布贴在片盒的正面，或把铅字放在塑料片或铝片做成的夹子上并卡在片盒上。摄影时，不透射线的铅字即被印在胶片上。铅字应放在没有投照组织的片盒边缘部位，要避免发生铅字与影像重印在一起的现象。

另外一种是打印标记法。摄影前先在一张印有医疗机构名称的透明标签纸上填好各项要标记的内容。在每一个片盒的一角或边缘也都有一块与标签纸同样大小被铅皮遮挡的固定地方，摄影时此处不被曝光。摄影后，片盒连同上述填好的透明标签纸送暗室加工。在暗室中先把透明标签纸放在一个特制的印像机上，取出曝光后的胶片，把胶片被铅皮遮挡未曝光的部分重叠在透明标签纸上放到印像机上进行局部再曝光。这样就把标记的内容印到胶片上，冲洗后，在 X 线胶片上就印有标记的内容。此法不仅能把 X 线片号、摄片日期、左侧或右侧，还可把畜主姓名和地址，畜别、品种、年龄，医疗机构等必要的标记全部印在 X 线胶片上。

（二）摄影检查的优缺点

**1. 优点**

可做永久记录，便于复查对照；可以观察微细病变；一般曝光时间短，便于防护。

**2. 缺点**

每次检查范围小，而且受胶片大小的限制；每次只能从一个角度投照；手续烦琐，除有自动洗片机外，不能立即获得结果；费用较透视检查高；一般不能显示器官的动态功能；只能作为诊断与治疗技术操作的参考。

（邹本革，张　伟）

# 第三节　摄影的方位名称及摆位原则

## 一、解剖学方位和术语

背切面：是与正中矢面、横断面互相垂直的面，把头和躯干分为背侧部和腹侧部。

背侧：是朝向或接近背部，以及头、颈和尾的朝上一侧。在四肢，背侧是指腕（跗）、掌（跖）、指（趾）的前面或上面（与着地指枕相对的一侧）。

腹侧：是朝向或接近腹部，以及头、颈、胸、尾的朝下一侧。不用于四肢。

内侧：朝向或相对接近正中矢面者。

外侧：远离或距正中矢面较远者。

颅侧：是躯干向头方向或相对地接近头部者，习惯上称前侧。此术语也用于四肢腕关节、跗关节以上的部分。在头部的前方则以吻（口）侧代替。

尾侧：是躯干向尾方向或相对地接近尾侧。也用于四肢腕关节和跗关节以上部分和头部。

吻侧：是头部朝向或接近鼻端的一侧。

近端：相对地接近躯干或起始部，在四肢和尾是指附着端。

远端：相对地远离躯干或起始部者，在四肢和尾是指游离端。

掌侧：是指站立时前爪着地的一侧，对面为背侧。

跖侧：是指站立时后爪着地的一侧，对面为背侧。

## 二、摄影的方位名称

X 线摄影时要用解剖学上的一些通用名词来表示摆片的位置和射线的方向，如背腹位、前后位等。以前兽医 X 线技术中使用的一些方位名称不太规范，很多名称是从人医引用而来，这就忽视了动物和人类的体位差别。经过多次有关国际会议的讨论，对兽医 X 线摄影的方位逐步形成一些一致的意向并逐渐规范化（图 2-1，图 2-2）。

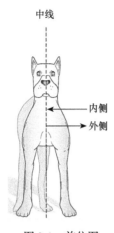

图 2-1　前位图

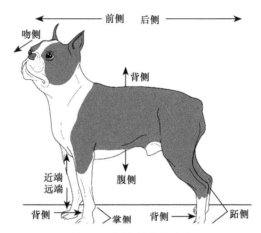

图 2-2　摄影的方位名称

用于表示 X 线摄影的方位名称如下。

后侧（caudal，Cd）：描述头部、颈部、躯干上任意所给出的点朝向尾部的部分，也描述四肢腕关节和跗关节以上部位朝向尾部的一面。

前侧（cranial，Cr）：描述颈部、躯干和尾部上任意所给出的点朝向头部的部分，也描述四肢腕关节和跗关节以下部位朝向头部的一面。

远端（distal，Di）：远离某一组织结构起点的一端。

背侧（dorsal，D）：头部、颈部、躯干和尾部朝上的面。背也表示动物朝上的一面及描述肢体远端的腕关节和跗关节以下朝向头部的面。

侧面（lateral，L）：X 线由躯体左侧或右侧进入机体，再从放置片盒的对侧穿出。

内外侧（mediolateral）：X 线由肢体的内侧进入并由外侧穿出。在大动物 X 线摄影中，肢体的大部分侧位 X 线片是外内位投照。

掌侧（palmar，Pa）：描述前肢腕关节以下时用于代替后侧。

跖侧（plantar，Pl）：描述后肢跗关节以下时用于代替后侧。

近端（proximal）：靠近某一组织结构起点的一端。

卧位（recumbent）：拍摄 X 线片时动物躺卧。犬和猫的大部分 X 线片是在卧位时拍摄的，而且在 X 线片上如不做说明即认定是卧位。

吻侧（rostral）：头部任意所给出点朝向鼻孔的部分。

上和下（superior and inferior）：分别用于描述上、下齿弓。

腹侧（ventral）：头部、颈部、躯干和尾部的下面。腹侧也表示动物朝下的一面。

斜位（oblique，O）：用于各个部位，配合其他方位使用。

## 三、表示方法

方位名称的第一个字表示 X 线的进入方向，第二字表示射出方向，如背腹位（DV）表示 X 线从背侧进入，由腹侧穿出（图 2-3，图 2-4）。

非正方向的方位，用复合词表示射线的进入和射出方向，进与出之间加一条横线，最后加斜字，如背外—掌内斜位（DL—PaMO）（图 2-5）。

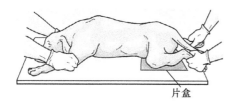
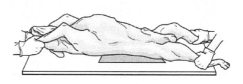

图 2-3　背腹位摆位　　　　　　　　　　　图 2-4　腹背位摆位

斜位需要明确指出倾斜角度者，在复合词之间加角度，如背 60°外—掌内斜位（D60° L—PaMO），即 X 线射入方向自背侧向外转 60°，射向掌内的斜位（图 2-6）。

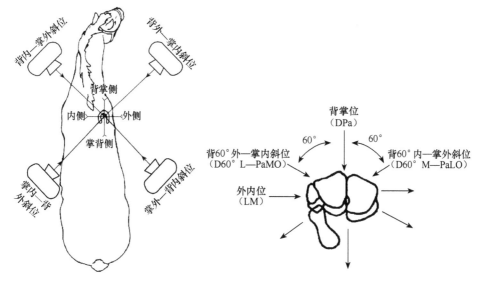

图 2-5　斜位时正确解剖方位名词　　　　图 2-6　马腕关节 X 线摄影投照方位

在头、颈、躯干及尾进行左右或右左侧位投照时，需在左右字后面加个侧字，如左右侧位（Le—RtL），也可简写为右侧位（Rt—L）。

蹄部斜位摄影的表示方法与上相同，但转动角度都从支持的地面开始。例如，背 65°近—掌远斜位（D65° Pr—PaDiO）即 X 线自蹄背侧地面向近侧转动 65°角，射向蹄的掌侧远端斜位。外 45°背 50°近—内掌远斜位（L45° D50° Pr—MPaDiO）即 X 线自蹄外侧缘支持面向背侧转 45°角，再向近侧转 50°，射向蹄内侧的掌侧远端的斜位（图 2-7，图 2-8）。

头部斜位摄影的表示方法亦同，但转动角度的基线根据情况可分别为头横断面、头背平面和头硬腭面。例如，左 20°嘴—右尾斜位（Le20° R—RtCdO）即 X 线从头的左侧以头的横断面为基线向嘴的方向转 20°，射向右后方的斜位。左 10°背—右腹斜位（Le10° D—RtVO）即 X 线从头的左侧以头背平面为基线向背侧转 10°，射向右腹侧的斜位。嘴 20°腹—尾背斜位（R20° V—CdDO）即 X 线从嘴前部以硬腭面为基线向腹侧转 20°，射向尾背侧的斜位。

## 四、摆位的基本原则

小动物 X 线检查的摆位可能需要镇静或全身麻醉及摆位装置。应尽量减少人工保定，

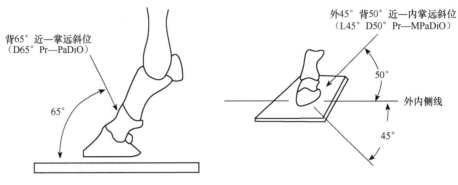

图 2-7　马远端指骨检查法　　　　图 2-8　检查马第三指骨的一种斜位

并且只有在禁用化学保定时采用。

患病动物摆位时，必须注意所有必需的解剖部位均应包括在 X 线投照范围内。X 线摄影摆位的主要目的是找到准确再现解剖部位的最合适姿势。

要准确再现解剖部位必须考虑的几个重要因素有患病动物的福利，患病动物的保定和制动，被检部位最小损伤，辐射危险最小化。

（一）患病动物

要始终关注患病动物的舒适和福利，尤其是对不能镇静的患病动物。谨记，对于动物而言，X 线摄影是一个恐怖的经历，动物不知道将会发生什么，而且认为这一过程是痛苦的。为了减轻动物的焦虑，操作方式要缓慢、温和。大部分动物对柔和的声音和友善的安抚表现平静；快速、大声的动作和剧烈的保定通常会导致动物恐惧、紧张，甚至表现出攻击性。

X 线管的转动噪声（旋转阳极的旋转）通常使动物惊恐。在给表现焦虑的动物拍片时，在真正拍摄之前启动转动开关是个很好的方法。转动持续几分钟，使动物习惯这种噪声。

大部分动物只能短暂地以一个特定姿势保定。在将患病动物摆位之前，应尽可能做好曝光的技术准备。也就是说，在将患病动物摆位前，要进行患病动物的测量、在控制台上设定曝光条件，以及将片盒放在摄影床上或滤线器托盘上并贴好标签。

（二）测量

测量尺是用来测量被检部位厚度的装置，一般以厘米为单位测量。如果不能确定特定的测量点，则应测量该部位的最厚处。当某特定部位的厚度相差很大时，建议用不同的曝光条件分两次拍摄。如果组织密度差别较小，应折中考虑。

（三）体位要求

因为 X 线片是一个三维组织结构的二维图片，所以推荐每个解剖部位至少要拍摄两个互成直角的体位。例如，长骨的非移位性斜折在一个体位时可能表现正常，所以有必要拍摄侧位和前后位 X 线片。

摆位的另外一个准则就是被检部位贴近片盒，这样可以尽可能地减少被检部位的失真和放大。另外，如果拍摄肢体，那么可以再拍摄相应的对侧肢，病变的一肢可以和另一侧解剖正常的肢体相比较。

为减少每个患病动物使用的胶片数量，可以在同一胶片上拍摄多个体位，片盒用铅板遮挡，分成两部分曝光。如果一侧已曝光，则铅板移至已曝光的区域，然后再曝光另一侧。铅板应至少 2 mm 厚。如果买不到铅板，可放置铅手套遮挡。

只有把片盒放在摄影床上，不使用片盒托盘或滤线栅，才可能多次分区曝光。片盒可以分成多个区域。在划分片盒拍摄时，动物的摆位非常重要，以便所有部位的投照在X 线片上都朝向同一方向。例如，跗部侧位投照时患病动物的脚趾朝向片盒的右侧，那么跗部前后位投照时也应使脚趾朝向右侧。

（四）瞄准

不管是否分区曝光片盒，原射线束的瞄准是非常重要的，应尽可能使用最小的曝光范围。例如，拍摄猫的腕部时，瞄准光区应包括腕骨、腕骨远端和近端的一部分长骨，但是没必要使腕部周围大部分区域曝光，否则会增加散射线，降低 X 线片对比度。

（五）摆位的指导方针

一般来说，X 线束中心应直接对准被检部位。例如，在腹部 X 线检查时，X 线束以第 13 肋骨后缘为中心，即可包括整个腹部。

任何解剖部位的测量都应在最厚的区域，以确保所有被检部位足以被 X 线束穿透。

每个解剖部位必须包括特定的解剖组成。例如，所有长骨（肱骨和股骨）的 X 线片应包括骨干及骨干远端和近端的关节；关节 X 线摄影时，X 线束以关节腔为投照中心，包括关节远端和近端的一部分长骨。

（六）患病动物的准备

患病动物体表应清洁干净，且没有任何碎屑。如果动物的皮毛浸湿或沾满碎屑，那么 X 线片上会出现伪影。拍摄时须摘去各种颈圈、固定套、犬链，尤其是金属制品；另外，在拍摄之前，没有明确医学用途的绷带、夹板和铸型也应该去除。X 线检查马蹄时，需要去除蹄铁并清理蹄叉，以消除任何可能影响被检部位的伪影。

小动物腹部 X 线检查时，应口服泻药或灌肠剂清除胃肠道食物和粪便。

（七）保定

最好采用化学保定，需要人工保定时，所有人员在曝光过程中都应穿着合适的铅服进行适当的防护。人工保定时，患犬通常乐于接受平静、命令式的保定方式，而患猫则对过度保定进行反抗。

（八）摆位的辅助物

用于辅助患病动物摆位的物品有绷带、泡沫块或泡沫楔、木块和透射线槽等，胶带、纱布、绳索和压迫带也是常用的摆位辅助物。借用这些辅助物，再辅以必要的镇静，很少需要人工保定。因还没有完全透射线的材料，所以摆位辅助物不应放置于被检部位下面或覆盖被检部位。

### （九）X线片标识

由于临床需要，必须正确标记X线片。X线片标识应包括患病动物的基本信息或使用编号。必须使用标记物标识患病动物的右或左（R或L）、投照的肢体（前肢或后肢），必要时，标明投照体位。

标签的放置也很重要。没有正确的标识，很难分辨对称的解剖部位（如犬头部背腹位）或与另一个解剖部位相同的结构进行区分（如马腕关节和跗关节远端的肢体）。例如，马前球节的侧位片必须标明"左（L）前"。

标记前后位或后前位时，标签应放在肢体外侧面的片盒上；标记背腹位或腹背位时，标签应放在对应的一侧或另一侧，也就是说，铅字"R"或"L"应正确地放在动物的一侧。腹部或胸部侧位投照时，标签指示的是动物贴着桌面或片盒的一侧。例如，犬左侧位时，片盒应标记"L"。肢体侧位投照时，标签应放在肢体前侧。

用数字正确标记连续拍摄的X线片，从而确定拍摄时间先后或次序也很重要。例如，胃肠道造影等造影技术要求在一段时间内连续拍摄X线片，这种情况应正确标明拍摄每张X线片时的时间。

（高光平，韩小虎）

## 第四节　X线片质量的影响因素

投照X线片的目的是用X线片上的影像，正确地反映出机体内部结构的情况，用以诊断疾病。X线片上的影像是各种立体组织结构的平面投影，是各种组织结构的密度、厚度吸收X线量的差异的显示，一张良好的X线片应能充分表现出机体内部结构的层次，能表现这些层次的适当密度和鲜明地分清层次间的密度差异。此外，影像大小、各部轮廓及细节的边缘锐利程度、解像能力、影像形态的真实性等问题，则是依靠于几何投影的一些因素。因此对照片质量的评价有以下几个方面的内容：摄影器材；能表现影像的适当密度；能分辨机体对X线吸收差异的各种对比度；能分辨各部细节的层次；能反映各部细节的清晰度；X线影像具有最小的失真度。

### 一、摄影器材

在摄影器材里，有一些是摄影所必需的，如X线胶片、增感屏、片盒等，另一些则是为了减少散射线的产生和影响，提高X线片质量而使用的，如遮线器和滤线器等。其中有些器材的使用还对减少辐射和放射安全有很好的作用，如增感屏和遮线器等。

### （一）遮线器

在进行X线摄影时，当X线与组织作用后就会产生大量的与原射线方向不一致的散射线。散射线也会从各个方向投向胶片，使胶片曝光，产生雾影，降低X线片的对比度，而且使影像每一细节边缘的清晰度降低。被照组织体积越大，产生的散射线也越多，对X线片影像质量影响越大。因此，摄影时应利用各种遮线器把X线限制在摄影需要的范围之内，以减少散射线的产生。常用的遮线器有以下几种。

**1. 孔隙遮线板**

这是一种比较简单的遮线装置，装在X线机头的窗口处。孔隙遮线板由铅板或敷有铅板的金属制成，中间的开口是供X线通过的通道。开口的大小是按照所选用X线胶片的大小和焦点到胶片的距离（FFD）来设计的，一般有不同大小开口的孔隙遮线板供选用。例如，一张20cm×25cm的X线片，焦点到胶片的距离为100cm，孔隙遮线板装在焦点前10cm（FAD）的地方，则应选用50cm²的孔隙遮线板。其计算见下式。

$$遮线板的孔隙面积 = \frac{胶片面积 \times FAD}{FFD} = \frac{20 \times 25 \times 10}{100} = 50（cm^2）\qquad（2\text{-}1）$$

**2. 遮线筒**

遮线筒也是由铅或其他能遮挡X线的金属材料制成的。遮线筒有各种形状和不同大小，如圆锥形、圆筒形、方筒形等（图2-9）。遮线筒能有效地把X线限制在由筒口延伸的范围内。用它能估测X线的投照范围，摆正投照位置和瞄准中心线。为了充分发挥遮线筒对照射面积的限制作用和减少散射线的产生，应合理选用各种形状和大小的遮线筒，在能满足照射范围的情况下，尽可能使用开口最小的遮线筒。

**3. 可变孔隙准直器**

可变孔隙准直器结合了孔隙遮线板和遮线筒的优点，并将它改进成一种准直器（图2-10），一般装在大中型X线机的机头上。准直器的形状近似方形，里面装有两对互成直角的铅板，每对铅板间的空隙都可以在外面调节，从而控制射出X线束的大小。许多可变孔隙准直器的内部还装有一个强光灯泡、一面反光镜和用以指示中心位置的十字线。这种准直器能把灯光投照在被照射物上，灯光的范围即X线的投照范围，十字线的中心即X线中心线。准直器的结构比较复杂，会对通过的X线产生滤过作用，使得原有的固有滤过有所提高，一般约增加1mm铅当量的固有滤过。

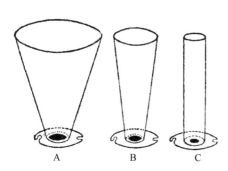

图2-9　遮线筒的各种形状
A. 圆锥形大照射野式；B. 圆锥形小照射野式；
C. 圆筒形小照射野式

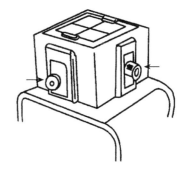

图2-10　可变孔隙准直器
箭头所指为两个调节钮，调节此钮可改变两对互成直
角的铅板间的距离，即可控制透过X线束的范围

## （二）滤线器

在X线摄影过程中会产生很多散射线，影响散射线产生的因素有许多，其中最重要的是管电压、X线束的大小和被照射组织的厚度。消除散射线的影响是提高X线片质量

的重要措施。虽然遮线器能够限制 X 线束的大小，从而在一定程度上减少散射线的产生，但它不能消除散射线。滤线器是通过滤过作用有效减少到达 X 线胶片的散射线的一种摄影器材。高质量的滤线器可以除去 80%～90% 或以上的散射线，使 X 线的对比度和清晰度得到很大提高。

**1. 滤线器的结构**

滤线器用来吸收散射线的主要部件是滤线栅，滤线栅由许多立着的薄铅条组成，铅条与滤线器的平面垂直，铅条数量很多，每厘米有 23～43 片（每英寸[①]有 60～110 片）。铅条的宽度为 0.05～0.10mm，高度为 2.5～4.0mm；铅条间的距离为 0.15～0.35mm。铅条互相平行排列，铅条之间用可以透过 X 线的低密度物质填充，如纸、纸板、塑料或铝等。

依铅条排列方式的不同，滤线栅有两种：一种是铅条按不同斜率两侧对称、均匀排列，铅条的延长线聚集于一定距离的某点上，此点称滤线器的焦点，此焦点到滤线栅的垂直距离为焦距，这种滤线栅称聚焦式滤线栅；另一种是铅条不倾斜，垂直于栅板，完全平行排列，这种滤线栅称平行滤线栅。为了更多地消除散射线，将两个栅板铅条方向相互垂直地重叠放置可组成一个交叉滤线器，其吸收散射线的作用更大。滤线器只让能穿过铅条间狭窄空隙的 X 线通过而到达胶片；散射线中的大部分因其方向与铅条不一致则会撞在铅条上而被吸收。

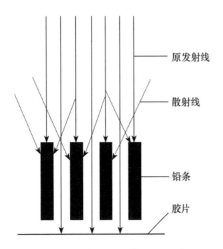

图 2-11　滤线器的工作原理示意图

滤线器的工作原理如图 2-11 所示，投照时，将滤线器置于被检体与胶片之间，X 线管焦点到滤线器的距离与滤线栅的焦距相同，X 线束的中线与栅板中线重合，这样各条 X 线将与滤线栅的对应铅条平行，除一部分由于被阻挡而被吸收外，其他部分则顺利通过铅条间隔到达胶片。至于能在被照部位上发生散射的 X 线，因其方向散乱，大部分被铅条吸收，从而使 X 线片质量大大提高。

铅条吸收了散射线，同时也吸收了一部分原发射线，所以在使用滤线器时，要适当地增加投照条件进行补偿。

滤线器的比值是滤线栅铅条的高度（栅板厚度）和各铅条间距离的比值（图 2-12），简称栅比。栅比一般有 5∶1、6∶1、8∶1、10∶1、12∶1、16∶1、34∶1 等多种，栅比越大，其吸收散射线功能越强。在医学 X 线摄影上，最常用的是 8∶1 或 10∶1 的滤线器。

**2. 滤线器的种类**

（1）固定滤线器　　固定滤线器只是一块镶有

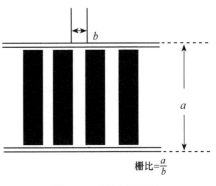

栅比 $=\dfrac{a}{b}$

图 2-12　栅比示意图

$a$ 为铅条高度，$b$ 为铅条间距

---

① 1英寸=2.54cm

铅条的滤线栅，而无其他机械装置。它有大小各种规格，以适应不同部位的投照。摄影时把它放在片盒的上面，因其固定不动，曝光后在X线片上会留下铅条的影像。痕迹的显现性随铅条数而异，铅条数越多，铅条越细，其影像的显现性越差，对诊断的影响也越小。

（2）活动滤线器　　为克服固定滤线器在胶片上留有铅条影像的问题，制成了活动滤线器。活动滤线器的构造由滤线栅、驱动机构和片盒托盘组成。活动滤线器的工作原理是把滤线栅连接于能活动的机械装置上，使滤线栅在曝光前开始运动，曝光完毕后运动停止。栅板运动方向是平行于栅板平面而垂直于铅条长轴的。在曝光过程中，栅板在运动着，铅条和间隙在胶片上扫过，胶片上第一个瞬间被铅条遮盖未感光的部分，在第二个瞬间铅条移开后就能感光了。所以胶片上每一部分都能均匀感光，而不留铅条影像。

**3. 滤线器的使用**

一般认为，当投照部位的厚度超过11cm时就应使用滤线器，在胸部摄影时，由于肺对原射线的减弱（吸收）作用很小，产生的散射线也少，因此，胸部厚度不超过15cm者可以不用滤线器，但当怀疑有胸水、肺实变、肺萎陷或动物特别肥胖时则应使用滤线器。

（三）增感屏

摄影时由于组织对X线的致弱作用，到达胶片的X线量大为减少，仅有5%的X线使胶片感光，形成光密度，绝大部分X线穿胶片而过。为了提高X线对胶片感光的利用效率，现今都使用一种能利用X线产生可见光的器材，这种器材就是增感屏。增感屏的荧光物质能把穿过身体后接收的X线转换成能使胶片感光的可见光。胶片感光形成的密度值的95%光能是由荧光物质转换的，由此可见增感屏的作用是很大的。

增感屏有前后两片（目前有的增感屏已不分前后屏），分别粘贴在片盒的上、下两内侧面，把胶片夹在两片增感屏之间。增感屏犹如一张白色的硬纸板，其大小与X线胶片和片盒的规格一致。

多数增感屏的结构由4层组成，由表及里分别是保护层、荧光物质层、反射层和片基。荧光物质层是一层涂有荧光物质如钨酸钙、硫酸铅钡、氟氯化钡铕等的发光层，当它们受到X线的照射后能发出X线胶片敏感的蓝和紫蓝色光线。摄影时胶片接受X线直接照射的同时，又接受增感屏上发出的荧光而感光，从而充分利用了X线的能量，提高了胶片感光的效果。

**1. 增感屏的种类**

按增感屏中所含的荧光物质可分为钨酸钙增感屏和稀土增感屏两大类。

（1）钨酸钙增感屏　　按增感率又可分为低速、中速和高速3种。

1）低速增感屏：荧光物质颗粒小，涂层较薄，因而增感效率较低，但荧光扩散小，成像清晰度高，常称为高清晰度屏。

2）中速增感屏：荧光颗粒和涂层厚度均适中，既有足够的增感效率，又有良好的清晰度，广泛应用于各种摄影中。标准屏采用的是中速钨酸钙屏。

3）高速增感屏：荧光颗粒较大，涂层较厚，故增感效率高，但因荧光扩散较严重而使成像清晰度较差，多用于机体组织密度高的摄影。

以上3种增感屏，以钨酸钙中速增感屏的增感效率为1，低速增感屏为0.5，高速增感屏为 2.0。

（2）稀土增感屏　　常用的有硫氧化钆铽（简称钆屏）、硫氧化钇铽（简称钇屏）、氟氯化钡铕（简称钡屏）。稀土增感屏按所发的荧光谱不同，又可分为蓝光系列和绿光系列两部分。

**2. 增感率**

增感屏有增强 X 线使胶片感光的作用，这种作用的大小常用增感速度、增感倍数描述，具体指标为增感率。当其他照射条件不变时，在标准条件下冲洗的 X 线片上产生相同密度值 1.0 时，无屏的与用屏的照射量之比称为增感率，即

$$S=\frac{R_0}{R_m} \tag{2-2}$$

式中，$S$ 为增感率；$R_0$ 为无屏照射量；$R_m$ 为有屏照射量。

例如，拍摄某一部位时，无屏取得 1.0 密度值所需的曝光量为 2R，而有屏取得 1.0 密度值仅需 0.1R，则该屏的增感率为 20。

**3. 增感屏对影像效果的影响**

1）影像对比度增加，特别是在低管电压投照时，X 线影像对比度增加更为明显。

2）影像清晰度下降。这是使用增感屏的最大弊端。究其原因是，荧光体是多面晶体，吸收 X 线而发出的荧光有扩散现象。双面增感屏的交叠效应，即双面增感屏发光扩散的荧光都能穿过胶片基板使双面乳剂感光。增感屏与胶片密着状态不好，X 线的斜射效应都会使影像清晰度下降。

3）照片粒状性下降，照片上斑点增多。

**4. 使用注意事项**

使用增感屏要注意以下几点：①避免强光直接照射在增感屏上，防止荧光物质老化，降低增感效率。②避免在增感屏中长时间夹放 X 线胶片，尤其在潮湿季节，胶片易受潮，受潮后的胶片会与增感屏粘连而将其损坏。③装卸胶片时要特别细心，不可划伤增感屏面；也不要用手指接触，因为任何小的污斑都会在 X 线照片上留下伪影。绝对不能用湿手装卸胶片。④经常保持增感屏的清洁，不得有任何异物如纸屑、纤维等落入增感屏内。异物会吸收荧光，在 X 线片上留下斑影，因此要定期用软毛刷或吹气球清洁屏面。片盒要经常处于关闭状态，如果长期不用，可在两屏之间夹放一张薄光纸保护屏面。⑤如有沾污要及时清洁，用脱脂棉蘸少许专用清洁剂，也可蘸中性肥皂水轻轻擦洗。对油脂污染的，可蘸乙醇或四氯化碳去垢，再用清水擦净。清洁后的增感屏要待晾干后方能使用。⑥增感屏应放在干燥通风的常温环境中，其相对湿度为 65%～80%。

（四）X 线胶片

X 线胶片是接受 X 线曝光产生潜影、在暗室中冲洗后形成供诊断用 X 线片的器材，是获得永久影像记录的载体。

X 线胶片的种类繁多，常用的是普通 X 线胶片，它基本上可以满足对动物和人体进行四肢、腹部躯干及胸部、头颅等部位的拍摄需要。由于自动洗片机的应用，X 线胶片又分为高温快显型和普通型。高温快显型适用于在高温下洗片冲洗用，普通型适用于手工显影用。

**1. X 线胶片的结构**

X 线胶片的片基是一张塑料薄片，一般为蓝色透明膜。片基的两面均有一层薄薄的明胶或树脂构成的底膜，它的作用是使外层的感光药膜和片基牢固地黏附在一起。感光药膜的主要成分是具有感光作用的卤化银。最外层是一层透明的胶质或高分子化合物的保护膜，它可以避免感光药膜和外界直接接触，防止感光药膜受到摩擦、受潮，从而确保 X 线胶片的正常使用。

**2. X 线胶片的成像性能**

X 线胶片的主要性能有感光度、对比度、感色性。国内生产的 X 线胶片包装盒上有的标有型号如 I 型、II 型，表示其对比性能，而每一型号胶片的感光度还有快慢之分，它们之间相差将近 1 倍，但感光度在不同型号之间则难以比较。为了解决不同型号中的感光度统一问题，有的厂家生产的 X 线胶片除了标出型号以外，还标出相对感光度，如3F、4F、5F，3F 的感光度较低，4F 为中等，5F 的感光度较高，它们之间的感光度相差 1倍左右，即投照同一对象同一部位时，在其他投照条件完全相同的情况下，使用 5F 胶片比使用 4F 胶片可缩短 1/2 的曝光时间。目前生产的 X 线胶片多为 5F 胶片。

胶片的 $\gamma$ 值对照片的对比度影响很大，若 $\gamma$ 值等于 1，照片对比度与物体对比度相等；若 $\gamma$ 值大于 1，照片对比度大于物体对比度；若 $\gamma$ 值小于 1，照片对比度小于物体对比度。

感光乳剂对不同颜色光波的敏感性有差异，在一般的卤化银乳剂中，若不加光学增感剂，其固有感光性吸收光谱为 390~520nm，最大吸收峰是 470nm，显然用这样的乳剂制成的胶片对蓝色光敏感，称感蓝片。若在卤化银乳剂中加入光学增感剂，制成的胶片对黄色、绿色敏感，就称其为感绿片。现在大量使用的 X 线胶片是感蓝片。感色性能的差异对使用何种增感屏十分重要，如常用的钨酸钙增感屏发出的是蓝紫色光，就应使用感蓝 X 线胶片，硫氧化钆增感屏发出绿色光就需要使用感绿 X 线胶片。此外，不同感色性能的 X 线胶片对安全灯也有不同要求，对感蓝、感绿的 X 线胶片都可使用红色安全灯，但由于感绿 X 线片的感光度高，安全灯就应暗一些。

X 线胶片按投照要求制成不同大小的规格，具体见表 2-1。

**表 2-1　X 线胶片尺寸**

| SI 制 /mm | 习惯标准 / 英寸 | SI 制 /mm | 习惯标准 / 英寸 |
|---|---|---|---|
| 127×178 | 5×7 | 305×381 | 12×15 |
| 203×254 | 8×10 | 356×356 | 14×14 |
| 254×305 | 10×12 | 356×432 | 14×17 |
| 279×356 | 11×14 | | |

## 二、照片密度

已知照片的密度即照片的黑化度，一张照片上如果只有一个密度，这样的照片就不能显示影像。影像是由多种密度的银粒所组成，并以密度的等级多少来衡量照片的影像质量好坏。人的眼睛能分辨的最小密度约为 0.12，诊断用 X 线照片的适当密度应为 0.25~2.0。在此密度范围内，密度最低部分，人的眼能辨认；密度最高部分，能清晰显示组织的细微结构。在这个密度范围的灰阶中，人眼约能分辨 16 种深浅不同的灰度。

低密度的 X 线片，往往不能表现组织的细节，如密度太低的骨骼 X 线片，只能见到骨骼的轮廓，骨小梁等很难显示；密度过高的 X 线片，也往往以其浓厚的密度掩盖了某些组织的细节。例如，肺部的浸润性病灶，在密度过高的 X 线照片上不易显示。

在 X 线诊断工作中，是以人的眼睛来识别密度差所形成的影像，因人的个体差异，在观察同一影像时则各有不同的感受，对照片的标准要求也不尽一致。在一定条件下，密度过高的 X 线片，可在强光下或用缩小灯光面积的方法观察；同样，有时在暗室冲洗的微弱灯光下认为密度合适的照片，在较亮的观片灯下会认为密度不足。

影响 X 线片密度的因素很多，它涉及摄影技术的各个方面，包括摄影用的器材，如胶片的感光度、增感屏的增感速度、是否应用滤线器；暗室显影过程，如显影液成分、显影时间、显影液温度；投照对象，如投照部位、组织厚度、动物品种等；投照技术条件，如管电压、管电流、曝光时间、焦点到胶片的距离等。在投照对象、摄影器材和暗室显影都确定的情况下，决定密度的是投照条件。

## 三、对比度

X 线片的对比度是指照片上相邻两点的密度差异，照片影像就是由无数的对比度构成的。X 线片上两种不同密度之间的亮度差，表现为人眼所感觉的对比度，叫做生理对比度；用光学的观点解释为相邻两点的密度差叫做对比度，也叫物理对比度。有了对比度才能使影像细节清楚地显示出来，一般说来密度差别越大越容易为人眼所察觉，但过高或过低的对比度也会损害影像的细节，只有适度的对比度才能增进影像细节的可见性。

一般来说，生理对比度只能略分强弱，物理对比度可用数值计算表示。计算公式如下。

$$D_2 - D_1 = \lg \frac{I_1}{I_2} \tag{2-3}$$

式中，$D_2$、$D_1$ 分别为 X 线片上相邻两组织影像的密度；$I_1$、$I_2$ 分别为两组织的透光度。

影响 X 线片对比度的因素主要有以下 3 个。

（一）投照技术条件

**1. X 线质的影响**

管电压代表 X 线的质，即穿透力。管电压是影响 X 线片对比度的最主要因素。使用较低的管电压可增加对比度；而使用较高的管电压则降低对比度。当用不同管电压投照铝梯时会发现，低管电压投照时，铝梯黑白间的密度差异增大，但它显现的灰度等级却较少；高管电压投照表现出黑白间的密度差异减少，但它显现的灰度等级却较多（图 2-13）。因此不能简单地说对比度大的 X 线片就优于对比度小的 X 线片，因为对比度大往往会使灰度等级减少，使 X 线片失去某些影像细节。同样也不能简单地说对比度小的 X 线片因灰度等级较多而优于对比度大的 X 线片，因为对比度小的 X 线片往往给人眼辨别影像细节带来困难。

总之，管电压控制照片对比度的概念是成立的。在 X 线胶片的 $\gamma$ 值一定时，低管电

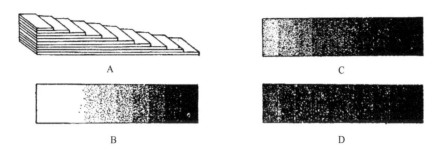

图 2-13　管电压与对比度和层次的关系
A. 铝梯；B. 低管电压投照；C. 中等管电压投照；D. 高管电压投照
随管电压的增高，影像的对比度和层次均发生变化，对比度逐渐降低而层次增加

压技术使照片对比度变高，这种照片对比度黑白分明，中间灰阶较少，即层次少；高管电压技术使照片对比度降低，在影像黑与白之间有较大范围的灰阶，层次丰富，诊断信息增多。

**2. X 线量的影响**

一般认为 X 线的量对照片对比度没有直接影响。但是，增加 X 线量可增加照片影像密度，使照片上密度过低的部分对比度好转；相反，密度过高部分在照射量减少以后，也可以改善其对比度。但是 X 线量过多，使照片密度太大，对比度也会变小；而 X 线量太少，照片密度变小，对比度也受影响。因此，必须使用恰当的 X 线量，才能得到合适的对比度。

**3. 散射线对照片对比度的影响**

从 X 线管中发射出来的 X 线，被机体吸收后产生一定波长、方向不一的散射线。这些散射线也能使胶片曝光，如果这种散射线大量存在，就会使胶片产生一层灰雾，影响照片质量。管电压越高，身体产生的散射线越多；受到照射的面积越大、越厚，产生的散射线越多，对照片的质量影响也越大。

为了提高照片质量，在投照厚的肢体时，采用滤线设备来减少或吸收散射线是十分必要的。另外，使用增感屏不仅可以增加 X 线片的密度，也可增加照片的对比度，因为胶片对增感屏发出的荧光比对 X 线具有较多的固有对比度。

（二）被照机体因素

机体被照部位的组织成分、密度和厚度及造影剂的使用是形成 X 线片图像密度和对比度的基础。骨和周围的软组织比较，无论是密度还是有效原子序数的差别都比较大，因此在 X 线片上会形成较大的对比度；而肠道和周围的软组织的组成成分和密度近似，因此在 X 线片上缺乏密度差别，无法识别。所以说，若被照部位本身无差异，不能形成物体对比度，投照条件无论如何变化也不能形成照片上的密度对比度，密度对比度为零时则无影像。

（三）X 线胶片和暗室技术

X 线胶片有其固有的对比性能，这取决于 $\gamma$ 值的大小，但过了保质期的胶片会使胶片的对比度下降。若显影操作不当或暗室照明不安全，也可在胶片上产生灰雾。另外，显影液老化也会使 X 线片发灰而影响对比度。

## 四、层次

照片上被照肢体组织结构的各种密度，称为照片的层次。理解层次的概念最典型的例子是对铝梯投照所形成的影像。

在投照时用同一感光效应值，分别使用低、中、高 3 种管电压值对铝梯进行投照。当用低管电压时，因为 X 线能量较低，仅能穿透铝梯较薄的一部分，因而铝梯对较低管电压 X 线的吸收差异较大，未被穿透的部分在 X 线照片上呈白色，少数穿透部分呈黑色。在黑白之间显示的灰度层次较少，表现了较大的黑白对比。适当提高管电压，使铝梯各部均被 X 线穿透时，X 线照片上铝梯影像密度增加，而对比度比以前减小，层次较以前丰富，全部显示出铝梯层数和细节。如再度增加管电压，则穿透铝梯的 X 线增加更多，X 线片上影像的密度进一步加大而密度差减小，显示出层次较多的铝梯影像。由上可知，低管电压产生的影像对比度大，层次少；高管电压产生的影像对比度小，层次多。

因此，可以推知用适当感光效应值，投照肢体用低管电压时，只有软组织、脂肪、空气显示清晰，而骨骼因未被 X 线穿透，其影像密度太小；提高投照管电压后则能在对比度稍低的情况下使骨骼、肌肉、皮肤、脂肪和空气等的密度差异在照片上以丰富的层次显示出来，但是管电压过高，层次太多会导致无对比度，最终影像模糊。可见在同一张 X 线片上要想得到既有较好的对比度，又能显示丰富的层次的影像，必须选择恰当的管电压和管电流值。

## 五、清晰度

清晰度是指影像边界的锐利程度。良好的清晰度有助于观察组织结构的微小变化。可用模糊度来说明清晰度，影像模糊度大，清晰度差；反之模糊度小，清晰度就好。根据光学原理，从一个焦点投射出来的光线，对物体边缘所形成的边影，因受焦点面积的影响，必会形成一个光晕，也称伴影。伴影的宽度即模糊度，所以伴影小者，清晰度大；伴影大者，清晰度小。影响 X 线片清晰度的因素有以下几个方面。

### （一）几何因素

式（2-4）列出了与模糊度有关的几个因素。

$$P = \frac{d}{H-d} F \qquad (2\text{-}4)$$

式中，$P$ 为模糊度；$d$ 为被照物体至胶片的距离；$H$ 为焦点至胶片的距离；$F$ 为有效焦点面积。

由式（2-4）可以看出，模糊度与 X 线管的有效焦点面积 $F$ 成正比，与被照物体至胶片的距离 $d$ 成正比，与焦点至被照物体的距离成反比。

**1. X 线管的焦点大小**

焦点面积大者，伴影必大，清晰度差，所以使用小焦点 X 线管拍摄的 X 线片伴影也小，清晰度高（图 2-14）。

**2. 焦点至胶片的距离**

在焦点大小和被照物体至胶片距离都不变的情况下，若加大焦点至胶片的距离，可使伴影减小，增加影像的清晰度，而且距离越大清晰度越高。但焦点至胶片的距离增加也使 X 线强度减弱，要使胶片得到合适的密度就必须加大 X 线的曝光量。

**3. 被照物体至胶片的距离**

距离大时，伴影大，清晰度差；距离小则伴影小，清晰度好。因此，投照时必须使被照部位紧贴片盒（图 2-15）。

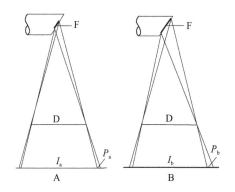

图 2-14　焦点与清晰度的关系
A. 小焦点的效果，伴影小；
B. 大焦点的效果，伴影大
F. 焦点；D. 物体；$I_a$、$I_b$. 影像；$P_a$、$P_b$. 影像伴影

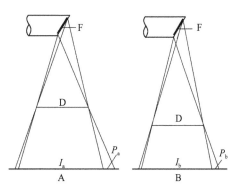

图 2-15　物体至胶片的距离对影像清晰度的影响
A. 物体与胶片的距离远，伴影 $P_a$ 大；
B. 物体与胶片的距离小，则伴影 $P_b$ 也小
F. 焦点；D. 物体；$I_a$、$I_b$. 影像；$P_a$、$P_b$. 影像伴影

（二）增感屏和胶片的影响

一般情况下，影像清晰度随 X 线胶片固有的感光速度增加而降低，因为乳剂中的银颗粒为形成 X 线片像素的最小单位，颗粒越小，影像边缘越锐利。然而，感光快速的胶片，其银盐颗粒粗大，所以影像的清晰度也差。如果要获得影像清晰细腻的 X 线片，应选用低速 X 线胶片。

在投照时使用增感屏可以极大地降低曝光量，但增感屏也使 X 线片的清晰度有所降低。同理，增感屏的增感速度越大，其构成颗粒越粗，它产生的光影越大，对清晰度的影响也越大。因此，为了提高照片的清晰度，在选用增感屏时尽量使用中速增感屏，这样既减少了曝光量又照顾到了影像的清晰度。此外，X 线胶片与增感屏的接触是否良好也会影响清晰度，X 线胶片必须平坦地夹在一副增感屏之间，而且各处都应紧密接触，若有一处接触不良，增感屏发出的光线就会向四周散开，造成该点的影像模糊。

（三）移动产生的模糊

移动是造成 X 线片清晰度差的最重要原因，这在兽医 X 线检查中显得更为重要。焦点、被照物体、胶片三者中任何一个产生移动都会造成影像模糊。三者发生相对运动的情况很多，包括：①投照物体运动而产生的模糊，其原因一是摄影时动物不能与人配合，会随时发生骚动；二是不受患病动物意识控制的器官运动如心跳、呼吸等。②X 线管的

震动，摄影时机头或X线机支架的震动是焦点发生移动的根源。③活动滤线器固定不良，引起胶片活动等，都能造成运动性模糊。

## 六、失真度

失真度是指X线片上的影像较物体原来的形态和大小改变的程度。X线片上的影像总是具有某种不真实性，不真实的表现就是失真。临床上获得的诊断用X线片应尽量减小失真，更应避免人为造成的过大失真而影响X线片的质量。失真分为放大失真和形态失真。

### （一）放大失真

由于X线是从X线管的焦点上发出的，当它投照到物体上并在胶片上形成影像时，其影像必大于实物，即实物被放大。放大的程度主要取决于焦点—胶片距离和物体—胶片距离，焦点—胶片距离过近或物体—胶片距离过远均可产生过度的放大失真。

### （二）形态失真

X线中心线、物体及胶片间的角度有一定的规则，常规采用物体与胶片平行或关节与胶片垂直，中心线投射于物体某一点。在被摄物体形状对称时，摄影时焦点、物体和胶片三者排成一条直线，X线的中心线对准物体和胶片的中心时，X线片上的影像只有放大失真。如果被摄物体形状不正，摄影时没有把焦点、物体和胶片三者摆成一直线位于中心轴上，这时的影像由于各部位放大不一致而发生形态失真。放大失真对分析X线片图像一般影响不大，而形态失真会妨碍图像分析，失去诊断价值。因此，要避免发生形态失真，就要将焦点、被照物体和X线胶片三者排列成一条直线，把被照物体摆正，使它位于X线束的中心轴上，并与胶片和X线管平行。

（郝玉兰，褚秀玲）

# 第五节　投照条件及其应用

在进行X线摄影时，根据投照对象的情况，如动物种类、摄影部位、机体的厚度等，选择X线管的管电压、管电流、曝光时间和焦点—胶片距离，以保证胶片得到正确的曝光，从而获得高质量的X线片。

## 一、投照条件

### （一）管电压

管电压（kV）是影响照片密度、对比度及信息量的重要因素。管电压是加在X线管两极上的直流电压，医用诊断X线机的管电压一般为40~150kV。管电压决定X线的穿透力，管电压高，产生的X线波长短，穿透力强；管电压低，产生的X线穿透力也低。另外，管电压也控制着照片影像的对比度。由于管电压控制X线的穿透力，因此调节管电压被认为就是对X线质的控制，一般应根据被照机体的厚度选择应用。管电压对胶片的感光效应的影响也很大，感光效应与管电压的$n$次方成正比，在诊断X线机上$n=2\sim4$。所以在选择管电压时，必须充分注意。

## （二）管电流

管电流（mA）是 X 线管内由阴极流向阳极的电流，其量很小。一般认为管电流决定着产生 X 线的量，管电流大意味着 X 线的发射量大，反之则小。它直接影响着增感屏上激发的荧光亮度，也直接影响着 X 线胶片上的感光化学反应。所以胶片的感光效应与管电流的大小成正比关系。不同的机器、不同规格的 X 线管所能发出的 X 线量差异很大，小型机因受 X 线管规格的限制，管电流多在 50mA 以下，中型机的管电流可达 300mA，大型机的管电流都在 400mA 以上，甚至达到 1000mA。

## （三）曝光时间

曝光时间（s）是 X 线管发射 X 线的时间，发射时间长，胶片接受的 X 线量也多，增感屏上被激发出的荧光时间也长。所以对曝光时间的选择就是对 X 线量的控制，它直接影响 X 线胶片的感光效应。由于管电流和曝光时间都是 X 线量的控制因素，故可以把管电流和曝光时间的乘积值即毫安秒数，作为 X 线量的统一控制因素来表示。

## （四）焦点—胶片距离

焦点—胶片距离（FFD）是 X 线管焦点到胶片的距离。X 线与可见光都是电磁波，它们有许多共同的性质，比如其辐射强度与距离的平方成反比。X 线对胶片的感光效应自然也随距离的增加而减弱，同样也遵守上述原则，即感光效应与距离的平方成反比。在 X 线摄影时，为简单起见，常把 FFD 设定为固定值如 100cm 来使用。但是也经常出现变动 FFD 的情况，由于 FFD 对感光效应的影响很大，必须按规则进行计算、调整。

## 二、投照条件应用规则

在上述的 4 个投照条件中，与感光效应有直接关系的是 X 线的照射量，其单位应该是剂量单位伦琴（R），因测量不便，常以发生 X 线时的管电压（kV）、管电流（mA）和时间（s）代表。胶片上的照射量又因焦点—胶片距离的不同而变化。它们的关系如下：①感光效应与 X 线管电流成正比；②感光效应与发生 X 线的时间成正比；③感光效应与管电压的 $n$ 次方成正比；④感光效应与焦点—胶片距离的平方成反比。

以上 4 个投照条件对胶片感光效应的综合影响，可用公式表示为

$$感光效应 = \frac{管电流 \times 曝光时间 \times 管电压^n}{FFD^2} \tag{2-5}$$

为保证 X 线片的质量和摄影工作顺利进行，有必要根据摄影要求对以上 4 个投照条件作出具体的规定，但随时对其中某一条件进行调整也是经常的，比如使用滤线器就要调整管电压，改变管电压就要调整管电流和曝光时间等。不论调整哪个条件，都不应影响感光效应，因此，在调整时需按规则进行。

## （一）管电流与曝光时间的关系

管电流与曝光时间可作为影响 X 线片密度的同一因素考虑，每一部位一次曝光时的

管电流与时间的乘积，即毫安秒（mAs）数，为一个部位的曝光总量。根据感光效应公式，在管电压和焦点—胶片距离不变的情况下，管电流（mA）与曝光时间（s）成反比。管电流和曝光时间可以互换计算，如拍摄某部位需用 5mAs，原用管电流 100mA，时间 0.05s，现改用管电流为 50mA，则曝光时间应改为 0.1s，所得的 X 线胶片密度相等。

（二）曝光量与焦点—胶片距离的关系

FFD 在一定范围内可以和曝光量（mAs）进行换算，在管电压值不变时，曝光量与 $FFD^2$ 成正比。换算公式为

$$FFD_1^2 : FFD_2^2 = 原曝光量 : 新曝光量 \qquad (2-6)$$

式中，$FFD_1$ 为原焦点—胶片距离；$FFD_2$ 为新焦点—胶片距离。

如原用距离为 150cm，现改为 75cm；原需 5mAs，缩短焦点—胶片距离后则只需 1.25mAs。

（三）管电压与曝光量的关系

在其他条件不变时，管电压的 $n$ 次方与曝光量成正比。调整可按下列算式进行。

$$U_1^n : U_2^n = 新曝光量 : 原曝光量 \qquad (2-7)$$

式中，$U_1$ 为原管电压；$U_2$ 为新管电压；$n$ 在 50~150kV 时为 2~4。

在维持 X 线片密度不变的情况下，如要将曝光量减半或加倍曝光量，可改变管电压进行补偿（表 2-2）。

表 2-2 曝光量减半或加倍时管电压的补偿

| 管电压峰值范围 | 管电压 /kV |
| --- | --- |
| 40~50 | ±4 |
| 50~60 | ±6 |
| 60~70 | ±8 |
| 70~80 | ±10 |
| 80~90 | ±12 |
| 90~100 | ±14 |
| 100~110 | ±16 |

（四）管电压与组织厚度的关系

如果将其他条件固定不变，管电压应随组织厚度的变化而改变，具体的变化原则如下。

80kV 以下，组织厚度每增加 1cm 需增加 2kV。

80~100kV，组织厚度每增加 1cm 需增加 3kV。

100kV 以上，组织厚度每增加 1cm 需增加 4kV。

例如，组织厚度为 14cm 时，所用管电压为 76kV；组织厚度增加到 17cm 时，则管电压应为 82kV。

（五）使用滤线器时曝光条件的补偿

使用滤线器时，铅条吸收了散射线，同时也吸收了一部分原发射线，所以使用滤线器就应适当地增加投照条件，增加量应根据栅比确定（表 2-3）。

表 2-3 不同栅比增加曝光条件表

| 滤线栅比值 | 曝光量增加倍数 | 管电压增加量 / kV |
| --- | --- | --- |
| 5：1 | 1 | 8 |
| 6：1 | 1 | 10 |
| 7：1 | 2 | 12 |
| 8：1 | 3 | 15 |

### 三、曝光条件表的制订与应用

为适应不同X线机的性能，方便摄影工作，保证X线片的质量，应根据不同的投照对象，对每台机器制订投照曝光条件表，作为工作中的依据。由于兽医X线诊断涉及的动物种类多，各个部位厚度差异大，要把各种动物、各个部位的投照条件都放在一张表格上是不可能的，因此需要制订多种表格。此外，各种X线机上需要控制的投照条件虽然都一样，但不同机器的调控范围各不相同。例如，有些机器的管电压和管电流调节都比较粗，只有曝光时间能做较细的调节。另外，有些机器的管电压可做细调。即使是同一型号的机器，其X线管的发射效率也有差异，因此必须根据每台机器的特点制订出相应的投照条件表。

（一）曝光条件试验

经常从事X线摄影的人员由于在日常工作中有了大量的工作积累，因此就自己所用的机器已经取得了各部位摄影投照条件的经验值，但也应进行一些曝光试验，以使设定的条件更准确。试验应在相同的条件下进行，由于动物的种类很多，即使是同一种动物不同品种之间的体型、体重相差也很大，因此应对不同种类、不同体型动物的各个部位分别进行曝光试验以取得基础值。具体程序如下。

1）各个部位均选取中等体型的成年动物，测量并记录体厚和体重。

2）选择X线胶片和增感屏，暗室条件标准化，即新鲜显影液、定影液，温度固定在18～20℃，显影时间为5min，确保暗室红灯安全。根据机器性能、设备要求设定焦点—胶片距离，一般为75～100cm。

3）大体划分动物体部位，可分为四肢、脊柱、胸部、腹部、骨盆、头部及造影检查。各部位又有不同的体位如正位、侧位等。

4）试验一般在一张胶片上用3个不同条件拍摄3次。由于拍摄的是同一种组织，厚度一样，因此可使用相同的管电压（管电压基值=体厚×2＋基数）和不同的曝光量。通常用3个倍增数如2.5mAs、5.0mAs、10.0mAs拍摄，拍摄时用铅板将胶片分别遮挡形成3个区域。对这3个区域依次进行曝光，成片后对3个区域的影像质量主要是密度进行比较，评出质量最好的投照条件作为制订投照条件表的依据。如3个区域的密度都过低，则应成倍增加曝光量然后重新进行试验，即将上述投照条件改为10mAs、20mAs和40mAs，或增加10kV，而把曝光量减半为5mAs、10mAs、20mAs。如果第一次试验中3个区域的密度均过高，则应把曝光量减半重新试验。

（二）曝光条件表的类别

**1. 组织厚度与管电压的关系表**

管电压对X线片的质量影响很大，这既有对密度的影响，也有对对比度的影响。随着现代科技的发展，X线机的技术性能的提高，对管电压的调节更加细微化，所以严格按照组织厚度选用管电压已是现代X线摄影的发展趋势。制订此表时，在上述曝光试验的基础上，确定了某种动物某一部位的管电压和曝光量后，这一部位的曝光量固定不变，而管电压则根据组织厚度的变化而增减，然后绘制成表格。摄影时只要测出被照部位的体厚，通过查阅此表就可获得要使用的管电压。

**2. 组织厚度与管电压、曝光量的关系表**

组织厚度与管电压的关系表是根据组织厚度选择管电压，是同一动物的同一部位在应用相同的曝光量条件下使用的。它只适用于大型的对管电压能进行微细调节的 X 线机，对许多中小型机器则不适用。这些机器的管电压只能做粗调，组织厚度的变化只能通过调节管电流和曝光时间来补偿。对这样的机器要制订组织厚度与管电压、曝光量的关系表。在这样的表格里，管电压在一定的组织厚度范围内相对固定不变，曝光量作为照片密度的补偿，随被照部位厚度的变化而变化。本节列举了小动物胸部摄影用的组织厚度与管电压和曝光量的关系表（表 2-4）。

表 2-4　组织厚度与管电压和曝光量的关系表

| 组织厚度 /cm | 管电压 /kV | 曝光量 /mAs | 管电流 /mA | 曝光时间 /s | 滤线器 |
|---|---|---|---|---|---|
| 5 | 60 | 2.4 | 30 | 0.08 | — |
| 6 | 60 | 3.0 | 75 | 0.04 | — |
| 7 | 60 | 4.0 | 50 | 0.08 | — |
| 8 | 60 | 4.5 | 75 | 0.06 | — |
| 9 | 60 | 4.5 | 75 | 0.06 | — |
| 10 | 70 | 2.4 | 30 | 0.08 | — |
| 11 | 70 | 3.0 | 75 | 0.04 | — |
| 12 | 70 | 4.0 | 50 | 0.08 | — |
| 13 | 70 | 4.5 | 75 | 0.06 | — |
| 14 | 70 | 4.5 | 75 | 0.06 | — |
| 15 | 80 | 4.5 | 75 | 0.06 | +（5∶1） |

注：小动物胸部 FFD＝100cm

**3. 组织厚度与曝光时间的关系表**

携带式 X 线机的管电压和管电流都不能随意调节，管电压固定在 70kV，管电流为 10～20mA，只有曝光时间可以控制。制订这种机器的投照条件表主要是列出组织厚度与曝光时间的关系。因为在一定厚度范围内，感光效应与曝光时间成正比，而这种机器因其效能不高，只能用于厚度不大的部位投照，如大动物的四肢下部摄影。根据试验确定每厘米厚组织所需的曝光时间，摄影时用测得的组织厚度乘以每厘米厚组织所需的曝光时间即本次摄影所用的曝光时间。

（高光平，靳清德）

# 第六节　X 线特殊技术及暗室技术

## 一、放大摄影

一般 X 线摄影时必须将物体贴靠胶片以减少影像的放大。物体离胶片越远，即离 X 线管焦点越近，影像放大的程度越大。放大摄影（magnification radiography）即利用几何学原理，有目的地将检查部位与 X 线片之间的距离增大，从而使影像直接放大的一种检查方法，便于观察某部组织的细微结构或微小病变的情况。放大摄影时，X 线管—胶片距离为 100~150cm，放大率按下列公式计算：放大率＝靶片距 / 靶物距。

由于影像放大会降低其清晰度，因此 X 线放大摄影必须采用焦点小于 0.3mm 的 X 线管，以减少 X 线束的扩散作用，才能保证影像的清晰度。此外，X 线机应有足够大的容量、高电压和高速增感屏（稀土增感屏）。近代应用 X 线数字放大摄影技术，图像分辨力很高，也可提高放大倍数。放大摄影主要用于局部骨小梁和小的骨关节检查；可显示肺内细小病灶；发现乳腺内沙粒钙化灶及细小病变等。此外，血管造影常加用放大摄影，以观察分支较细的血管。

## 二、高千伏摄影

高千伏摄影（high kilovoltage radiography）是指使用 120kV 以上（目前大都用 140~150kV，甚至 200~250kV）管电压所产生的 X 线做摄影检查的技术。一般的 X 线摄影所用电压数值为 45~90kV，高千伏摄影的原理是 90kV 以下 X 线摄影，动物体对 X 线的吸收以光电效应为主，各部结构显影的密度高低受组织原子序数和厚度的影响较大，尤其是软组织、脂肪、气体与骨骼重叠在一个平面上时，前三者影像会被密度高的骨骼影像遮盖而不能显示。当电压高于 120kV 时，组织吸收以散射效应为大，受原子序数和厚度的影响减少，图像则不致为骨骼所遮盖。

高千伏摄影可用于胸部、腹部、脊椎和头部的检查。应用高千伏摄影能使显示的影像层次丰富，扩大了诊断能力。例如，肺部的高千伏摄影可使肺野的可见度增加，可透过肋骨阴影见到肺纹理或炎性病灶。纵隔阴影、气管和支气管阴影虽与胸骨及胸椎重叠，但也可显示。高千伏摄影 X 线穿透能力强，能提高较厚部位如腹部、脊椎及头部的投照效果。高千伏摄影能减少所需曝光量，从而显著地缩短曝光时间，可提高 X 线照片质量并减少工作人员所接受的 X 线量。但高千伏摄影往往需用高电压、小焦点、较大容量的 X 线机及特殊的滤线器和计时装置。

## 三、造影技术

### （一）造影剂及其种类

对于缺乏自然对比的结构或器官，利用透视及平片检查不易辨认。为扩大检查范围，提高诊断效果，可将高于或低于该结构或器官的物质引入器官内或其周围间隙，使之产生对比以显影，此即造影检查。引入的物质称为对比剂（contrast medium），也称造影剂。

理想的造影剂应符合下列要求：①无毒性，不致引起反应；②对比度强，显影清楚；③使用方便，价格低廉；④易于吸收和排泄；⑤理化性能稳定，久储不变。但目前所用的对比剂不能完全满足上述要求。

根据组成造影剂物质原子序数的高低和吸收 X 线能力的大小，可分为低密度造影剂和高密度造影剂。低密度造影剂也称阴性造影剂（negative contrast），主要是各种气体。高密度造影剂也称阳性造影剂（positive contrast）。

**1. 气体造影剂**

常用的气体有空气、氧气、二氧化碳等。气体造影剂主要用于蛛网膜下腔、关节腔、腹腔、后腹膜充气造影等。气体脑室造影现已基本淘汰。

空气方便易取，应用最广，其溶解度较小，进入机体后不易吸收，不易弥散，故停留时间较久，容许有足够的时间进行反复检查及追踪观察。但如注入血液循环，有引起气栓的危险；二氧化碳的溶解度大，副反应小，吸收快，必须尽快完成检查；氧气性质介于二氧化碳与空气之间，吸收也较慢，进入循环系统后可引起气体栓塞，应加以注意。

进行气体造影时，注气前应确认针头不在血管内方可注气，注气压力也不宜过大，注入速度小于 100ml/min。

**2. 钡剂**

钡剂主要有效成分为硫酸钡，造影用硫酸钡均为合成品（用氯化钡与硫酸钠或硫酸铵反应制成），性质十分稳定，不溶于胃肠液，无毒性。应注意不可使用可溶性硫化钡或亚硫酸钡造影，其原因是这两种物质易溶于胃酸，可引起中毒反应。临床使用的钡剂是由纯硫酸钡粉制成的钡糊（稠钡剂）和混悬液（稀钡剂），也可制成胶浆。钡糊黏稠度高，含有硫酸钡 70% 左右，用于食管或胃的黏膜造影。硫酸钡混悬液含有硫酸钡 50% 左右，用于胃肠道造影。钡胶浆为含 50% 硫酸钡的中药白芨或西黄芪胶的胶浆，适用于支气管及膀胱等器官造影。纯净硫酸钡为白色粉末，无毒性。目前多制成高浓度、低稠度、涂布性良好的钡胶浆，与产气剂、泡沫剂共用，行胃肠道双重对比造影。

对食管穿孔、食管气管瘘、胃肠道穿孔、急性胃及小肠出血、肠梗阻等均应禁用钡剂。

**3. 碘制对比剂**

碘制对比剂大体分为油脂类和碘水制剂两类。

（1）油脂类　早年使用的碘油为碘与植物油的加成物，一般含碘 30%～40%，直接引入造影部位，用于支气管、子宫输卵管、脓腔或瘘管造影等。用量为 2～40ml，依部位而不同。

碘苯酯，商品名为 myodil。为无色或淡黄透明油状液，不溶于水。含结合碘约为 30%。过去主要用于脊髓造影，用量一般为 3ml，最多不超过 6ml，需直接引入。也可用于淋巴造影。由于碘水制剂的应用，现已少用碘苯酯做脊髓造影。

（2）碘水制剂　是含碘的水溶性对比剂，种类繁多，可分为无机碘剂和有机碘剂，后者根据排泄方式不同又分为尿排泄型和胆排泄型。在尿排泄型中，依对比剂在水中有无离子化而分为离子型和非离子型两类。在胆排泄型中，依给药方式不同而分为口服性和静脉性两种。

1）碘化钠：为无机碘剂。可用于逆行肾盂造影、膀胱造影和尿道造影及胆管造影等，常用 12.5% 的水溶液。膀胱造影时，稀释 1 倍，以免密度过高，遮蔽病变。碘化钠不能用于静脉注射。现在应用越来越少。

2）尿排泄型有机碘剂：为水溶性，经肾排泄，用途广泛，种类繁多。注入静脉或动脉可行血管造影，经肾排泄，在尿路存积过程中可行尿路造影。分离子型和非离子型两类。

A. 离子型对比剂。

泛影酸盐：泛影酸是含 3 个碘原子的三碘苯甲酸。泛影酸钠为其钠盐，泛影葡胺为其葡胺盐。以不同比例的泛影酸钠与泛影葡胺混合而成的复方泛影葡胺，是常用的对比剂。本制剂适用于静脉性尿路造影、心血管、脑血管、腹内血管和周围血管造影，也可用于逆行性尿路造影，口服时可做胃肠道造影（称为胃影葡胺）。还可用于 CT 增强检查。

用量则依不同部位和目的而异。

异泛影酸盐：异泛影酸是泛影酸的同分异构体，可制成异泛影酸钠或异泛影葡胺。其水溶性更大，黏稠度较低，可作更高浓度的快速血管内注射，更适宜于心脏大血管的造影。但异泛影酸钠不宜用于脑血管造影。此外，也可用于其他部位的血管造影、静脉性尿路造影、逆行性尿路造影及 CT 增强检查。

碘卡明酸盐：碘卡明酸是异泛影酸的二聚体，其葡胺盐为碘卡明葡胺，溶于水后电离，只生成两个阳离子和一个酸根离子，所以在相似的碘浓度时，溶液的渗透压较低，可减轻对神经组织和血脑屏障的损伤，从而减轻神经症状，适用于脑室造影和腰段脊髓造影。对尿路、心脏、脑血管造影无突出优点，无需采用。因已有非离子型对比剂，这种对比剂被淘汰。

上述 3 类对比剂在溶于水后都发生电离，故都是离子对比剂，渗透压高，副反应较常见，有时严重。

B. 非离子型对比剂。非离子型对比剂是三碘苯甲酸酰胺类结构的衍生物。采用多醇胺类，以取得高溶度和高亲水性。其优点是由于不是盐类，水溶液中不产生离子，故可降低渗透压，对神经和血脑屏障的损害均明显低。20 世纪 70 年代初首先合成甲泛葡胺，为了提高亲水性，增加水溶度，提高稳定性和降低溶液的黏稠度而在分子结构中引入羟基（—OH）。这类对比剂如碘苯六醇、碘异酞醇和碘普罗胺，渗透压进一步降低，但仍高于血浆渗透压。近年又合成了非离子型二聚体，使其渗透压与血浆相同，如碘曲伦，适用于全段脊髓造影。

甲泛酸胺：商品名叫阿米培克（amipaque）。选用的多醇胺为葡糖胺，由于葡糖基易水解，致水溶液不稳定，不能制成溶液，已被其他非离子型对比剂所代替。

碘苯六醇：商品名叫 omnipaque 或 exypaque，适用于血管内注射以行心血管造影、CT 增强检查和脊髓造影。副反应发生率低而轻微。

碘异酞醇：商品名叫碘比多（iopamiro），用途与碘苯六醇相同。

碘普罗胺：商品名叫优维显（ultravist），可用于心血管造影和 CT 增强检查。厂家建议不用于脊髓造影。

碘曲伦：商品名叫伊索显（isovist），碘含量高，在高浓度时（如 300mg/ml），与血浆也是等渗的。适用于全段脊髓造影和脑池造影 CT 扫描，用量可高达 4.55～6.0g，很少发生副反应，生物安全性高。

非离子型对比剂，由于生物安全性高，副反应发生率低且轻，因此越来越受到重视。根据医学有关文献报道，副反应发生率在离子型对比剂为 12.66%，而非离子型仅为 3.13%，重度副反应前者为 0.22%，而后者只为 0.04%。但由于成本高，售价贵，使非离子型对比剂应用受到限制，只在必要时选用。

从病畜情况考虑，根据病史与病情，属于高危的病畜应使用非离子型对比剂。从造影方面考虑，动脉（包括四肢动脉、冠状动脉、脊髓动脉）及左心室、蛛网膜下腔与脑室内注射均应选用非离子型对比剂，蛛网膜下腔和脑室内注射不能用离子型对比剂。

3）胆排泄型对比剂：胆影酸用于胆管检查。可以是钠盐，也可以是葡胺盐，后者为胆影葡胺（iodipamide），商品名叫 biligrafin 或 cholografin。易与血浆中白蛋白结合而载运到肝，由胆排泄，而不易经尿排泄。

胆影酸类对比剂需缓慢经静脉注入，一般为 2～4ml/min，用量为浓度 20% 的胆影酸 20ml，不能用于血管造影。

胆排泄型对比剂还有经口服，由小肠吸收，由胆排泄的，为口服胆系对比剂。例如，碘番酸（acidum iopnoicum），商品名为 telepaque，便于同血浆白蛋白结合。该药为片剂，每片为 0.5g，一般用 3～6g。

由于超声与 CT 的应用，胆道造影的临床应用减少，因此，胆排泄型对比剂的使用也减少。

### （二）造影剂的引入方法

X 线造影剂引入动物体的途径有直接注入法和生理排泄法两种。

**1. 直接注入法**

凡是动物体内具有腔道的器官并在体表有开口相通者，都可将造影剂直接注入，如消化道造影、支气管造影、膀胱造影、逆行肾盂造影、子宫输卵管造影、瘘管造影等。若腔道不与外界相通，可采用穿刺方法直接注入腔内，也可通过穿刺引入导管，自导管外口注入腔内。前者如脊髓造影、气腹造影、关节腔充气造影，后者如选择性血管造影等。

**2. 生理排泄法**

这种方法目前主要用于胆系和尿路，通过口服或静脉注射注入造影剂，可随胆汁或尿液的排泄使胆管、胆囊或尿路显影。造影剂密度较高，又经过生理浓缩，使其腔道呈高密度图像。

### （三）造影检查法

**1. 食管造影**

食管造影检查是把阳性造影剂（通常为硫酸钡）引入到食管腔内，以观察、了解食管的解剖学结构与功能状态的一种 X 线检查技术。其对食管的可透性异物，食管狭窄、阻塞、扩张、痉挛，食管壁的溃疡、憩室、破裂穿孔、肿瘤和食管壁外的占位性压迫等疾病的诊断有重要价值。

造影前动物一般无需做特别的准备，对拒不合作的动物，可轻度镇静。牛、马等大动物一律采用站立保定，左侧位观察。羊、犬等家畜以自然站立侧位观察为主，猫在必要时可做卧位观察。食管造影检查原则上以透视为主，如发现异常，必要时则在异常部位摄片，以显示病变细节。如单纯做摄片检查，应在投钡剂后或在大动物钡液灌注过程中曝光，并拍摄适当数量照片。如有点片装置，在透视过程中可根据需要随时摄片。食管造影的投钡剂，通常有如下方式。

（1）稀钡胶浆灌投 稀钡胶浆［硫酸钡与水之比为 1:（3～4）］流动性能较好，常用于观察食管腔的形态学状况。大家畜用量为 300～500ml。先按常规方法把鼻胃管插入食管，至咽后约 10cm 处，透视下证实鼻胃管在食管内无误后，接上漏斗灌药器，倒入稀钡剂，然后举高灌药器，使稀钡剂进入食管，同时进行透视观察或摄片，犬、猫等小动物可用接有短胶管的塑料瓶盛造影剂，胶管从嘴角插入口内，缓慢灌注。用量为 10～100ml。

（2）稠钡剂喂投 稠钡剂［硫酸钡与水之比为（3～4）:1，呈糊状］黏度大，流速较慢，易黏附在食管壁上，可较好地显示食管黏膜的细节。大动物可使用软管钡糊制剂，将装在软管内的钡糊挤出到口内的舌根背面，或将现配的钡糊剂直接抹放在舌根背面，让其吞咽。小动物则用小汤匙喂在舌根背面上，然后人工合上动物嘴，让其自行咽下，同时进行透视或摄片。

（3）喂饲含钡食团　因投灌稀钡胶浆时，动物缺乏吞咽动作，食管腔扩张及蠕动不明显；投喂稠钡时，因其量少，也有类似情况。为观察吞咽动作及食管的蠕动扩张情况，以了解其功能，可将钡粉或浓钡液与动物喜食的饲料混合，使其采食或置于动物口中，让其自然吞咽，同时做透视观察或拍摄照片。

食管造影的透视检查，大动物用 70～80kV，小动物用 50～65kV，管电流为 2～3mA。造影前先对食管透视一遍，然后投钡剂，从颈部开始，依次观察钡剂经过颈段食管、胸段食管至通过膈肌进入胃的情况。在观察形态变化的同时，也要注意其蠕动功能状态。例如，观察食管内径的大小、钡流的速度与流通情况，以发现有否狭窄、扩张、阻滞或充盈缺损。钡剂经过后，注意食管黏膜情况，有否留下龛影、憩室或挂钡影像。如有异常，必要时在异常处摄片（点片），或在体表局部剪毛标记，重新投造影剂后，拍摄该部照片。对怀疑食管内有密度不高的细小异物时，可在稀钡剂中拌入少许棉花纤维一起投服，观察有无阻挡或勾挂征象。对有食管气管瘘或食管穿孔的病畜，不宜使用钡剂，应选用水溶性有机碘剂作造影剂。

**2. 胃肠钡饲造影**

胃肠钡饲造影是将钡剂引入胃内，以观察胃及肠管的黏膜状态、充盈后的轮廓及蠕动与排空功能的一种 X 线检查方法。钡饲造影使观察胃及十二指肠的大小、形态、位置及黏膜状况等成为可能，对胃、十二指肠内的异物、肿瘤、溃疡、幽门部病变及膈疝等的诊断具有重要意义。目前钡饲造影主要应用于犬、猫等小动物。

被检动物造影前应禁饲 24h，禁水 12h，如有必要还需进行灌肠。为避免麻醉剂对胃肠功能的干扰，做胃肠功能观察的动物不做麻醉。造影前先做常规透视观察，或拍摄腹部正、侧位照片，以排除胃内不透性异物及检视胃和小肠内容物排空情况。造影剂最好选择医用硫酸钡造影剂成品，因其颗粒直径在 1mm 以下，其混悬液不易分层。配成钡与水之比为 1：（1～2）的混悬液。小动物用量为 10～100ml。检查时宜先给予少量浓稠钡糊（见食管造影的稠钡剂喂投），观察食管和胃的黏膜，然后插入胃管至颈食管中段，注入钡剂，并边灌注边透视观察。不能插入胃管的，可用一塑料瓶或大注射器连接一短胶管，将胶管由嘴角插入口腔，然后先注入少量钡剂，在其吞咽之后，再给完预定全量。注入速度不应太快，以防钡剂进入气管或溢出沾污检查部被毛。对旨在观察胃的轮廓及充盈状态者，可在注完全量后即拍摄前腹部的背腹位及自然站立侧位照片。如同时需了解胃的功能时，应在透视下观察，可按先贲门端后幽门端的顺序进行。为使钡剂聚集在贲门端，并阻止钡剂过快排到十二指肠，检查时首先应将动物置于左侧卧位或仰卧位，以显示贲门端与胃底的影像。观察幽门端的轮廓时，动物可置于直立位或右侧卧位。通常钡剂很快地通过幽门到达十二指肠和空肠，通过速度与钡剂的浓稠度有关，一般 30min 左右胃可排空，钡剂到达回肠。在胃内钡剂基本排清时，留下的残钡可显示出胃黏膜病变或异物的影像。但对某些个体，钡剂可能在其胃内停留较长的时间，而呈现幽门阻塞的假象，这种情况可通过间隔 0.5～1h 后做跟踪复查的办法进行鉴别，60～90min，钡剂集中在回肠并到达结肠；4h后，小肠已排空，钡剂集中在结肠并已到达直肠。

### 3. 钡剂灌肠造影

钡剂灌肠造影简称钡灌，是将稀钡剂［硫酸钡与水之比为1∶（3～4）］经直肠逆行灌入结肠及盲肠，以了解结肠器质性病变的一种X线检查方法。对肠腔狭窄、肠壁肿瘤、黏膜病变或外在的占位性肿块和先天性畸形等，可提供诊断。此外，对回、结肠套叠，除提供诊断外，有时还可同时起整复的作用。钡剂灌肠主要应用于小动物。

被检动物禁食24h，造影前12h投服轻泻剂，麻醉前先用温生理盐水做清洁灌肠，直至清除肠管内容物，并尽量排出肠管内残留液体。动物做全身麻醉，右侧卧位，用带有气囊的双腔导管插入直肠。双腔导管的气囊部位抵达耻骨前沿，通过阀门向气囊内充入空气，使气囊扩张而紧闭肠腔。关闭阀门后把双腔导管稍向后拉至气囊紧贴肛门括约肌前缘。把双腔导管的外接漏斗的位置提高，钡剂即向肠内慢慢注入，注入量以使结、盲肠全部充盈扩张为度，一般需300～500ml，边注入边透视，注意观察钡柱前端前进有无受阻或分流现象，钡柱边缘是否光滑，有无残缺、狭窄或充盈缺损等。灌肠完毕立即拍摄腹部腹背位及侧位照片。随后将体外灌肠管外口及漏斗置于低位，引流肠管内的钡剂，并适当按摩腹部或变换体位，促其尽量多地将钡剂排出。最后，再透视观察肠内残钡影像，或拍摄腹背位、侧位照片，即完成造影检查。在此基础上，如要更细致地观察肠黏膜情况，可从导管注入同等量的空气进行结肠充气造影，造成双重对比，夹住导管口后拍摄腹部腹背位及侧位照片。最后打开导管阀门，排出气囊内空气，拔除双腔导管。

灌肠用的稀钡混悬液温度应在37℃左右。在灌肠过程中，若偶尔发生钡剂进入小肠，将影响对小结肠壁细小病变的诊断，可通过灌肠管吸出部分造影剂予以排除。结肠、直肠穿孔的病畜，不应进行此项检查；有结肠、直肠损伤，或近期内做过组织活体检查的患病动物，应待组织修复后再做灌肠；插管时不能用油类润滑剂，应改用甘油。

### 4. 马胃造影检查

大动物腹部X线检查较为困难，过去对马胃放射学缺乏研究。20世纪70年代后，文献报道了马消化道的X线摄影，80年代初报道了驹胃溃疡X线摄影术。Kees于1985年报道了26例马胃X线摄影，被检马体重平均达400kg，年龄为6个月至17岁，并对13例X线所见获得尸体剖检证实，认为这是一种技术不难的诊断马胃及十二指肠疾病有价值的手段，只要有适当功率的X线机，这项检查是简便可行的，可以适用于驹的胃溃疡、食管贲门狭窄、马胃肿瘤、胃脓肿、马胃蝇和幽门狭窄等。在驹的胃充气和投入硫酸钡混悬剂后，钡剂可涂布于胃背侧黏膜上形成适度的双重对比。在成年马，充气造影有助于显示胃的肿块，并提供胃肿瘤与直肠检查可触及的前腹部其他肿块的鉴别，但成年马胃的体积大，在站立位，胃背侧黏膜没有钡剂涂布，不形成适度的双重对比，聚集于幽门部的钡剂可遮盖局部病灶，但能显示十二指肠降段的影像。

被检马禁饲24h，站立保定，左侧腹部贴近影像增强器或荧光屏。先经导胃管注入少量空气，透视确定胃的位置，并标记在右腹壁外。然后经导胃管再充气至胃完全膨胀，当马表现不安、踩脚或挠地时，停止注气并关闭导胃管。水平投照拍摄胃的左侧位照片，用栅比值为10∶1的静止滤线器，曝光条件为125kV、32～64mAs、FFD 140cm，对准X线中心后曝光。然后，再通过导胃管按每千克体重3ml的剂量，投入50%硫酸钡混悬液，并观察钡剂通过十二指肠降段的情况，随即以同样条件拍摄胃及十二指肠侧位照片。最后经导胃管引流，尽量排出胃内的气体和钡剂。

**5. 排泄性肾盂尿路造影**

排泄性肾盂尿路造影是利用某些造影剂静脉注射后迅速经肾排泄，使尿路各部分（包括肾盂、输尿管、膀胱）显影的一种技术方法。临床上应用于犬等小动物的泌尿系统检查，可观察整个泌尿系统的解剖结构、肾的分泌机能及各段尿路的病变。能对肾盂积水、肾囊肿、肿瘤、可透性结石、输尿管阻塞、膀胱肿瘤、前列腺疾病及尿路先天性畸形等作出诊断。

被检动物术前禁饲 24h，禁水 12h，必要时术前做清洁灌肠及膀胱导尿。为便于操作，一般做全身麻醉。造影前拍摄腹部腹背位及侧位平片做比较。动物采取仰卧位，于腹中线两侧相当于输尿管处，各放置一衬垫，并用固定在床上的宽压迫带横过腹部，压住衬垫，然后将压迫带收紧，即可阻止造影剂通过输尿管，使造影剂能在肾盂充盈而不进入膀胱。完成上述准备后，即从外周静脉缓慢注入 50% 泛影酸钠或 60% 碘肽葡胺，剂量为每千克体重 2ml。注射完毕后 5min 和 15min，分别拍摄腹部腹背位照片，并立即冲洗，应充分显示肾盂充盈，否则需重复拍片。肾盂充盈后，补拍一张腹部侧位照片。最后，解除压迫带，并立即拍摄腹部腹背位、侧位及腹背斜位照片，以显示下段输尿管。解除压迫带 5～10min 后，再拍摄后腹部腹背位及侧位照片，以显示膀胱的影像。

对上述腹部加压的造影方法，有人认为是非正常生理状态的肾排泄功能，应以在自然状态下不加压进行为好，因此还研究了其他一些造影方法，如大容量慢速静脉滴注腹部不加压肾盂造影等，患病动物不需禁水及压迫腹部。造影剂用生理盐水稀释成 16%～30% 的浓度做静脉滴注，用量为 100～250ml，滴注时间为 20～45min，注毕即可拍摄 X 线照片，可同时显示肾盂、输尿管及膀胱的影像。但肾盂、输尿管显影密度不高，影像欠清晰。

**6. 膀胱造影**

膀胱造影是将导尿管经尿道插入膀胱，然后注入造影剂，使其充盈显影，以观察膀胱的大小、形态、位置及其与周围的毗邻关系的一种技术方法。用于小家畜的膀胱肿瘤、息肉、炎症、损伤、结石和发育畸形等的诊断，并可用以查明盆腔占位性病变与前列腺病变的关系。

被检动物禁食 12～24h，术前轻度麻醉，并用温等渗盐水清洁灌肠。按膀胱导尿术安插导尿管，排空膀胱内尿液后，保留导尿管。如膀胱内有血凝块或其他沉积物存在，应用灭菌生理盐水冲洗出来。动物于仰卧位保定，将导尿管与连续注射器连接。注入 10% 碘化钠水溶液，同时用手在腹壁触诊膀胱，以掌握其充盈程度，防止过度充盈导致膀胱胀裂。造影剂的注入量一般为 40～100ml。注毕，用钳子夹住管口，并固定导尿管，防止滑脱。拍摄腹背位及侧位照片，必要时加拍斜位照片。立即冲洗，显影满意后，松开夹子，通过导尿管排出造影剂，膀胱造影即告完成。如需更详细地观察膀胱黏膜病变，可在阳性造影剂排出之后，经导尿管注入同等量的过滤空气，再行拍片观察。对不能插入导尿管的动物，可按前述排泄性肾盂尿路造影方法，拍摄膀胱照片。

**7. 气腹造影**

气腹造影是把气体注入腹腔，使腹腔内器官与壁层腹膜之间形成较大的空气间隙，从而使腹腔器官的外形轮廓和腹壁内缘在 X 线上能显示影像的方法。在中、小动物气腹造影后，通过转变不同的体位，可充分显示膈后的腹腔器官，如肝、脾、胃、肾及肾上腺、子宫、卵巢、膀胱、直肠等脏器的外形轮廓、大小、位置及其相互关系，对腹壁及腹腔器官的占位性病变与引起器官形态学改变的疾患等有诊断价值。在马、牛等大动物的气腹造影，可使对肾、肝、脾及腰椎等的外形观察成为可能。

小动物气腹造影，被检动物应禁食 12h 以上，使胃肠道空虚。造影前应先行排尿或导尿。全身麻醉后，动物仰卧保定，于脐后侧部剪毛、清洁消毒，以注射用塑料套管针（或用针头代替）做腹腔穿刺，在确定为腹腔而非刺到任何腹内器官后，再把塑料套管缓慢推进 2～3cm，然后退出针头。塑料套管用胶水纸固定在腹壁上，接上三通管的注出口。三通管的进气口用胶管与装有消毒棉花或水的过滤器相接。三通管的注入口与 50ml 大注射器相接。抽吸注射器时，空气经过滤后进入注射器内，推注射器时，滤过的空气即注入腹腔。可连续注气，以推压注射器次数计算注入气体的量。注气量依动物大小而定，犬为 200～1000ml。注气时随着腹内压增高，动物的呼吸、心跳数均会增加，应予密切注意，一旦出现呼吸困难或表现不安，应立即停止。注完空气后，应暂时夹住管口，即行水平投照拍摄腹部照片。检查完毕，将动物置仰卧位，尽量排出气体后再拔除套管。残留在腹腔内的空气，经十余天可吸收完毕。如使用二氧化碳或氧气，数小时后可自行吸收，不必排气。

由于注入的气体总是聚集在腹腔内的上部，故如欲检查前腹器官，则应人为地使前腹处于高位，如欲检查后腹器官，则要使后躯处于高位。

由于腹腔内有大量气体存在，摄片条件可较平常减少 5～10kV。

大动物气腹造影，只能在自然站立位进行，动物无需麻醉，必要时做镇静。牛于右侧肷部，马于左侧肷部，在腰椎横突外下方 5～10cm 处为穿刺点，局部剪毛消毒。局部麻醉（局麻）后用如上的塑料套管针做腹腔穿刺（也可以静脉注射用粗针头代替）。确认已正确刺入腹腔而非刺穿任何腹内器官后，再将塑料套管缓慢推进 3～4cm，并用胶水纸固定在皮肤上，然后拔出套管针头。用胶管或接头把套管与医用双联橡皮球的出气端连接，球的进气端与空气过滤瓶连接。每挤压一次医用双联橡皮球的空气排出量，应先行测定（约 50ml）。注气速度以每分钟约 500ml 为宜，注气量一般需要 4000～10 000ml。如发现动物出现呼吸困难、骚动不安等，应立即停止注气，用水平投照拍摄腹上部侧位照片。最后通过套管（或穿刺针）尽量排出空气，残留在腹腔内的空气，经十余天可吸收完毕。

**8. 胆囊造影**

胆囊造影是通过静脉注射或口服造影药剂，经胆汁排泄而使胆管和胆囊显影的一种技术方法，可了解主要胆管及胆囊是否有解剖结构上的改变，如结石、梗阻、扩张、损伤等。此外，通过对造影剂排泄过程的观察，可了解肝功能状况。临床上主要应用于犬等小动物胆系疾病的诊断，也可用于对消化机能的研究观察。口服胆囊造影剂需经12～16h 甚至更长的时间，才能使胆囊充分显影。在犬、猫以静脉注射造影剂效果较佳。

被检动物造影前 12h 禁食、禁水。必要时做全身麻醉，但全身麻醉（全麻）将妨碍其随后采食脂肪类食物，从而影响对胆囊排空功能的观察。造影前先拍摄前腹部的横卧侧位和腹背位 X 线平片，然后静脉注射 30% 胆影葡胺，剂量为每千克体重 0.2～0.5ml，注射速度宜缓慢，约 3min 注完。注后约 30min 拍摄造影后第一张 X 线照片，以显示胆管的 X 线影像，约 90min 拍摄第二张照片，此时胆囊充盈，造影剂浓度最高。拍摄完毕后，对观察胆囊排空情况的病例，可让动物吃进富含脂肪的食物，15～30min 后拍摄最后一张 X 线照片，正常胆囊在此期间应较前缩小。

胆囊造影以拍摄前腹部侧位照片为主，必要时加摄腹背位照片予以补充。拍片时应使用滤线器。

### 9. 支气管造影

支气管造影是将阳性造影剂直接引入支气管内，借以显示支气管树的影像，观察支气管的解剖状态和病理改变的方法。对支气管扩张、狭窄、移位等能作出诊断，并可指示其发生部位、性质与范围。对支气管和肺的肿瘤、慢性肺脓肿、肺不张也可进行检查。

支气管造影应用的造影剂种类较多，如 50%～60% 硫酸钡胶浆和碘油、丙碘酮等。据报道在犬应用丙碘酮水混悬剂可更为一致地散布，并迅速地被清除。一侧肺叶的支气管树轮廓所需的造影剂数量为 5～30ml。动物术前应用阿托品，以减少支气管的分泌，然后做轻度全身麻醉。每次只能检查一侧肺的支气管，将受检肺置于卧侧做侧卧保定，经鼻或口插管，透视下确定导管已越过气管分叉进入支气管处为止，即可缓慢注入造影剂，边注边转动体位，透视下使造影剂均匀进入各肺叶支气管后，即行拍摄侧位或背腹位照片。拍片完毕后，将动物置于受检肺在上的侧卧位，并轻轻叩击胸廓，以刺激其咳嗽排出造影剂。如另一侧肺也需造影检查，则在 2d 之后方能进行。被检动物如痰多，应于术前用抗生素及祛痰药物治疗数天，以防止支气管被痰阻塞，而使造影剂不能到达检测部位。

支气管造影也可通过喷粉器，将硫酸钡粉末微粒吹入支气管内显像。

### 10. 心血管造影

心血管造影是将造影剂快速注入心腔或大血管进行连续摄片的一种检查方法，用以显示心脏、大血管和瓣膜的解剖结构与异常变化。此项检查需配套特殊装置和较大功率 X 线机，过去只限于医学上应用，近 20 余年来已进入兽医临床，应用于伴侣动物，对犬的先天性或后天获得性心脏病的诊断有重要意义。

进行犬的心血管造影，动物需做全身麻醉。选用高浓度水溶性有机碘化物作造影剂，如 50% 泛影钠或 60% 泛影葡胺等，剂量为每千克体重 1.0～1.5ml。X 线机要求在 200～500mA 甚至以上，曝光时间应短于 1/10s，配套设备需有快速换片机、高压注射器和专用的心导管等，可连续拍摄 10 张 X 线照片，速度为 2～3 张 /s，注射速度约不低于 15ml/s。心血管造影方法可分为 3 种：①静脉心血管造影，为穿刺颈静脉，注射造影剂并立即摄片，可显示前腔静脉、右心和肺动脉，方法简便，但效果欠佳，主要是显影密度不高。②选择性右心造影，为颈静脉穿刺及插入心导管，在透视监视下沿前腔静脉到达右心室，在造影剂已注全量 1/3 时开始连续摄片，在 5s 内拍摄 10～12 张侧位照片，可清晰显示右心及肺动脉系统，显影密度高，效果好。③左心室与胸主动脉造影，穿刺臂动脉或股动脉插入心导管，透视下经主动脉瓣进入左心室后注射造影剂，如前法摄片，可满意地显示左心室和主动脉。动物心血管造影主要是拍摄侧位照片，但现代医用双球管连接影像增强器的 X 线电视，可同时正、侧位显示，更完整地获得正、侧位影像。

### 11. 脊髓造影

脊髓造影又称椎管造影，是通过穿刺将造影剂直接注入蛛网膜下腔，使椎管显影的 X 线检查方法。用于犬等小动物检查椎管内的占位性病变、椎间盘突出或蛛网膜粘连，评估脊髓的位置和结构。当动物呈现脊髓病的临床症状而X线平片又显示不清，或在病变实质已明确而正待手术时，在术前进行此项检查。大动物的颈段脊髓造影在临床上也有应用，Rendano于1978年报道过马脊髓造影检查，发现脊髓的压迫性病变。

医学上脊髓造影所用的油脂类碘剂，其刺激性虽较小，但不能和脑脊液相混合，在椎管内形成小球状，扩散缓慢，需时较长，病变轮廓显示欠清楚，且吸收缓慢，可长期残留在椎管内。而犬的蛛网膜间隙相对较窄，有碍造影剂的连续柱状轮廓的形成，故医用的油脂类造影剂不适宜在犬应用。因此近年来，兽医临床上对脊髓造影，油脂类造影剂已禁忌使用，而被刺激性较小的非离子型水溶性造影剂所代替。

被检动物需全身麻醉，以头部向上的侧卧姿势放置于可做45°倾斜的检查床上。通常在5、6或6、7腰椎棘突之间穿刺，以观察腰段或胸段脊髓，也可在小脑延髓池穿刺检查颈段和胸段脊髓。穿刺局部按常规外科要求处理。使用22号7.5～9.0cm脊髓穿刺针。当针头穿进椎管时，会产生后肢的反射，此时针头稍推进，大多数情况下都有脊髓液流出，据此位置即可确定。但也有不见脊髓液者，根据后肢的反射也可判断位置正确。若流出的是全血，则是刺穿了静脉窦，必须适当调整针头，以免造影剂注入静脉窦内，否则拍摄的椎管影像密度不够。如针头穿透脊髓，会增加出现并发症的机会。小脑延髓池穿刺，应先将动物头部屈曲，使与颈部脊髓呈垂直角，在寰椎翼连线中点与枕嵴的中间进针，穿过皮肤后对准椎管方向直插，如遇骨组织，即调整针头再行推进，根据针头穿过硬膜外腔阻力消失的感觉和脊髓液流出即可确定位置。注射含碘量为200～300mg/ml的碘葡酰胺，剂量为每千克体重0.3～0.5ml。注射前可先抽出等量的脊髓液。注毕即调整床面角度，控制造影剂流向，在透视监控下已充盈检查的椎管，即迅速拍摄其侧位和腹背位照片，避免造影剂流入颅腔或被吸收。

马的脊髓造影通常用以检查颈段脊髓，可通过穿刺把造影剂注入小脑延髓池而完成，注入约40ml碘葡酰胺（含碘量170mg/ml），注前将头部垫高，注毕即拍摄其侧位X线照片。

### 12. 瘘管造影

瘘管造影是将高密度造影剂灌注入瘘管腔内进行摄片的方法。可了解瘘管盲端的位置、方向、分布范围及其与邻近组织器官或骨骼的关系，有助于在瘘管手术治疗中决定做反对孔的位置，或瘘管切除的路径和范围。

瘘管造影可使用多种阳性造影剂，如为准备切除瘘管，可使用硫酸钡悬液、碘油、10.0%～12.5%碘化钠液；如为结合治疗，也可使用10%碘仿甘油或铋碘仿糊。造影前先用过氧化氢后再用灭菌生理盐水冲净瘘管腔内的分泌物，并用一根细导管伸入瘘管深部，尽量吸出腔内液体，然后再经该导管缓慢注入造影剂，使其充满瘘管腔。对碘仿甘油或糊剂要加适当压力才能注入。注入速度不宜过快，以防造影剂溢出而沾污周围皮肤，造成伪影。注毕小心拔出导管，立即用棉栓填塞瘘管口。周围如沾有造影剂，应用棉花小心揩净。为指示瘘管口的位置，局部可附一金属标记物。瘘管造影应尽可能拍摄两张互相垂直的X线照片，以反映瘘管的全貌。检查结束后，造影剂应尽量排出。

### 13. 关节充气造影

关节充气造影是把空气经穿刺针头注入关节内，以显示普通X线摄影所不能显示的关节软骨、关节间隙、骨骺软骨、关节囊憩室及关节内组织的解剖结构和病理变化。通常用于大家畜四肢系关节以上、肘关节和膝关节以下的关节。但跗关节只限于胫-距关节或近侧列的距-跗关节。在牛的肩关节也可进行充气造影，并有过研究报道；小动物则可用于犬的膝关节。

被检动物按需要可镇静、局麻或全麻。大动物一般在柱栏内确实保定，牛肩关节充气造影需横卧保定。关节穿刺点按外科关节穿刺术定位，局部周围剪毛、清洁并做严格消毒，用接有橡胶管的针头按外科方法穿刺关节，确认已刺入关节内，抽吸无回血后，即把关节液吸出，然后按气腹造影的充气方法，连接充气装置，或用注射器注入经过滤的空气。注气量依关节不同而异，在牛的腕关节为40～80ml，系关节为90～100ml，肘关节和跗关节为80～100ml，肩关节为90～150ml，膝关节为450～600ml。注气完毕，夹住管子，立即拍摄关节照片。除膝关节以检查半月状板为目的而必须加拍尾头位片外，各关节主要拍摄外内侧位片。拍摄完毕后，接上注射器，尽量吸出关节腔内的气体后拔出套管或针头。

关节充气造影必须严格按无菌操作进行，并注意勿随便反复穿刺，以防止关节内感染或注入的气体漏出到邻近组织中，造成气肿而发生干扰。

（邹本革，于明鹤）

# 第七节　胶片冲洗

胶片冲洗即暗室技术，是X线技术工作的一个重要组成部分。照片质量的优劣，除胶片特性和曝光条件外，与暗室技术有着极其重要的关系。如果暗室技术处理得不当，即使投照条件相当完善，也会降低照片的质量，甚至成为废片；相反，暗室技术处理得好，便可弥补部分摄影中的不足，而获得较为满意的照片。

## 一、暗室设计

在暗室的设计上，首先要考虑工作方便和保证X线胶片的安全。暗室的位置应紧邻摄影室，在有多台X线机的情况下，可选择居中的位置（图2-16），以便于传递暗盒，减少工作中不必要的往返。暗室的实用面积应足够大，一般不小于12m²，高度不低于3.5m。地面以水磨石或水泥为好，并附有地漏以免地面积水。墙壁除具有防护放射线能力外，在色泽方面应以黄色、深绿色、橙黄色或浅蓝色为宜，最好用无光漆涂刷，天棚可涂白色。操作台应镶有耐酸碱的瓷砖。

暗室的窗口应向北开，以防日光的直射。窗应有两层，一层为普通玻璃窗，另一层为防光通风窗，这样既不漏光，又能改善室内空气，不至于使暗室内的空气过于污浊。暗室的门应有两个，一个门为迷路，能够随意进出而不影响室内工作；另一个门为普通门，供换药及搬运东西用。迷路的建设以狭长为原则，它的宽度能侧身通过两个人即可。迷路的间隔墙可涂以亚光漆，装设红灯照明。

为方便暗室和摄影室传送暗盒，于两者的隔墙上应设置传片箱（图2-17）。形式及大小可按工作量设计，原则为双箱双门，为避免双门同时启开，可设机械联锁装置，或安装指示灯，以确保暗室安全。靠近摄影室一侧的传片箱应有防X线设备。

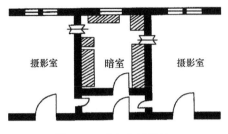

图 2-16　暗室位置设计

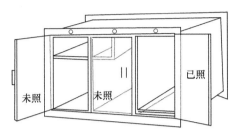

图 2-17　传片箱示意图

暗室用水较多，易造成室内湿度过高，使胶片粘连、变质，增感屏、器械受潮；再加上门窗关闭，空气不流畅，对工作人员的身体健康也有影响，所以暗室应设置通风设备。

目前常用排气风扇进行通风，进、出气口要注意防光。暗室温度保持在 18~20℃，最好用空调设备调节室温。

暗室中的照明对于暗室操作来说是非常必要的，但必须绝对安全，保证不致引起 X 线胶片的曝光。X 线片多对红色光线感光迟钝，所以称红色光为 X 线片盲色。一般 X 线对蓝、紫色光线敏感，对黄绿色较迟钝。安全灯是装卸胶片和冲洗胶片时用的照明灯，安全灯的光源一般用 5~15W 的灯泡，加以红色或橙红色的滤光片制成。装卸胶片时，胶片不宜距红灯过近。红灯过亮、胶片距红灯过近或在红灯下暴露时间过长均会使 X 线片产生灰雾而降低对比度。红灯应安装在比较高的地方，通过反光罩或淡色天花板和墙壁间接照明。

湿片观片灯主要用于观看冲洗出的照片，安装于定影桶（池）附近，用时开启，不用时关闭。

室内照明灯用来在工作间隙使用，为普通白炽灯或日光灯，有直射式和反射式两种。其开关必须与安全灯的开关分开安置，以防工作中误开白炽灯而使胶片曝光。

暗室的布局一般根据工作需要分为干片操作区和湿片操作区两部分，在安排时应便利工作。干片区用于装卸胶片和储存胶片，设有储片箱或储片柜。暗盒和 X 线胶片均存放于此处，因此，干片区绝对不能被显影液或其他液体污染。湿片操作区是冲洗胶片的地方，显影、漂洗、定影和流水冲洗都在此处进行。干、湿两个操作区一定要分开，避免干扰。

暗室内还应备有洗片桶或洗片盘，不能少于 3 个，分别用于显影、漂洗和定影。冲片池是 X 线片完成定影后进行清水冲洗的地方，可用搪瓷盆或水泥砌成，上接自来水，下设排水管，以形成循环流动水。

另外，暗室内还应备有洗片架、晾片架、裁片刀、定时钟、温度计等常用器械，有条件的还可配备胶片干燥箱。

## 二、胶片的冲洗过程

胶片的冲洗过程包括显影、漂洗、定影、水洗及干燥 5 个步骤。前 3 个步骤须在暗室内进行。

### （一）显影

显影是将 X 线胶片药膜中的潜影经化学反应还原成可见的黑色金属银组成的影像。

显影剂是一种还原剂，常用的还原剂有对甲氨基酚硫酸盐、对苯二酚和菲尼酮。对甲氨基酚硫酸盐，又名米吐尔，还原能力强，初显快，以后逐渐减慢，能显出层次丰富柔和的照片。对苯二酚，商品名为海得尔，其特点是显影速度比较缓慢，比米吐尔约慢20倍。但影像一经出现，显影作用就变得相当强烈，能使强光部分以较快的速度显出，对阴影部分的作用较慢，从而得到反差较强的影像。一般对苯二酚和米吐尔配合使用，这是广泛采用而效果极好的显影液。菲尼酮的特性是显影能力很弱，但是与对苯二酚合用，能获得很强的显影能力，尤其对高对比度的照片显影效果更好。

促进剂是在还原剂中加入的碱性成分，在显影液配方中加入碱类，提高了溶液的pH，从而提高显影速度，所以它是显影促进剂。常用的碱类有碳酸钠、硼砂、碳酸钾、氢氧化钠和氢氧化钾。

保护剂，也称抗氧化剂。最常用的是无水亚硫酸钠。它有3个作用：一是保护显影剂防止被氧化失效；二是能与显影剂的氧化产物反应，防止生成污染力强的氧化物；三是起溶剂作用，轻微溶解卤化银颗粒，得到相对的微粒显影效果。

抑制剂，又称防灰雾剂。在显影液中加入适量的溴化钾，以防止灰雾的产生，并起抑制作用，延迟显影速度。

显影液的配方有多种，目前市场上已经出售各种成分按比例配制好的成品显影粉，使用时按包装上的说明书配制成显影液，静置24h后即可使用。

显影时将曝光后的X线片从暗盒中取出，然后选用大小相当的洗片架，将胶片固定四角，先在清水内润湿1次或2次，除去胶片上可能附着的气泡。再把胶片轻轻放入显影液内，进行显影。可以采取边显边观察的方法，也可以采取定时的显影方法。但后者必须保持恒定的照射量，否则难以保证照片的密度一致。在这一过程中应该注意显影液的新鲜程度、显影效果、显影时间的控制和显影液的搅动。通常以固定的温度、显影时间和搅动方式为好。

显影效果受显影药液的温度、显影时间及药液效力的影响。正确的显影时间，能获得密度深浅和对比度适中的影像，显影时间过长，往往造成影像密度过深，对比度过大，灰雾增高，层次遭到破坏；时间不足则会造成影像密度太淡，对比度过小，层次也受到损失。因而，适当延长或缩短显影时间，可以对曝光不足或过度的照片有一定的补救。一般显影时间为5~8min。最适的显影温度为18~20℃，温度过高或过低，其结果与显影过长和不足相同，即显影过度或不足。另外，温度过高易使显影液氧化，影像被染上棕黄色污斑，并降低显影液的使用寿命；温度过低，对苯二酚的显影能力大减，当温度在12℃以下时，几乎不起显影作用。显影液的药力，随洗片数量的增加而逐渐减弱，通常在药液的整个使用期间，可分为甲、乙、丙3期，各期中洗片数不同，显影时间也不同。一般来说，温度、时间和药力三者的关系是在温度相对稳定不变的情况下，显影时间的长短就取决于药力的衰减程度。在显影中晃动洗片架2次或3次，可以加速显影液的循环，使乳剂膜经常接触新鲜显影液，提高显影速度。

（二）漂洗

漂洗即在清水中洗去胶片上的显影剂。漂洗时把显影完毕的胶片放入盛满清水的容器内漂洗10~20s后拿出，滴去片上的水滴即行定影。

（三）定影

定影的作用是将 X 线胶片上未曝光的卤化银溶去，而剩下完全由金属银颗粒组成的影像。通常定影液中含有定影剂、保护剂、坚膜剂、酸及缓冲剂等。

最常用的定影剂是硫代硫酸钠，俗称大苏打或海波。硫代硫酸钠的定影过程分为两个阶段进行：第一阶段，硫代硫酸钠与卤化银发生反应，先形成不溶于水的一银一硫代硫酸钠。完成这一反应时，乳剂层已经透明，但生成物仍留在乳剂膜中。在第二阶段反应中，这种不溶于水的一银一硫代硫酸钠与硫代硫酸钠继续反应，形成可溶于水的一银二硫代硫酸钠，才能真正完成定影过程。

亚硫酸钠在定影液中是一种保护剂，其作用是：在定影液中若不加入亚硫酸钠时，硫代硫酸根离子便与氢离子结合，形成亚硫酸氢根离子，并析出沉淀；若在定影液中加入亚硫酸钠，亚硫酸根离子与氢离子结合形成亚硫酸氢根离子。这种结合就避免了硫代硫酸根离子与氢离子结合形成沉淀。所以在配定影液时，未加酸前先加入保护剂亚硫酸钠。

为防止乳剂层在冲洗过程中过分吸收水分而膨胀，产生脱膜现象，或易被划伤，在定影液中加入一些坚膜剂。常用的坚膜剂有钾矾（明矾）、铬矾，它们能升高明胶的凝固点。坚膜剂必须在酸性定影液中才能起坚膜作用，定影液应稳定在 pH4 左右。含有坚膜剂的定影液，提高了 X 线片药膜的强度，在稍高的温度下定影，也不致损坏药膜。

定影液中要加入适量的酸，目的是中和 X 线片从显影液中带来的碱，从而迅速抑制显影，防止斑迹。加入的酸为乙酸之类的弱酸。

将漂洗后的胶片浸入定影箱内的定影液中，定影的标准温度和定影时间不像显影那样严格，一般定影液的温度以 $16\sim24℃$ 为宜，定影时间为 $15\sim30min$。当胶片放入定影液中时，不要立即开灯，因为定影不充分的胶片，残存的溴化银仍能感光，如果过早曝露在灯下，会使影像发灰。如连续洗片时，应按顺序排列，在晃动和观片时要避免划伤药膜及相互粘连。

（四）水洗

定影后的乳剂膜表面和内部残存着硫代硫酸钠和少量银的络合物。如不用水洗掉，残存的硫代硫酸钠以后会与空气中的二氧化碳和水发生化学反应，生成亚硫酸和硫，分解出的硫与照片上的金属银作用，形成棕黄色的硫化银，使影像变黄。亚硫酸又能被空气中的氧所氧化，变成硫酸。硫化银与硫酸缓慢作用，便生成白色的硫酸银，并放出硫化氢气体，使影像退色。同时所生成的硫化氢气体，又能与金属银作用，形成棕色的硫化银。

这样影像逐渐变为黄褐色，失去保存的价值。水洗时把定影完毕的胶片放在流动的清水池中冲洗 $0.5\sim1h$。若无流动清水，则需延长浸洗时间。

（五）干燥

冲影完毕后的胶片，可放入电热干片箱中快速干燥，或放在晾片架上自然干燥。禁止在强烈的日光下曝晒及高温烘烤，以免乳剂膜熔化或卷曲。

### 三、X 线胶片自动冲洗

目前，随着门诊病例的增加，自动洗片机在一些大、中型动物医院已有应用（图 2-18）。机器占用空间不大，只有 $0.5\sim1m^2$ 的面积。机器内分设显影、定影、水洗和干燥几部分。一张胶片的冲洗全过程为 $2\sim3min$，4min 内可看到已完成显影、漂洗、定影和干燥的 X 线照片，连续可在 90s 以内产生一张已干燥的照片。冲洗过程在高温、高速下进行，胶片从入口缝插入机箱内，由滚筒传送，匀速通过显影、定影、水洗和干燥程序，然后从出口缝传出。自动洗片机一般都有专用的 X 线胶片和配套的冲洗药液。

在门诊工作量大时，采用自动洗片机冲洗 X 线片方便、快捷，但对曝光量的掌握也更应准确。此外，在保持相对恒定的照射量的同时，尚可根据显影剂药力情况适当延长或缩短冲洗时间，以保证 X 线片有适当的密度。此外，由于自动冲洗过程时间较短，全程仅需 $2\sim3min$，往往 X 线片水洗不够充分，如再在流水池中冲洗 $0.5\sim1h$，干燥后则可较长时间保存。

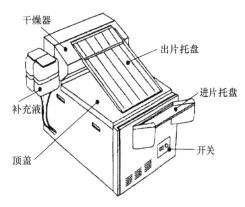

图 2-18 自动洗片机示意图

（张东林，张 伟）

# 第八节 数字 X 线摄影

## 一、引言

计算机已成为人们日常生活中不可或缺的一部分。在美国，超过一半的家庭拥有计算机；60% 的成年人和 84% 的年轻人（3～17 岁）在工作时、学校或家里使用计算机。无需惊讶，放射学也进入了计算机时代。但需要惊讶的是，X 线摄影作为最古老的影像诊断方法，已经进入了数字时代。这种说法恰当地表达了自从 1895 年 11 月 8 日伦琴发现 X 线以来，以胶片为基础的传统 X 线摄影在医学中发挥的巨大作用。

## 二、数字 X 线摄影发展简史

核磁共振成像（MRI）、计算机断层摄影（CT）在 20 世纪 70 年代开始步入数字影像诊断行列，而此时超声检查和核医学已完全发展到数字技术。然而，数字 X 线摄影〔包括直接数字 X 线摄影（digital radiography，DR）和间接数字 X 线摄影（computed radiography，CR）〕的发展要慢得多，主要有两方面的原因：第一，传统的屏-片 X 线摄影已经应用数十年，而且在医学诊断中使用良好，所以缺乏向数字 X 线摄影转变的紧迫性；第二，与 MRI、CT 和超声检查相比，要想取得大视场（356mm×432mm 的 X 线影像）和高空间分辨力，数字 X 线摄影需要大量的数字数据（4～32MB）和高质量的显示器。

尽管传统的X线摄影是诊断影像学中的骨干,但现在已经完全进入计算机和数字数据的时代,在过去的20年里,数字X线摄影图像接收器已稳步取代传统的屏-片片盒,人医放射科已成为无片部门。在20世纪80年代初期,Fujifilm Medical System首次引入数字放射技术,称为计算机X线摄影(为间接数字X线摄影),但高价位限制了当时数字X线摄影在人类医疗和少数兽医高校与私人专业兽医诊所的应用。随着数字技术的日臻完善及低价位和可适用于兽医的专业数字影像设备的出现,兽医工作者已开始认识到数字X线摄影的优势,兽用间接数字X线摄影正在快速发展。

## 三、数字X线摄影概述

数字X线摄影的概念相当简单,数字X线摄影与传统的以胶片为基础的X线摄影的主要区别在于X线影像是在计算机终端上通过电子方式获取、记录和观察,取代了X线胶片和观片灯。传统的屏-片片盒被可重复使用的图像接收器(检测器)取代。图像接收器同传统的增感屏那样接收X线。然而,图像接收器或其他闪烁设备不是使X线胶片曝光,而是使"数字板"曝光,将入射光转变为电潜影。传统X线摄影和数字X线摄影的X线管、高压发生器和外周X线机硬件相同,实际上,许多数字X线摄影系统均使用先前已有的X线设备。数字X线摄影图像取得后,要由专用电脑读取进行"图像处理",这时,图像可按兽医技术人员的需要进行调节。在小的动物医院可能只能在电脑上查看,但在大多数情况下,图像处理完后要发送到另一台专用电脑(工作站)经兽医进行图像判读诊断。大的医院和动物医院必须建立多个诊断工作站,这样图像可被发送到主中心电脑(服务器)存储并在其他电脑工作站分布或通过互联网发送以便查看。

## 四、传统屏-片X线摄影的局限性

尽管传统的屏-片X线摄影已经用于医学临床很多年,但其固有的局限性使数字X线摄影成为更吸引人的替代品。首先,屏-片X线摄影要求严格的曝光条件才能产生高质量的诊断用X线片,因为X线胶片有限的线性反应(X线胶片特性曲线),即便很小的曝光不足或曝光过度都可能产生不理想的图像,这就是制订放射技术表的原因,也是对不同解剖区(胸部、腹部、骨骼)、体厚(每厘米的体厚对应的管电压呈递增量变化)和不同的屏-片速度进行曝光技术调整的原因。在许多情况下,传统屏-片X线摄影的内在曝光宽容度限制是指X线片的某些区域已经曝光过度而有些区域却曝光不足。根据选择的技术条件,X线片可获得相对较高的对比度(如投照骨时用管电压)或广的宽容度(更多的灰阶,如胸部X线摄影中所需的),但是二者不能兼得,更多的只是折中。

传统屏-片X线摄影的另一个局限性是X线影像一旦获得就不能再调节了,X线胶片曝光后,就进行冲洗和读片。曝光中的任何错误都不能补救,必须重新拍摄。这就导致兽医和患病动物的辐射增加、检查成本升高及放射技师和兽医需要花费的时间增多。因为数字影像可在获取后处理,所以曝光不足和曝光过度的问题在数字X线摄影中就不存在了。

传统的X线摄影需要冲洗胶片后观察、归档(储存)和传送给接诊兽医,远距离的复诊,X线摄影要求影像被复制后通过快件传送或在数字扫描后通过电子邮件传送。胶片储存需要足够大的区域进行存取和分类,通常是一个独立于患病动物的医疗档案的区域。

## 五、数字X线摄影的优点

（一）图像

与传统X线摄影不同，管电压对数字图像的对比度或灰阶范围无影响或影响很小（可通过数字X线摄影系统的计算机终端和诊断工作站的软件调节）。这种调节的柔性是通过影像接收器的线性关系实现的。简而言之，X线曝光过程中被数字影像接收器"捕获"的电子数量与X线束的强度呈线性关系。数字图像比胶片图像的灰阶范围更大（灰阶更丰富），能同时显示软组织影像，从而显示投照区域的高对比度。高灰阶（灰阶范围大）分辨力时，能够观察到普通胶片中看不到的辐射衰减的细微差别。与传统屏-片投照技术表比较而言，数字投照技术表不因投照部位或体厚而有很大变化。

与传统屏-片X线摄影相比，数字X线摄影的高对比度分辨力（或曝光宽容度）有多方面的巨大优势，因曝光过度和曝光不足造成的重拍减少了，而且大部分情况不用再重拍了。X线片上不能看的特别亮或暗的图像可通过数字图像处理软件调节，以前认为尚能凑合观看的不良X线片再也不会出现了。

数字图像的电脑处理是数字X线摄影优于传统X线摄影的特殊之处。图像可调节改变对比度或灰阶范围，可以放大细读图像，就像使用放大镜观看图像一样。数字看图软件包提供了多种观察数字图像的方法，包括减影工具栏，这种功能可使从一次曝光产生的图像中只看到骨影或软组织影。通过数字X线摄影，在一张图像中观察软组织和骨性结构细节成为可能。因为曝光范围宽，未处理显像的数字图像与屏-片X线片看起来不同。数字图像处理后可达到等同传统X线片的效果，但数字图像通常是同时利用高对比度和高宽容度进行调节。令人惊讶的是，那些习惯了观察高对比度X线片的兽医师竟然抵制数字图像。需要逐渐地习惯解读数字图像是数字X线摄影最初使用时的一个微小不足，但很快就会克服。

最佳的数字图像的空间分辨力与高质量的X线片影像相同，但通常都是稍低于X线片。对大部分病例而言，这不是缺点，因为人眼可分辨的空间分辨力有一极限值。随着数字技术的发展，传统X线摄影和数字X线摄影在空间分辨力方面的差异几乎可以忽略。研究表明，在评价身体大部分部位时，数字图像等同于或优于传统X线片，这是因为存在一个空间分辨力与对比度分辨力（区分2种不同对比度或X线衰减的组织结构的能力）交汇的点，这是使数字X线摄影具有诊断意义的标志。图像质量和发现异常的能力实际上更多地依靠曝光后图像的获取过程，而非空间分辨力。在近20年的时间里，数字X线摄影已在人类医学的多个方面（包括乳腺X线摄影）证实临床有效，并表明稍微偏低的空间分辨力并不限制临床使用。

数字X线摄影软件不但可调节图像达到最适观看效果，而且能够进行测量、绘制和注释。心脏大小（如椎体心脏比分）、肺淋巴结大小及髋或胫骨坪角都可测量和存储。这些测量值和注释可直接打印在图像上，而原始图像仍可保存在独立的未修改的数字化文件中。突显怀疑的病变区和添加注释可方便以后读片。目前，用于描述全髋关节置换和胫骨坪截骨术的模板已经添加到某些供应软件中，这样就能从诊断工作站中直接获得手术计划。

（二）节省时间

数字X线摄影可缩短获取X线影像的时间，特别是在使用电耦合器件（CCD）和平板接收器数字影像系统时，因此图像在 X 线曝光后数秒内即可观看。CR 的一个内在缺点是 CR 片盒必须按类似传统 X 线片洗片机的方式进行图像读取。当然，CR 也比手工洗片快得多。所有的数字机都会因良好的图像质量和由技术原因造成的重新拍摄概率减少而节省时间。与 X 线摄影相关的病例管理应该更有效，因为兽医可更容易地获得图像、作出诊断或鉴别诊断及更快地与客户交流，这在手工洗片或移动式门诊的诊所表现特别突出。没有足够多的工作站的门诊不会享受到数字 X 线摄影提供的节省时间的最大便利。

传统 X 线摄影时，因为不恰当的曝光技术、患病动物运动和不当摆位，导致兽医临床重复拍片，重复拍片需要占用兽医和技术人员额外的时间，废片和胶片冲洗液的成本也随之增加，这些都是显而易见的。重复拍片带来的深层次问题是患病动物的再镇静和额外辐射及人员接触胶片冲洗液增加。使用数字 X 线摄影时，重复拍片概率明显减少。首先，与曝光条件相关的重拍基本上消除了。其次，患病动物的运动伪影也因曝光时间的降低（选用较高的管电压和较低的曝光量技术）而减少。管电压不再是影响图像对比度和灰阶范围的因素，所以管电压增大不会改变图像的对比度。

（三）图像存储和传输

数字图像存储在数字系统的本地计算机内，图像可传输到另一台计算机（或服务器）永久存储和分发（在大的医院内或在医院外分发）。因图像管理软件而异，图像文件也可以另外的方式（如 jpg、bmp 等）存储或传输。同其他计算机文件一样，这些图像可被存储起来，以免患病动物的数据丢失或混淆。

数字图像存储的一个特征在于快速存取和观看只需计算机的一次简单搜索，不会再有找不到 X 线片的情况。随着当前对快速信息的需求，相比检索和观看传统 X 线片，存取数字文件为兽医提供了极大的便利。

数字存储方便，图像经由电子邮件传输，兽医常通过网络向会诊兽医传送病例。对于急诊病例，即时的会诊几乎可挽救患病动物的生命。数字存储能够解决很多问题，如兽医可从遥远的地方进入系统，不用将 X 线片下载到自己的电脑就能直接观看。

激光打印机可将数字图像打印在透明胶片上，可以像在观片灯上观看传统 X 线片一样；也可打印成报告的纸质版。

（四）节省成本和增加利润

大多数情况下，数字 X 线摄影是可以节省成本的。尽管购买一台数字 X 线摄影系统的所有费用要远高于一台洗片机，但其有很多可节省成本的地方：重拍概率减少，使 X 线机的使用损耗减轻；无洗片机成本（冲洗液和维修费）；不需再购买胶片；X 线摄影时的劳动强度减小。

另外，在大部分动物医院，数字 X 线摄影可提高影像检查的质量，可获得更好的诊断信息，潜在地增加了利润率；诊断效率和能力的增加也会促进 X 线摄影的数量增加。

（五）跟踪 X 线摄影

跟踪 X 线检查是良好的病例管理的一个重要组成部分，可以评价治疗的效果、监测疾病的预后等。比较跟踪 X 线影像时，使用数字 X 线摄影要比传统 X 线摄影容易得多，因为其图像可调成相同的对比度和灰阶范围。尽管仍存在因呼吸周期不同或不良摆位造成的差异，但因曝光条件不良造成的误读或过度读片的细微差异可降至最低程度。另外，以前的图像可快速地从电脑档案中调出进行比较（不会再有丢失或错放的 X 线片）。出诊兽医不用返回到医院中就可以查看以前的图像进行比较。

## 六、数字 X 线摄影的缺点

### （一）需培训和学习

当与上述数字 X 线摄影的优点相比，缺点就微乎其微了。这些缺点包括改变并熟悉新的成像系统、必须通过个人培训和付出成本。处理数字图像时间长，需要经验，而且在某种程度上取决于使用者的计算机水平。

数字处理并不能使所有图像都满足诊断要求。曝光条件的严重错误或患病动物的运动不能通过影像增强处理克服。兽医人员也必须细心操作，不能通过软件操作过度处理图像和人为制造伪影（如明显的病变）。比较未处理的和已处理的图像是检测处理过程中产生伪影的一种方法。

数字 X 线摄影不会补偿拙劣的 X 线摄影技术或不合格的人员培训。不当的标记或错误地标识患病动物会降低图像存储和检索的功能。配备一台新数字 X 线摄影系统应该建立起一套新的影像诊断规范。

### （二）设备成本高

尽管价格不断降低，而且越来越多的动物医院能够买得起和使用得起，但数字 X 线摄影系统仍然显得昂贵，直接成本包括计算机硬件、软件和配套的高质量打印纸（图像可在显示器上查看，以便诊断和读取细节）。必须权衡数字 X 线摄影系统的初期成本与无胶片化、少用胶片和化学药品所获利益，特别是数字 X 线摄影系统能增加效率获得利润的利弊；当重拍数量减少时，数字 X 线摄影系统节省的成本随时间而增长。

传统屏-片 X 线摄影中的消耗品成本包括胶片、胶片片盒、定影液、显影液和有毒冲洗液的处理。数字技术消除了这些成本，数字图像的存储同其他电脑文件。兽医人员想要每个图像的打印版时，复制件的存储空间不会减少。

## 七、图像管理软件和图像处理

获取数字图像前，要将患病动物的信息输入数字 X 线摄影系统的电脑。好的系统软件中设有动物类别、投照部位和投照体位的预设置选项，可进一步明确检查的类型。获取图像后，数字图像在电脑中显示后处理。必要时，可用特定的软件对图像进行多种方式的调节，图像处理工具栏包括辉度、对比度、放大、黑白倒置、边缘增强、图像处理曲线（算法）与图像剪接和蒙片等。熟练使用软件是兽医工作人员面临的最大挑战。

## 八、数字图像的观看

#### 1. 显示器

所有数字图像的诊断观察都要通过高质量的显示器进行。观察者评价数字 X 线摄影的图像质量的能力在很大程度上依靠电脑显示器的质量。评价观片固定显示器的重要事项包括屏幕大小、分辨力、辉度、灰阶与色彩容量对比。数字 X 线摄影设备的经销商通常推荐特定品牌的显示器。

**2. 胶片和相纸**

诊断用图像可被打印到高质量的激光胶片上（透明胶片，与标准的 X 线胶片类似），使用观片灯观看；也可将数字图像打印在非诊断质量的相纸上用于记录保管。

## 九、数字 X 线摄影的类型

数字接收器一般分为间接和直接数字转换系统。间接系统分两步处理，首先将 X 线能量转换为可见光，然后再转换为电（数字）信号，间接数字系统包括光激发磷光体（PSP）、成像板、电耦合器件和硅平板接收器。直接系统将 X 线能量直接转换为电（数字）信号，若使用硒检测器时，这些系统的正确说法是直接数字 X 线摄影系统（DDR），因其造价太高，DDR 在人医上也不常用，但 DDR 可产生目前最高空间分辨力的图像。

## 十、间接数字 X 线摄影

20 世纪 80 年代，Fujifilm Medical System 将 CR 引入医学领域。尽管人医在 20 年前就常用 CR 了，但直到最近 CR 才开始进入兽医领域。

CR 是使用 PSP 检测屏的数字成像系统。PSP 屏吸收和储存大部分的入射 X 线能量（潜影），然后再被"读取"。因为 PSP 屏存储能量，所以 PSP 屏也称为磷光屏存储器或 CR 成像板。传统的屏-片增感屏不能存储能量，相反，增感屏在 X 线入射后发射可见光，使 X 线胶片感光（产生潜影），然后冲洗为 X 线片。

PSP 屏由多层组成，即保护层（外层）、荧光物质层（系统的活性成分）、聚酯支持层、传导层（接地板，消除静电干扰和吸收可见光，增加影像锐利度）和防光层（防止可见光擦除数据）。PSP 屏的荧光物质层是氟氯化钡磷光体复合物。

CR 系统可被认为是使用无片片盒。PSP 屏是质硬的但可弯曲的分层薄板（254mm×305mm，356mm×432mm），可装于片盒内，同传统屏-片片盒类似。CR 片盒的使用同传统屏-片片盒，置于摄影床上（不用滤线栅）或摄影床下的片盒托盘（使用滤线栅）内使用，每次曝光使用一张 PSP 成像板，曝光后，将 CR 片盒置于激光 CR 读片器［也称为图像识别器（1RD）、CR 处理器或成像板识别器］内进行潜影处理。

CR 片盒曝光后的操作步骤：①CR 片盒置于 CR 识别器内，片盒自动开启，CR 成像板移动；②CR 成像板通过处理器时，被氦氖激光束扫描，激光激发存储在 CR 成像板内的 X 线能量，将其转变为可见光；③释放的可见光被纤维光学设备聚集到光电倍增管中，产生电信号；④电信号数字化，存储于电脑中；⑤CR 成像板在明亮的白光下曝光，擦除残留的潜影；⑥CR 成像板从 CR 识别器中取出装入片盒，备用。

CR 识别器的处理速度各异。最简单的 CR 识别器需要人取出 CR 成像板并将其放入 CR 识别器内（过程类似传真机或影印机）。高级的 CR 识别器允许同时处理多个 CR 片盒，成像板可自动进片和扫描，并在识别和擦除潜影后装入 CR 片盒。CR 识别过程同传统屏-片系统中的自动 X 线洗片机，所以从图像冲洗处理的角度看，CR 比屏-片系统仅节省很短的时间或不节省时间。

CR 其他事项如下。

1）PSP 屏吸收 X 线的最大范围低于传统的稀土屏片系统。在该范围的上下，吸收要低于稀土系统，所以在使用 CR 系统时，要使用比 400 速增感屏系统更大的曝光条件。

2）PSP 板内由 X 线能量衰减形成潜影，并以光的形式储存。尽管 PSP 板在 X 线曝光过程中发出部分可见光（它们不是 100% 捕获的能量），但仍有足够多的能量保留形成潜影。潜影转换为数字图像后，到计算机内储存和显示。必须注意，潜影是暂时的，8h 内要损失 25% 或更多的能量，所以 CR 片盒必须及时识读，最好在曝光后数小时内进行。另外，CR 片盒对次级辐射敏感，必须细心储存，在使用前要常规擦除。特别是在 CR 成像板 24h 或更长时间未用时，擦除潜影非常重要；未擦除潜影时，可造成伪影，并减小虚假曝光的信噪比。

## 十一、电耦合器件

电耦合器件（CCD）是一个小的平板设备，可在可见光的作用下产生影像。CCD 以被俘获电子的形式接收和储存入射光的能量。CCD 芯片是一个由晶体硅组成的集成电路，能够感光，其蚀刻的表面被分成数千个微小的独立电子像素（如 1024×1024 或 2048×2048 矩阵）。正因为此，CCD 也称为像素化光检测器。用于 DR 系统时，CCD 与传统稀土或 CsI 增感屏（闪烁）耦合，当增感屏在 X 线作用下发出荧光时，CCD 捕捉这种发出的可见光，并在每个像素内以被捕获的电子形式储存能量，一旦曝光，储存的电子被读取识别，通过模数转换器将模拟电信号转换为数字信号。

CCD 技术的一项主要缺陷是芯片的大小限制。CCD 芯片可做得很小（用于牙科数字检查的只有 2.5cm×2.5cm），但最大的检测器也只有 8cm×8cm 左右（价格昂贵）。小的 CCD 芯片可直接与增感屏耦合，能够很好地转移光能量和产生 X 线影像。然而，较大的投照区域如腹部或胸部需要更大的视场，甚至比最大的 CCD 还要大很多。为了产生逼真的图像，要在很小的 CCD 上将高质量的聚焦透镜与大的增感屏（356mm×432mm）耦合（称为缩倍系数）。

使用耦合的透镜可造成到达 CCD 的光能大量损失（>90%），结果是 X 线影像呈现颗粒状形态（量子斑的结果）而使影像质量降低。量子斑在光子数不足以形成良好质量的影像时出现。所以 DR 使用 CCD 技术时有一些限制因素，特别是在考虑成本的兽医临床中，虽然如此，目前已有一些大的动物医院使用。

## 十二、平板检测器

平板检测器与传统屏-片系统相似，只是由电子传感层（非晶硅）代替了 X 线片。硅检测器含有一个由大量单独检测器元件组成的矩阵。每个检测器元件都由光敏区和较小的电子区组成，二者的比率称为"填充因素"。因为每个检测器都是一个独立的元件，所以与 CCD 技术相比，非晶硅检测器效率更高，不易出现制造缺陷。

因为平板是一个脱机设备，所以可用于便携式操作（如马的 X 线摄影）或永久地固定于摄影床下用于小动物 X 线摄影。

## 十三、数字 X 线摄影伪影

（一）数字伪影

DR 的出现带来了一系列全新的独特的影像伪影。本节不去详细描述和一一列举这些伪影，感兴趣的读者可参考其他书目加深理解。

### （二）成像板伪影

CR 成像板易在成像板读出器内折弯产生裂纹。裂纹最初只见于成像板的边缘，然后逐步向中心延伸直至干扰图像质量。裂纹位于无 PSP 区，所以在 CR 图像上显示为白线或"裂纹"。CR 片盒内的碎屑如灰尘或毛发会阻挡光，也会见到"白色"影像空隙的狭微区，这种伪影同传统屏-片片盒内的灰尘伪影类似，且这些白色的线状伪影易与患病动物身上未被发现的异物混淆。

但 CR 成像板被不当擦除或 24h 甚至更长时间未用时，可引起成像板读出器伪影。因散射线、宇宙射线造成的无关辐射形成的重影可引起 CR 图像雾化，这就是 CR 成像板储存较长时间（＞24h）后在使用前必须被擦除的原因。平板检测器对重影伪影不敏感。

### （三）图像处理伪影

在使用数字 X 线摄影不当时，很多人为的图像处理程序都会造成伪影。例证之一就是矫形外科金属植入物周围常见的透亮月晕，可被误认为是植入物感染和松动；另外的一个例证是对比度极大的胸部 X 线片，可因夸大的边缘增强而误认为肺部病变。图像处理参数和用法是受数字 X 线摄影系统配置制约的，在使用新的系统时，进行图像处理是必须要经过特别培训的。

## 十四、其他操作错误

数字 X 线摄影的许多操作错误与使用传统屏-片系统遇到的错误相同，如将 CR 成像板倒置（CR 成像板的背面与原始图像重叠）或未对准滤线栅造成滤线栅切割效应或云纹线。使用 DR 时，也可能严重曝光过度，处理时不能弱化伪影，因此任何时候，都要避免曝光过度。

## 十五、曝光条件和剂量

兽医工作人员必须根据仪器的使用说明建立新的数字系统技术表，因为 DR 和屏-片系统特征不同，不能认为屏-片曝光技术也适用于数字成像，因为数字技术的曝光条件范围较大，所以与传统屏-片系统的技术表相比，数字技术表极大地简化了。

大部分数字 X 线摄影系统的效率不如传统的 400 速屏片系统，所以需要增加辐射量以产生理想的图像。尽管很难直接比较，但大部分数字系统都可与 200～300 速屏片系统比较，这可减少因曝光错误造成的重拍，尤其是在使用 DR 时。

使用 DR 时，潜在的危险是因明显的曝光过度造成患病动物和操作人员的高剂量辐射，处于安全范围的故意曝光过度是不负责任的，但因为曝光过度的图像可通过计算机处理后纠正，这种辐射有时未受到足够的重视。"合理低剂量"准则要求避免明显的曝光过度，以减少患病动物和操作人员受到的辐射量。

（韩小虎，张东林）

# 第三章 小动物 X 线机操作技术

## 第一节 头部检查

【本节术语】

头部 额窦 颅骨 鼻腔 鼓泡 颞下颌关节 上颌骨 下颌骨 牙齿 颈椎 胸椎 胸腰椎 腰椎 荐椎 尾椎 肩胛骨 肩关节 肱骨 肘关节 桡骨和尺骨 腕关节 掌骨和指骨 骨盆 股骨 膝关节 胫骨和腓骨 跗关节 跖骨和趾骨 软组织 咽 颈部 胸部 腹部 鸟类 爬行动物

【操作关键技术】

1. 吻尾位投照时，如果有气管插管，则应特别注意不能将其折转。
2. 鼓泡侧斜位投照时，需要将头部的非患侧贴近片盒。
3. 侧位投照时，鼻中隔必须与片盒平行。
4. 不同体位的正确摆位。
5. 胸椎和胸腰椎侧位摆位时，应用泡沫垫垫高胸骨，使之与脊柱位于同一水平。
6. 为获得良好的脊柱 X 线片，椎间盘必须近乎垂直于摄影创面，且相互平行排列。
7. 如果患病动物存在脊柱损伤时，禁止人工牵拉患病动物的前后肢进行脊柱摆位。
8. 通常拍摄掌骨和指骨的斜位片。
9. 拍摄肱骨等长骨时，必须包括与该骨直接相连的近端和远端关节。
10. 骨盆侧位投照时，应在患病动物两膝关节之间放一泡沫楔，将两股骨平行。
11. 骨盆侧位投照时应测量股骨大转子处，而腹背位时应测量髋臼处。
12. 诊断髋关节发育不良时，患病动物拍摄 X 线片常常需要镇静。
13. 胸部腹背侧投照禁止用于呼吸窘迫的患病动物。
14. 当怀疑肺部有微小的肺转移瘤时，推荐右侧和左侧都使用。
15. 胸部应在吸气末曝光，而腹部应在呼气末曝光。
16. 同其他物种的 X 线摄影一样，推荐至少 2 种互成 90° 体位的投照。
17. 使用树脂玻璃进行鸟类 X 线摄影时，管电压增加 2～4kV。
18. 保定时，为避免损伤羽毛、皮毛和鳞片，不用透明胶带和医用布胶带。

为了获得摆位正确的头部 X 线片，患病动物的保定至关重要，通常需要麻醉。动物在全身麻醉时，在一些摆位中可能需要拔掉气管插管，以避免被检部位的影像重叠。头部诊断用 X 线片的关键是精确和对称。任何扭转，即使很轻微，也会妨碍精确诊断。

头部的解剖很复杂，所以头部的 X 线片也很复杂。熟悉小动物头部的解剖有助于掌握不同体位的正确摆位。此外，兽医 X 线检查涉及很多品种和不同种类的动物，许多头部解剖的生理变异增加了摆位的复杂性。

# 一、头部

## （一）背腹位（dorsoventral view）

线束中心：两外眼角连线的中点。

测量部位：颅骨最高点。

患病动物俯卧，头置于片盒上，轻压颈部，保持头部紧贴片盒，将两前肢放在投照范围之外，保证头部矢状面垂直片盒。若头总是偏向一侧，可用纱布或泡沫固定。投照范围包括从鼻尖到颅底部的整个头部（图 3-1，图 3-2）。

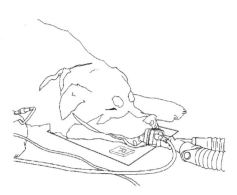
图 3-1　头部背腹位摆位示意图

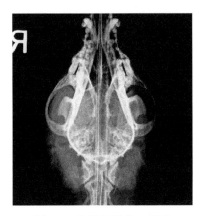
图 3-2　头部背腹位 X 线片

## （二）侧位（lateral view）

线束中心：外眼角。

测量部位：颧弓最高点。

患病动物侧卧，患侧朝向片盒，前肢向尾侧伸展，牵出投照范围。在下颌骨下衬垫楔形泡沫矫正头部达到标准侧位。鼻中隔应平行于片盒表面。投照范围包括从鼻尖到颅底部的整个头部（图 3-3，图 3-4）。

图 3-3　头部侧位摆位示意图

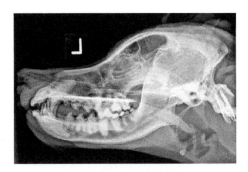
图 3-4　头部侧位 X 线片

## 二、颅骨

### 吻尾位（rostrocaudal view）

线束中心：两眼连线的中点。

测量部位：额窦处。

患病动物仰卧，鼻孔朝上，两前肢向腹部牵引固定。用纱布条缠绕鼻部，向尾部倾斜30°，并固定，使患病动物保持该体位。颅骨置于片盒中央，X线中心束以两眼中间为中心，垂直于片盒。投照范围包括整个颅骨（图3-5，图3-6）。

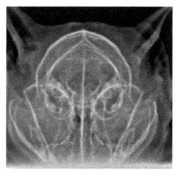

图3-6　颅骨吻尾位X线片

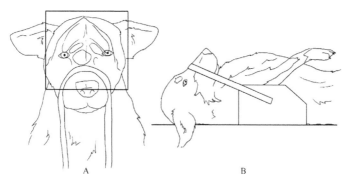

图3-5　颅骨吻尾位摆位示意图

A. 俯视图；B. 左视图

## 三、额窦

### 吻尾位（rostrocaudal view）

线束中心：两眼之间的额窦中央。

测量部位：鼻窦处。

患病动物仰卧，鼻孔朝上，两前肢向后牵拉出投照范围。用纱布条固定鼻部，保持鼻孔垂直于片盒。额窦置于片盒中央，X线中心束以两眼为中心垂直于片盒，投照范围包括整个前额部（图3-7～图3-9）。

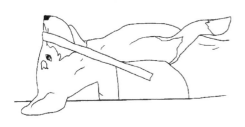

图3-7　额窦吻尾位摆位示意图（一）

图3-8　额窦吻尾位摆位示意图（二）

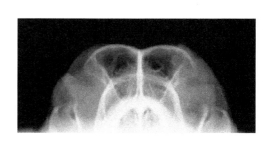

图3-9　额窦吻尾位X线片

## 四、鼻腔

### （一）开口侧位（open mouth lateral view）

线束中心：眼外角。

测量部位：颧弓。

患病动物侧卧，将上颌齿弓贴近片盒，用楔形泡沫调整头部为标准侧位，纱布卷撑开口腔，保持张口姿势。如果在呼吸麻醉情况下，应将气管插管系于下颌骨上。投照范围包括整个头部（图3-10，图3-11）。

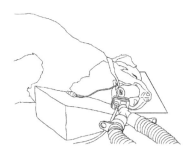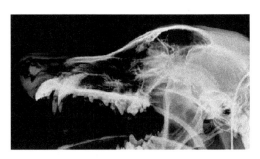

图3-10　鼻腔开口侧位摆位示意图　　　　图3-11　鼻腔开口侧位X线片

### （二）开口腹背位（VD open mouth view）

线束中心：上颌第三前臼齿水平处。

测量部位：第三前臼齿水平处。

患病动物仰卧，前肢牵出投照范围，用沙袋或头部固定装置固定肩部，上颌骨应平行桌面或片盒。在呼吸麻醉情况下，将插管系于下颌骨舌下。将上颌骨固定在片盒上，尽量与片盒平行；将下颌骨固定于肩部固定器上，X线照射管以10°～20°角朝向硬腭。投照范围包括整个上颌骨（图3-12～图3-14）。

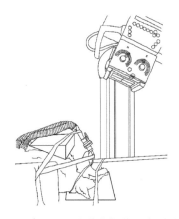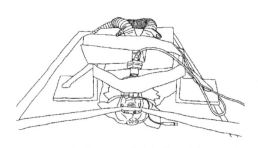

图3-12　鼻腔开口腹背位摆位示意图（一）　　　图3-13　鼻腔开口腹背位摆位示意图（二）

（三）吻尾位（rostrocaudal view）

线束中心：两眼之间的额窦中央。

测量部位：鼻窦处。

患病动物仰卧，鼻孔朝上，两前肢向后牵拉出投照范围。用纱布条固定鼻部，保持鼻孔垂直于片盒。额窦置于片盒中央，X线中心束以两眼为中心垂直于片盒，投照范围包括整个前额部（图3-15～图3-17）。

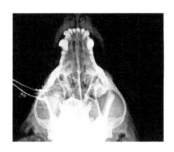
图 3-14 鼻腔开口腹背位 X 线片

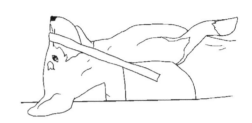
图 3-15 鼻腔吻尾位摆位示意图（一）

图 3-16 鼻腔吻尾位摆位示意图（二）

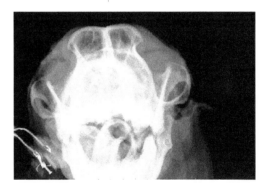
图 3-17 鼻腔吻尾位 X 线片

## 五、鼓泡

（一）侧位（lateral view）

线束中心：鼓泡中央。

测量部位：鼓泡水平处。

患病动物侧卧，患侧鼓泡贴近片盒，下颌垫泡沫使之成标准侧位。投照范围从眼到第二颈椎（图3-18，图3-19）。

（二）背腹位（dorsoventral view）

线束中心：两眼连线中点。

测量部位：颅骨最高点。

患病动物俯卧，头置于片盒上，固定头部。投照范围从外眼角到第二颈椎（图3-20，图3-21）。

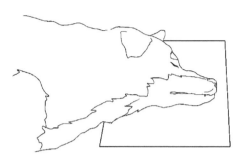

图 3-18　鼓泡侧位摆位示意图

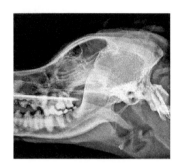

图 3-19　鼓泡侧位 X 线片

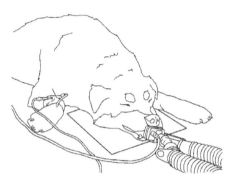

图 3-20　鼓泡背腹位摆位示意图

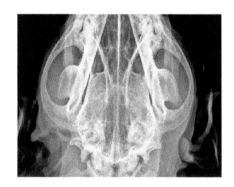

图 3-21　鼓泡背腹位 X 线片

## （三）开口腹背位（ventrodorsal open mouth view）

线束中心：两口角连线中点。

测量部位：口角水平处。

患病动物仰卧，鼻孔朝上，两前肢向后牵出投射范围。枕部贴于片盒，用纱布条牵引上下颌骨，呈开口姿势（图 3-22，图 3-23）。

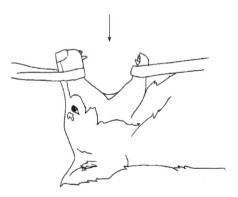

图 3-22　鼓泡开口腹背位摆位示意图

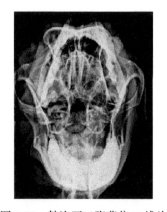

图 3-23　鼓泡开口腹背位 X 线片

（四）闭口侧斜位（lateral craniocaudal oblique view with mouth closed）

线束中心：鼓泡中央。

测量部位：鼓泡水平处。

患病动物侧卧，患侧贴近片盒。用楔形泡沫垫于颅面下使颅骨远离片盒，并旋转20°，固定头部（图3-24，图3-25）。

 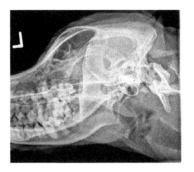

图3-24　鼓泡闭口侧斜位摆位示意图　　　图3-25　鼓泡闭口侧斜位X线片

## 六、颞下颌关节

（一）闭口背腹位（dorsoventral closed mouth view）

线束中心：两眼连线中点。

测量部位：下颌骨。

患病动物俯卧，颞下颌关节贴于片盒，在下颌下垫泡沫使头伸直（图3-26，图3-27）。

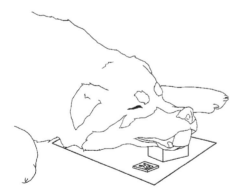 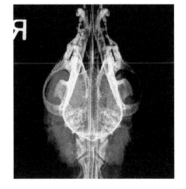

图3-26　颞下颌关节闭口背腹位摆位示意图　　　图3-27　颞下颌关节闭口背腹位X线片

（二）开口腹背位（ventrodorsal open mouth view）

线束中心：两口角连线中点。

测量部位：口角水平处。

患病动物仰卧，鼻孔朝上，两前肢向后牵出投射范围。枕部贴于片盒，用纱布条牵引上下颌骨，呈开口姿势（图3-28，图3-29）。

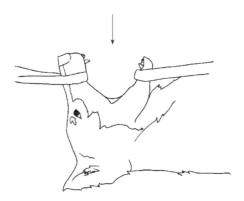

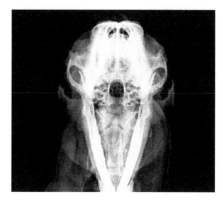

图 3-28 颞下颌关节开口腹背位摆位示意图　　图 3-29 颞下颌关节开口腹背位 X 线片

（三）开口 / 闭口侧斜位（lateral craniocaudal oblique of the mouth, open / closed）

线束中心：颞下颌关节中央。

测量部位：外眼角。

患病动物侧卧，患侧贴近片盒，用楔形泡沫垫于颅面下使颅骨远离片盒，并旋转 20°，视具体情况采用开口或闭口，固定头部（图 3-30，图 3-31）。

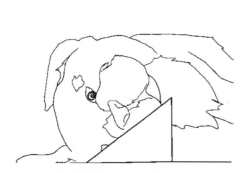

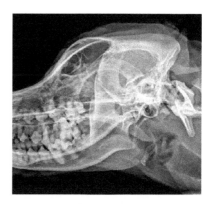

图 3-30 颞下颌关节闭口侧斜位摆位示意图　　图 3-31 颞下颌关节闭口侧斜位 X 线片

## 七、上颌骨

（一）开口侧位（open mouth lateral view）

线束中心：眼外角。

测量部位：颧弓。

患病动物侧卧，将上颌齿弓贴近片盒，用楔形泡沫调整头部为标准侧位，纱布卷撑开口腔，保持张口姿势。如果在呼吸麻醉情况下，应将气管插管系于下颌骨上。投照范围包括整个上颌骨（图 3-32，图 3-33）。

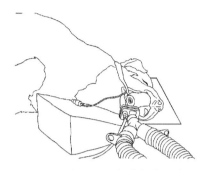

图 3-32　上颌骨开口侧位摆位示意图

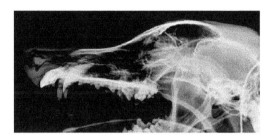

图 3-33　上颌骨开口侧位 X 线片

## （二）开口腹背位（VD open mouth view）

线束中心：上颌第三前臼齿水平处。

测量部位：第三前臼齿水平处。

患病动物仰卧，前肢牵出投照范围，用沙袋或头部固定装置固定肩部，上颌骨应平行于桌面或片盒。在呼吸麻醉情况下，将插管系于下颌骨舌下。将上颌骨固定在片盒上，尽量与片盒平行；将下颌骨固定于肩部固定器上，X线照射管以 10°～20°角朝向硬腭。投照范围包括整个上颌骨（图 3-34～图 3-36）。

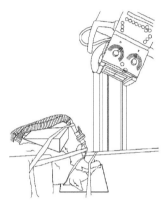

图 3-34　上颌骨开口腹背位
摆位示意图（一）

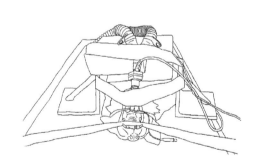

图 3-35　上颌骨开口腹背位摆位示意图（二）

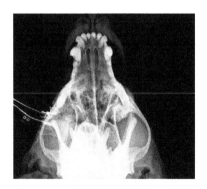

图 3-36　上颌骨开口腹背位 X 线片

## （三）上齿弓斜位（open mouth oblique view — upper dental arcade）

线束中心：第三前臼齿。

测量部位：硬腭近端。

患病动物水平侧卧，用楔形泡沫垫于下颌下使头部上仰 45°。上颌齿弓贴近片盒，用纱布卷撑开口腔，保持开口状态。如果在呼吸麻醉情况下，应将气管插管系于下颌骨上（图 3-37，图 3-38）。

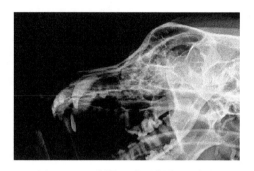

图 3-37　上颌骨上齿弓斜位摆位示意图　　　　图 3-38　上颌骨上齿弓斜位 X 线片

## 八、下颌骨

### （一）开口侧位（lateral open mouth）

线束中心：眼外角。

测量部位：颧弓。

患病动物侧卧，将下颌齿弓贴近片盒，用楔形泡沫调整头部为标准侧位，纱布卷撑开口腔，保持张口姿势。如果在呼吸麻醉情况下，应将气管插管系于下颌骨上。投照范围包括整个下颌骨（图 3-39，图 3-40）。

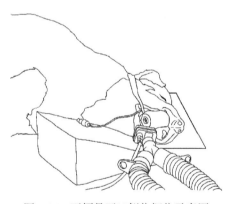

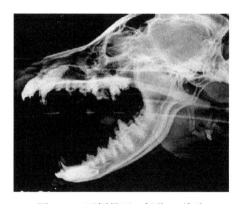

图 3-39　下颌骨开口侧位摆位示意图　　　　图 3-40　下颌骨开口侧位 X 线片

### （二）开口斜位（lateral oblique open mouth）

线束中心：被检处。

测量部位：第一臼齿水平处。

患病动物侧卧，患侧下颌支贴近片盒，用纱布卷撑开口腔，楔形泡沫垫于颜面下使头部远离桌面并旋转 20°～30° 角（图 3-41，图 3-42）。

### （三）改良下颌联合成像（modified mandibular symphysis projection）

线束中心：被检处。

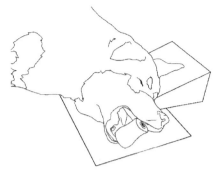

图 3-41　下颌骨开口斜位摆位示意图

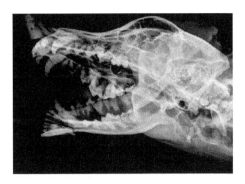

图 3-42　下颌骨开口斜位 X 线片

　　测量部位：嘴角处。

　　患病动物俯卧，下颌联合贴近片盒，并与桌面平行。用纱布卷撑开口腔，并保持开口状态，X 线以 15°角照射下颌联合（图 3-43，图 3-44）。

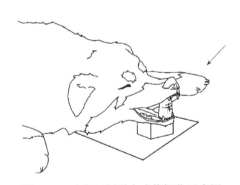

图 3-43　改良下颌联合成像摆位示意图

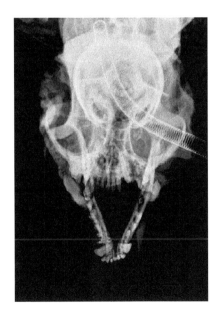

图 3-44　改良下颌联合成像 X 线片

## 九、牙齿

　　口内侧位（lateral intraoral view）

　　线束中心：被检处。

　　测量部位：被检处。

　　投照牙齿和牙根最准确的方法是在口内放置无增感屏包装的牙片拍摄。患病动物侧卧，非患侧贴近桌面，被检部位在最上面。胶片插入口内，放在患牙内侧面（图 3-45，图 3-46）。

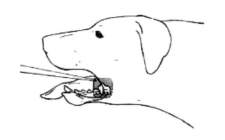

图 3-45　牙齿口内侧位摆位示意图

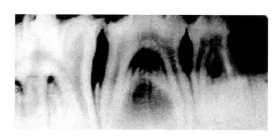

图 3-46　牙齿口内侧位 X 线片

（邹本革，常　丽）

# 第二节　脊椎检查

为获得脊柱的诊断用 X 线片，必须考虑两个因素：第一，脊柱须尽可能地平行于摄影床面；第二，脊柱的椎间隙必须近乎垂直于摄影床面，且平行于 X 线束的中心轴。

患病动物侧卧时，很多时候不用人工保定也能获得正确的摆位。然而通常需要改变动物的侧卧体位，摆位辅助物（如泡沫垫、沙袋或棉花）很有帮助。改进患病动物摆位的措施通常主要集中于抬高胸骨和后肢及支撑头部、颈中部和腰中部。谨记：任何与被检部位重叠的摆位辅助物必须是透射线的。

另外一种获得脊柱正确摆位的方法是人工保定。胸腰椎投照时，将前肢、后肢分别向两端反方向牵拉，脊柱自然地伸展成近乎平行的位置，椎间隙也被暴露出来。这种摆位方法在动物脊柱损伤时禁用，如骨折或脱位。

## 一、颈椎

（一）侧位（lateral view）

线束中心：C4 和 C5 椎间隙。

测量部位：C7 水平处。

患病动物水平侧卧，头部伸展，在下颌处放置泡沫防止倾斜。为使颈椎平行于片盒，可在颈中部垫泡沫。投照范围包括颅底部到第一胸椎间（图 3-47，图 3-48）。

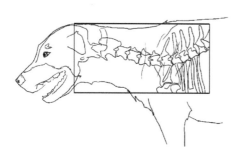

图 3-47　颈椎侧位摆位示意图

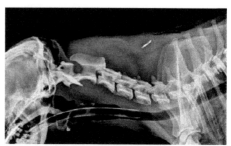

图 3-48　颈椎侧位 X 线片

## （二）伸展侧位（extension lateral view）

线束中心：C3 和 C4 椎间隙。

测量部位：T1 水平处（胸腔入口）。

患病动物侧卧，两前肢向后牵拉。头颈部向背侧伸展，使头颈部平直，在下颌处放置泡沫垫防止头部倾斜，颈中部垫泡沫垫使颈部平直。投照范围包括颅底部到第一胸椎间（图 3-49，图 3-50）。

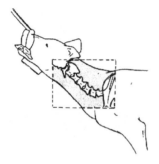 

图 3-49　颈椎伸展侧位摆位示意图　　　图 3-50　颈椎伸展侧位 X 线片

## （三）屈曲侧位（flexed lateral view）

线束中心：C3 和 C4 椎间隙。

测量部位：C7 水平处。

患病动物侧卧，前肢向后拉，用绷带缠绕下颌，绷带游离段穿过两前肢之间，使头朝向肱骨向后牵拉。投照范围包括颅底部到第一胸椎间（图 3-51，图 3-52）。

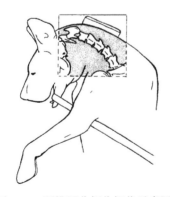 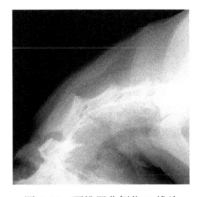

图 3-51　颈椎屈曲侧位摆位示意图　　　图 3-52　颈椎屈曲侧位 X 线片

## （四）腹背侧位（ventrodorsal view）

线束中心：C4 和 C5 椎间隙。

测量部位：C7 水平处。

患病动物仰卧，头部向前伸展，两前肢向后牵拉，身体保持标准的腹背位，颈椎与片盒平行。投照范围包括颅底部、整个颈椎和部分胸椎（图 3-53，图 3-54）。

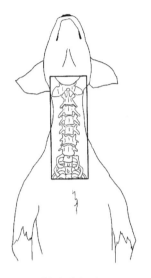

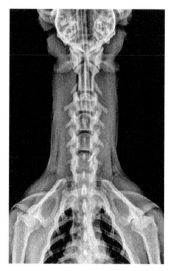

图 3-53　颈椎腹背侧位摆位示意图　　　　图 3-54　颈椎腹背侧位 X 线片

## 二、胸椎

（一）侧位（lateral view）

线束中心：第 7 胸椎体。

测量部位：第 7 肋骨水平处。

患病动物侧卧，前后肢分别向远离身体方向伸展，在胸骨下垫泡沫保证标准的侧位，胸椎置于片盒中央。投照范围包括第 7 颈椎到第 1 腰椎（图 3-55，图 3-56）。

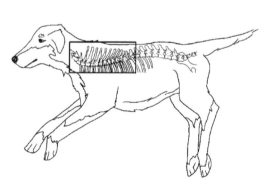

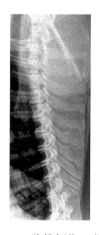

图 3-55　胸椎侧位摆位示意图　　　　图 3-56　胸椎侧位 X 线片

（二）腹背位（ventrodorsal view）

线束中心：肩胛骨后缘水平处。

测量部位：胸骨最高点。

患病动物仰卧，两前肢向前伸展，后肢自然体位，胸骨与胸椎重叠，固定腰部保持仰卧姿势。投照范围包括 C7~L1 的所有胸椎（图 3-57，图 3-58）。

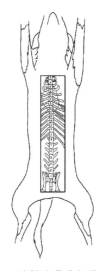

图 3-57　胸椎腹背位摆位示意图　　　　图 3-58　胸椎腹背位 X 线片

## 三、胸腰椎

### （一）侧位（lateral view）

线束中心：胸腰椎结合处。

测量部位：胸腰椎结合处。

患病动物侧卧，前、后肢分别向远离身体方向牵拉，在胸骨下垫泡沫保证标准的侧位，并与胸椎在同一水平，脊柱置于片盒中央。投照范围包括整段胸腰椎（图 3-59，图 3-60）。

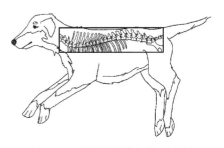

图 3-59　胸腰椎侧位摆位示意图

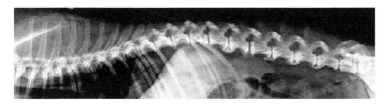

图 3-60　胸腰椎侧位 X 线片

### （二）腹背位（ventrodorsal view）

线束中心：胸腰椎结合处。

测量部位：胸腰椎结合处。

患病动物仰卧，两前肢向前伸展，后肢自然体位，胸骨与胸椎重叠，脊柱置于片盒中央，固定腰部保持仰卧姿势。投照范围包括所有胸椎和腰椎（图 3-61，图 3-62）。

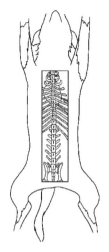 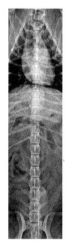

图 3-61　胸腰椎腹背位摆位示意图　　　　图 3-62　胸腰椎腹背位 X 线片

## 四、腰椎

（一）侧位（lateral view）

线束中心：第 4 腰椎体水平处。

测量部位：第 1 腰椎体水平处。

患病动物侧卧，前、后肢分别向前后牵拉，胸骨下垫泡沫垫以消除腰部扭转，必要时在腰的中部垫上海绵垫或棉花，保证腰椎平直。腰椎置于片盒中央，投照范围从第 13 胸椎到第 1 荐椎（图 3-63，图 3-64）。

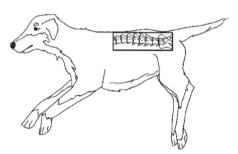 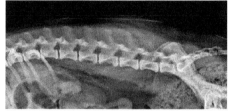

图 3-63　腰椎侧位摆位示意图　　　　图 3-64　腰椎侧位 X 线片

（二）腹背位（ventrodorsal view）

线束中心：第 4 腰椎水平处。

测量范围：第 1 腰椎水平处。

患病动物仰卧，前肢向前伸展，后肢呈自然位，在胸部放置 V 形槽，保证胸部呈标准腹背位，脊柱置于片盒中央。投照范围包括第 13 胸椎到第 1 荐椎（图 3-65，图 3-66）。

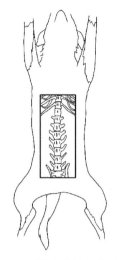

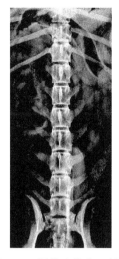

图 3-65 腰椎腹背位摆位示意图　　　图 3-66 腰椎腹背位 X 线片

## 五、荐椎

腹背位（ventrodorsal view）

线束中心：荐椎水平处。

测量中心：荐椎水平处。

患病动物仰卧，后肢呈自然体位，胸部放置 V 形槽保证标准的腹背侧位，荐椎置于片盒中央。X 线管向头侧倾斜 30°。投照范围包括第 6 腰椎到髂骨脊（图 3-67，图 3-68）。

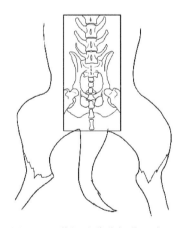

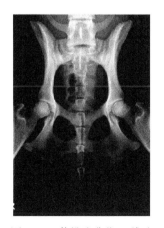

图 3-67 荐椎腹背位摆位示意图　　　图 3-68 荐椎腹背位 X 线片

## 六、尾椎

（一）侧位（lateral view）

线束中心：被测处。

测量部位：尾椎近端。

患病动物侧卧，前、后肢分别向前后牵拉伸展，胸骨下垫泡沫垫保证标准侧位，尾椎置于片盒中央。投照范围包括整个尾椎（图3-69，图3-70）。

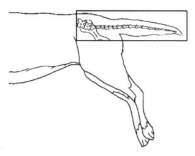

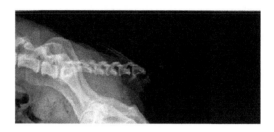

图 3-69　尾椎侧位摆位示意图　　　　　　　图 3-70　尾椎侧位 X 线片

## （二）腹背位（ventrodorsal view）

线束中心：被测处。

测量部位：尾椎近端。

患病动物仰卧，后肢呈自然体位，胸部放置 V 形槽保证标准的腹背位，尾向后伸展置于片盒中央。投照范围包括整个尾椎（图3-71，图3-72）。

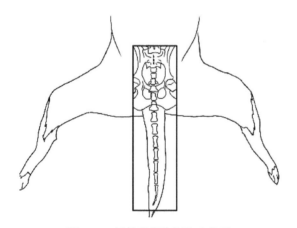

图 3-71　尾椎腹背位摆位示意图　　　　　　图 3-72　尾椎腹背位 X 线片

（邹本革，程淑琴）

# 第三节　前 肢 检 查

## 一、肩胛骨

### （一）侧位（lateral view）

线束中心：肩胛骨中部。

测量部位：肩胛骨最厚部。

患病动物侧卧保定，患肢在下，贴近片盒并垂直于脊柱，保定人员抓住患肢肘关节下方，在伸展肘关节的同时将患肢推向背侧，对侧肢要向头侧牵拉。当肘关节处于伸展状态时，将肩胛骨推向背侧，轻微牵拉对侧肢旋转胸廓，使肩胛骨处于身体背侧，此时，可看到肩胛骨突出于胸椎棘突的背侧（图3-73，图3-74）。

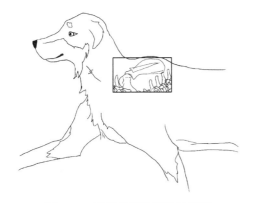 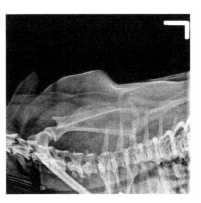

图3-73　肩胛骨侧位摆位示意图　　　　　　　　图3-74　肩胛骨侧位X线片

## （二）后前位（caudocranial view）

线束中心：肩胛骨中部。

测量部位：肩胛骨最厚部。

患病动物仰卧保定，双前肢向前伸展。旋转患侧肩胛骨远离胸骨约10°，使胸腔的肋骨不与肩胛骨重叠，可清晰显示无遮挡的肩胛骨（图3-75，图3-76）。

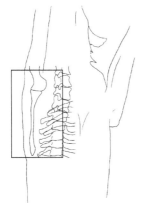 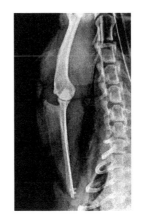

图3-75　肩胛骨后前位摆位示意图　　　　　　　图3-76　肩胛骨后前位X线片

## 二、肩关节

### （一）侧位（lateral view）

线束中心：肩关节。

测量部位：肩关节最厚处。

患病动物侧卧保定，患肢在下，患侧肩关节贴近片盒，将患肢向胸骨的前侧和腹侧拉伸，以减少重叠于肩关节上的其他组织，颈部向背侧伸展，可使胸骨轻微旋转，以远离患侧肩关节。保定过程中应注意不要过度旋转胸廓，以防止肩关节离开片盒，影响效果（图 3-77，图 3-78）。

图 3-77　肩关节侧位摆位示意图

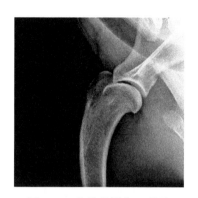

图 3-78　肩关节侧位 X 线片

## （二）后前位（caudocranial view）

线束中心：肩关节。

测量部位：肩关节（腋窝）。

患病动物仰卧保定，两前肢充分前伸至肱骨几乎与片盒平行。拉伸前肢时，注意不要旋转肱骨，防止肩关节倾斜（图 3-79，图 3-80）。有些病例需对比两侧肩关节，此时 X 线束中心应在两侧肩关节中间。

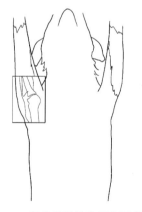

图 3-79　肩关节后前位摆位示意图

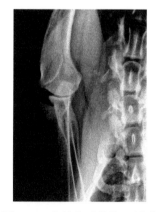

图 3-80　肩关节后前位 X 线片

## 三、肱骨

### （一）侧位（lateral view）

线束中心：肱骨中部。

测量部位：肩关节最厚处。

患病动物侧卧保定，患肢在下，放在片盒上，将患肢向前腹侧方向拉伸，同时向后背侧牵拉对侧肢，头颈部稍向背侧后仰。投照范围应包括肩关节和肘关节，使肱骨位于片盒中央（图 3-81，图 3-82）。

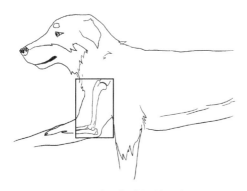

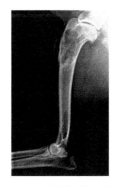

图 3-81　肱骨侧位摆位示意图　　　　　　　图 3-82　肱骨侧位 X 线片

（二）后前位（caudocranial view）

线束中心：肱骨中部。

测量部位：肩关节最厚处。

患病动物仰卧保定，两前肢向正前方拉伸。被检肢尽可能保持与片盒平行以减小失真。头颈部应保持在两前肢之间，以减少身体的重叠和旋转，肱骨位于片盒中央。投照范围包括肩关节和肘关节（图 3-83，图 3-84）。

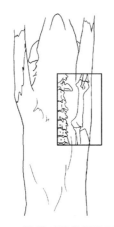

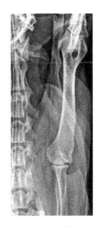

图 3-83　肱骨后前位摆位示意图　　　　　　图 3-84　肱骨后前位 X 线片

（三）前后位（craniocaudal view）

线束中心：肱骨中部。

测量部位：肩关节最厚处。

患病动物仰卧保定，患肢向后牵拉，使肱骨与片盒平行。将患肢稍向外侧牵拉、伸直，掌侧朝向桌面，避免肋骨与投照部位重叠。投照范围包括肩关节、肱骨和肘关节（图 3-85，图 3-86）。

图 3-85　肱骨前后位摆位示意图

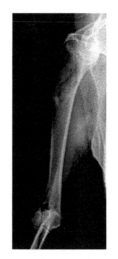

图 3-86　肱骨前后位 X 线片

## 四、肘关节

### （一）侧位（lateral view）

线束中心：肘关节。

测量部位：肱骨远端。

患病动物侧卧保定，患肢在下，置于片盒上，将影响视野的健肢向后背侧牵拉。根据具体情况，使患肢弯曲 45°或 90°，使肘关节侧位保持端正（图 3-87，图 3-88）。

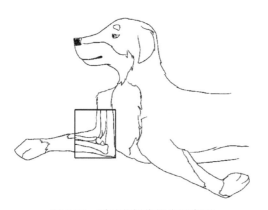

图 3-87　肘关节侧位摆位示意图

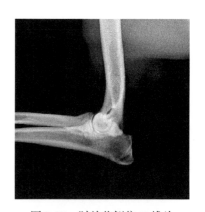

图 3-88　肘关节侧位 X 线片

### （二）前后位（craniocaudal view）

线束中心：肘关节。

测量部位：最厚处（肱骨远端）。

患病动物俯卧保定，患肢向前完全伸展，头部应该抬高并且远离患侧，胸部保持笔直，肱骨、肘关节、桡骨和尺骨保持对齐，以确保一个端正的前后位，避免患侧关节向外侧或内侧移位。如果肘关节没有完全伸展开，那么X线束应该倾斜10°～20°，在肘关节下放置泡沫可防止肘关节轴向旋转导致偏转（图3-89，图3-90）。

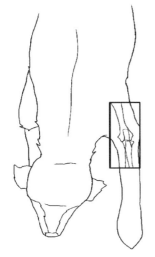

图3-89　肘关节前后位摆位示意图

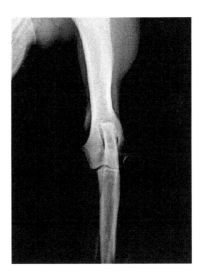

图3-90　肘关节前后位X线片

## （三）屈曲侧位（flexed lateral view）

线束中心：肘关节中心。

测量部位：肱骨远端。

患病动物侧卧保定，患侧朝下，把患肢放置在颅侧和腹前侧并且向尾侧部牵拉健肢使患部暴露完全。保持腕骨位于正确侧位，然后向颈部方向移动以使肘关节弯曲，使肘关节位于一个端正的侧位（图3-91，图3-92）。

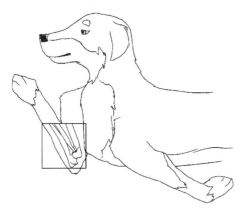

图3-91　肘关节屈曲侧位摆位示意图

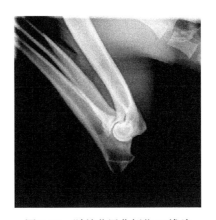

图3-92　肘关节屈曲侧位X线片

## 五、桡骨和尺骨

### （一）侧位（lateral view）

线束中心：桡骨和尺骨中部。

测量部位：肘关节。

患病动物侧卧保定，患侧朝下。轻微弯曲肘部并且牵拉，使桡骨和尺骨远离身体，健肢移出投照范围，桡骨和尺骨集中在片盒中央。投照范围包括肘部和腕关节（图3-93，图3-94）。

 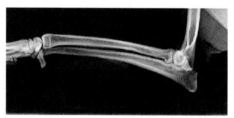

图3-93　桡骨和尺骨侧位摆位示意图　　　　图3-94　桡骨和尺骨侧位X线片

### （二）前后位（craniocaudal view）

线束中心：桡骨和尺骨中部。

测量部位：肱骨远端。

患病动物俯卧保定，患病前肢完全伸展，头部应该抬高并远离患侧，胸部保持笔直，桡骨和尺骨集中在片盒中央。投照范围包括肘关节和腕关节（图3-95，图3-96）。

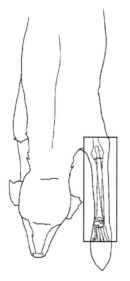 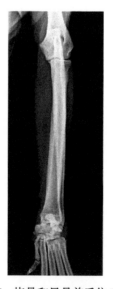

图3-95　桡骨和尺骨前后位摆位示意图　　　　图3-96　桡骨和尺骨前后位X线片

## 六、腕关节

### （一）侧位（lateral view）

线束中心：远列腕骨。

测量部位：腕部中心。

患病动物仰卧保定，患肢朝下。轻微弯曲肘部并牵拉桡骨和尺骨远离身体，健肢移出投照范围。腕关节集中在片盒中央。投照范围包括桡骨和尺骨三分之一末端与掌骨。此外，也可按此摆位拍摄腕关节屈曲侧位（图3-97，图3-98）。

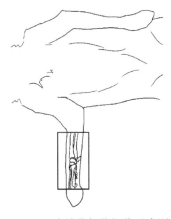

图3-97　腕关节侧位摆位示意图

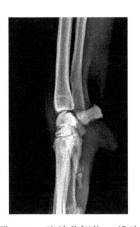

图3-98　腕关节侧位X线片

### （二）背掌位（dorsopalmar view）

线束中心：远列腕骨的中心。

测量部位：线束中心点。

患病动物俯卧保定，患病前肢完全伸展，头部抬高并远离患侧，胸部保持笔直，腕关节集中在片盒中央。投照范围包括桡骨和尺骨三分之一末端及掌骨（图3-99，图3-100）。

图3-99　腕关节背掌位摆位示意图

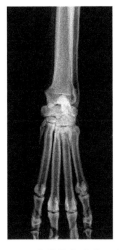

图3-100　腕关节背掌位X线片

## 七、掌骨和指骨

（一）背掌位（dorsopalmar view）

线束中心：掌骨中部。

测量部位：掌部中部。

患病动物俯卧保定，患病前肢完全伸展，爪部平放于片盒上。患病动物的头部应该抬高并远离患侧，胸部保持笔直。掌骨集中在片盒或 DR 面板。投照范围包括腕关节三分之一远端和各指尖。有时候，也可能需要把爪子绑起来使这些骨头摆成一个端正的背掌位（图 3-101，图 3-102）。

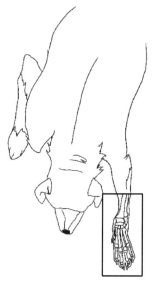

图 3-101　掌骨和指骨背掌
位摆位示意图

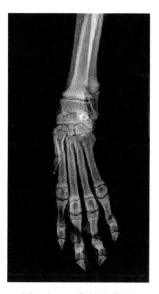

图 3-102　掌骨和指骨
背掌位 X 线片

（二）侧位（lateral view）

线束中心：指部中央。

测量部位：中指节骨水平处。

患病动物仰卧保定，患肢朝下。轻微弯曲肘部并牵拉桡骨和尺骨远离身体，将健康的腿尾部移出投照范围。掌骨和指骨集中在片盒，投照范围包括腕关节和各指尖。若想单独检查某一指：使爪子处于一个轻微弯曲的侧位，分开并用胶带固定被检指以与其他指分隔开（图 3-103，图 3-104）。

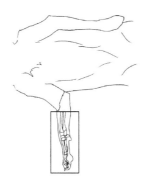

图 3-103　掌骨和指骨侧位摆位示意图

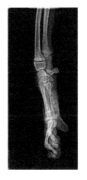

图 3-104　掌骨和指骨侧位 X 线片

（邹本革，李爱华）

# 第四节　骨盆和后肢检查

## 一、骨盆

### （一）侧位（lateral view）

线束中心：股骨大转子。

测量部位：大转子水平处。

患病动物侧卧保定，患侧朝下，使骨盆的被检侧贴近片盒。根据需要，在胸骨或腹前侧下放置一楔形物，确保胸部和腹部位于一个标准侧位。下侧的股骨保持中立位，后膝关节向头部轻微牵拉，像站立状态。上侧的后肢向尾部牵拉，用手固定住或绷带绑在桌子上。两侧坐骨结节重叠在一起。对于大型患病动物，必要时可在它的两个膝关节之间放一楔形物，可消除偏转并确保骨盆两侧重叠。投照范围包括骨盆、两侧股骨和膝关节（图 3-105，图 3-106）。

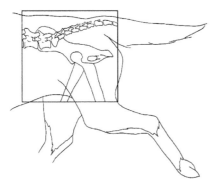

图 3-105　骨盆侧位摆位示意图

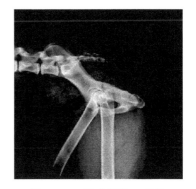

图 3-106　骨盆侧位 X 线片

### （二）腹背位（ventrodorsal view）

**1. 伸展投照（extended projection）**

线束中心：坐骨后部。

测量部位：股骨中部。

患病动物仰卧，保持胸骨与脊柱重叠，两后肢屈曲呈正常屈曲位，然后紧握跗关节，将两侧膝关节相对内旋 2.5～5.0cm，然后将两后肢向后牵拉直至两股骨与片盒平行或遇到阻力，用胶带固定两后肢或戴上铅手套人为抓持。正确的摆位需要达到以下标准：两股骨相互平行，两髌骨应位于股骨髁中央，骨盆无偏转，闭孔、髋关节、半侧骨盆和荐髋关节呈镜像关系，尾部用胶带固定于两股骨之间。投照范围包括骨盆、两侧股骨和膝关节（图 3-107，图 3-108）。

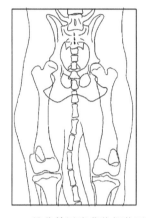
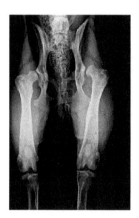

图 3-107　骨盆伸展腹背位摆位示意图　　　　图 3-108　骨盆伸展腹背位 X 线片

### 2. 蛙腿式投照（frog-leg projection）

线束中心：耻骨和髋臼水平处。

测量部位：髋臼（腹股沟）。

患病动物仰卧于 V 形槽，后肢呈蛙腿式位，用沙袋压在跗关节上，使股骨与脊柱呈 45° 角，两后肢摆位相同，并保持对称。投照范围包括骨盆、两侧股骨（图 3-109，图 3-110）。

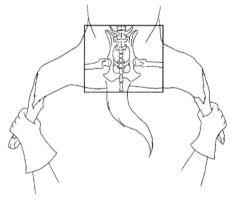
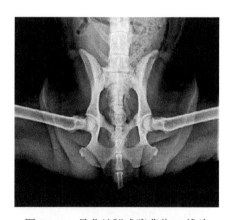

图 3-109　骨盆蛙腿式腹背位摆位示意图　　　　图 3-110　骨盆蛙腿式腹背位 X 线片

## 二、股骨

### （一）侧位（lateral view）

线束中心：股骨中部。

测量部位：股骨中部。

患病动物侧卧保定，患侧在下并弯曲，将健肢移出投照范围，再用绳子或沙袋将之固定。在胫骨近端放置纱布或泡沫垫避免股骨的偏转。投照范围包括髋关节、股骨和膝关节（图3-111，图3-112）。

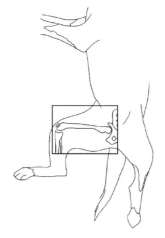 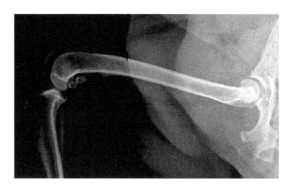

图 3-111　股骨侧位摆位示意图　　　　　　图 3-112　股骨侧位 X 线片

### （二）前后位（craniocaudal view）

线束中心：股骨中部。

测量部位：股骨中部。

患病动物仰卧保定。为了固定患病动物头部，患病动物的头部可放在一个海绵组成的头部支架中或用两个沙袋固定双肩。向后拉伸患肢并轻微外展，消除股骨近端与坐骨结节的重叠。股骨尽可能与桌面保持平行，髌骨应位于两个股骨踝之间。健肢应弯曲并向另一侧旋转移出投照范围，在跗关节上放置沙袋作固定用。投照范围包括髋关节、股骨和膝关节（图3-113，图3-114）。

## 三、膝关节

### （一）侧位（lateral view）

线束中心：膝关节。

测量部位：股骨髁。

患病动物侧卧保定，患肢置于片盒中央，膝关节自然弯曲。交替定位技术是向头部或腹侧交替牵拉健肢并用绳子或沙袋固定，较小的狗、猫或狗腿较短更容易定位。根据具体情况，患肢膝关节弯曲90°或自然微曲，通常是60°。在跗关节下放置纱布或海绵垫

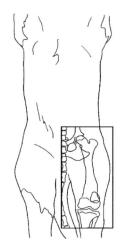

图 3-113　股骨前后位摆位示意图

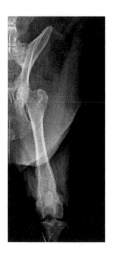

图 3-114　股骨前后位 X 线片

使胫骨与桌面或片盒表面平行，胫骨抬高可使两股骨髁重叠，获得端正的侧位。投照范围包括股骨髁（图 3-115～图 3-117）。

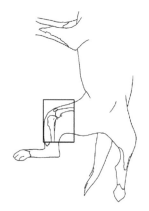

图 3-115　膝关节侧位摆位示意图

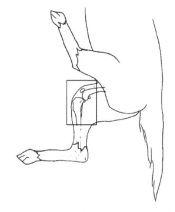

图 3-116　膝关节侧位交替摆位示意图

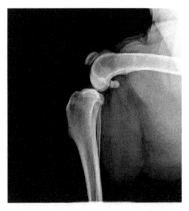

图 3-117　膝关节侧位 X 线片

（二）后前位（caudocranial view）

线束中心：膝关节。

测量部位：股骨远端。

患病动物俯卧保定，患肢向尾侧牵拉至最大伸展位，弯曲健肢并在大腿部位，放置泡沫楔形物或沙袋，可控制患肢膝关节外旋。髌骨应位于两股骨髁中央。应当注意的是：如果股骨、膝关节和胫骨在一条直线上且根骨与其完全垂直，那么髌骨将位于两股骨髁中央，触摸股骨髁和胫骨结节有助于确保对称。投照范围包括股骨髁（图 3-118，图 3-119）。

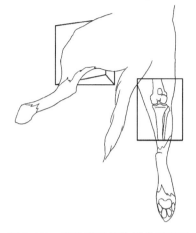

图 3-118　膝关节后前位摆位示意图

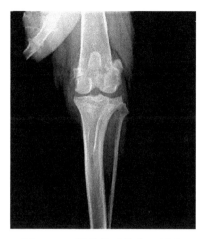

图 3-119　膝关节后前位 X 线片

（三）髌骨轴位投照（日升位）[skyline projection of patella（sunrise view）]

线束中心：髌骨。

测量部位：髌骨关节处。

患病动物俯卧保定，患肢完全屈曲，X 线以髌骨为中心投照，轴位投照可显示髌骨和股骨滑车沟的病变。投照范围包括股骨髁（图 3-120，图 3-121）。

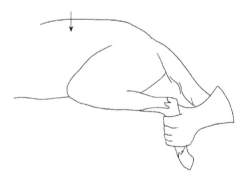

图 3-120　髌骨轴位投照摆位示意图

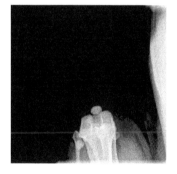

图 3-121　髌骨轴位投照 X 线片

## 四、胫骨和腓骨

（一）侧位（lateral view）

线束中心：胫骨和腓骨中部。

测量部位：膝关节。

患病动物侧卧保定，患肢贴近片盒，健肢向另一侧移动并用绳子或沙袋固定移出投照范围。交替侧位技术是向头部或腹侧交替牵拉健肢并用绳子或沙袋固定。患肢膝关节和跗关节弯曲90°，在跗关节下放置纱布或海绵垫使胫骨与桌面或片盒表面平行，胫骨抬高可使两股骨髁重叠。投照范围包括膝关节、胫骨、腓骨和跗关节（图 3-122，图 3-123）。

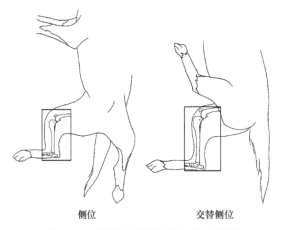

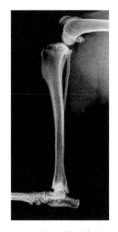

侧位　　　　　　　　　交替侧位

图 3-122　胫骨和腓骨侧位摆位示意图　　　　　图 3-123　胫骨和腓骨侧位 X 线片

### （二）后前位（caudocranial view）

线束中心：胫骨和腓骨中部。

测量部位：膝关节水平处。

患病动物俯卧保定，患肢向后完全伸展。健肢屈曲并在其大腿下放置楔形物或沙袋，防止患肢膝关节偏转。患肢髌骨应位于两股骨髁中央（应当注意的是：如果股骨、膝关节和胫骨在一条直线上且跟骨与其完全垂直，那么髌骨将位于两股骨髁中央）。触摸股骨髁和胫骨结节有助于确保对称。投照范围包括膝关节、胫骨、腓骨和跗关节（图 3-124，图 3-125）。

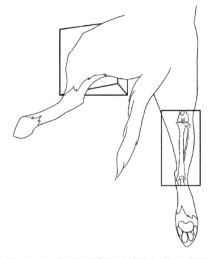

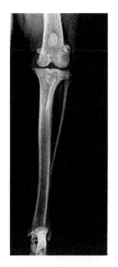

图 3-124　胫骨和腓骨后前位摆位示意图　　　　　图 3-125　胫骨和腓骨后前位 X 线片

## 五、跗关节

### （一）侧位（lateral view）

线束中心：跗关节中部。

测量部位：跗关节的最厚处。

患病动物侧卧保定，健肢移到另一侧并用绳子或沙袋固定移出投照范围。根据具体情况，跗关节屈曲 90°或自然屈曲，在跗关节下放置纱布或海绵垫使胫骨与桌面或片盒表面平行。投照范围包括胫骨和腓骨远端与跖骨（图 3-126，图 3-127）。

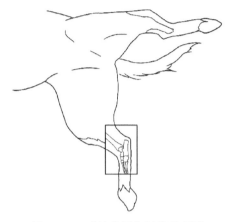

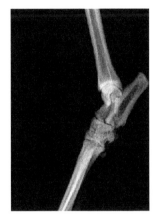

图 3-126　跗关节侧位摆位示意图　　　　　图 3-127　跗关节侧位 X 线片

## （二）跖背 / 背跖位（plantardorsal / dorsoplantar views）

线束中心：跗关节中心。

测量部位：跗关节最厚部位。

跖背位：患病动物俯卧保定，患肢向后完全伸展。健肢屈曲并在其大腿下放置楔形物或沙袋，防止患肢跗关节偏转。应当注意的是：如果股骨、膝关节和胫骨在一条直线上且根骨与其完全垂直，那么跗关节应该位于一个端正的投照位置。投照范围包括胫骨和腓骨远端与跖骨（图 3-128，图 3-129）。

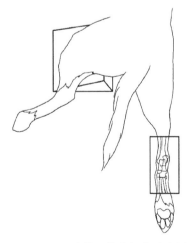

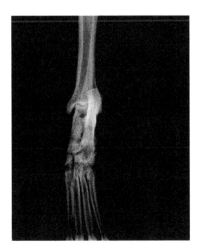

图 3-128　跗关节跖背位摆位示意图　　　　　图 3-129　跗关节跖背位 X 线片

背跖位：患病动物侧卧保定，患肢向前完全伸展，紧靠身体，跖骨放在片盒中央。

## 六、跖骨和趾骨

### （一）侧位（lateral view）

线束中心：跖骨中部。

测量部位：跗关节远端。

患病动物侧卧保定，健肢移到另一侧并用绳子或沙袋固定移出投照范围。关节置于自然弯曲位置。在跗关节下放置纱布或海绵垫保持跖骨和趾骨与桌面平行。投照范围包括胫骨和腓骨远端、跖骨、趾骨与各趾尖（图3-130，图3-131）。

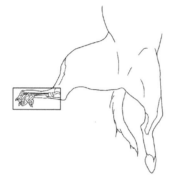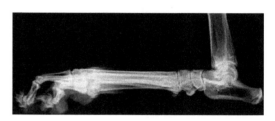

图3-130　跖骨和趾骨侧位摆位示意图　　图3-131　跖骨和趾骨侧位X线片

### （二）跖背/背跖位（plantardorsal / dorsoplantar views）

线束中心：跖骨中部。

测量部位：跗关节远端。

跖背位：患病动物俯卧保定，患肢向后完全伸展。健肢屈曲并在其大腿下放置楔形物或沙袋，防止患肢跗关节偏转。如果股骨、膝关节和胫骨在一条直线上且根骨与其完全垂直，那么跗关节和跖骨应该位于一个端正的投照位置。投照范围包括胫骨和腓骨远端与各趾尖（图3-132，图3-133）。

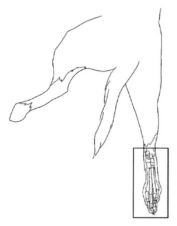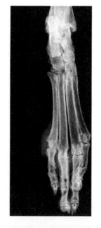

图3-132　跖骨和趾骨跖背位摆位示意图　　图3-133　跖骨和趾骨跖背位X线片

背跖位：患病动物侧卧保定，患肢向前完全伸展，紧靠身体。跖骨放在片盒中央，投照范围包括胫骨和腓骨远端、跖骨、趾骨与各趾尖。

（邹本革，苏建青）

## 第五节　软组织检查

术语"软组织"指的是骨骼周围的组织结构。与骨骼X线片不同，软组织间的X线片密度差异轻微，使其显影很困难。如果不使用造影剂，几乎不可能得到相邻软组织间对比度高的X线片。

要得到对比度、密度和显影都良好的X线片，必须考虑很多因素：①为获得内部软组织结构的长灰阶对比度而显影良好时，要使用相对高的电压和低曝光量；②高密度组织区域需使用滤线栅，保持成像的清晰度和X线片细节；③为使心搏动和呼吸运动的影响减到最小，胸部X线摄影的曝光时间需为1/30s或更短；④腹部X线摄影需要做适当准备，患病动物需禁食12～24h，并在检查前至少1h清洁灌肠；⑤胸部和腹部的曝光必须在正确的呼吸阶段，即胸部在吸气末曝光，而腹部在呼气末曝光。

### 一、咽

侧位（lateral view）

线束中心：咽。

测量部位：颅底部。

患病动物侧卧，两前肢向后牵引，头部向前伸展，呈标准侧位。为消除头部倾斜，可在下颌处垫楔形泡沫，并使咽部与下颌骨分离而更好显影。上呼吸道的空气可作为阴性造影剂，与咽部的软组织相区别。投照范围包括外眼角和第3颈椎之间的整个颈部（图3-134，图3-135）。

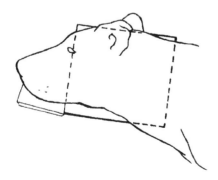

图3-134　咽侧位摆位示意图

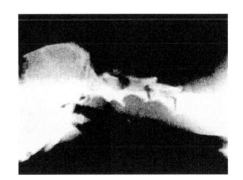

图3-135　咽侧位X线片

### 二、颈部

侧位（lateral view）

线束中心：颈中部。

测量部位：肩部范围。

患病动物水平侧卧，头部伸展。头部姿势可影响颈部倾斜角度，可在鼻下垫楔形泡沫矫正。为了保持颈部与桌面平行，可在颈中部垫扁平的泡沫矫正，前肢向尾腹部牵引。投照范围从颏下关节到胸腔入口（图3-136，图3-137）。

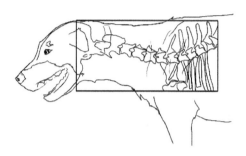 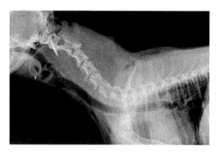

图 3-136  颈部侧位摆位示意图        图 3-137  颈部侧位 X 线片

## 三、胸部

### （一）侧位（lateral view）

线束中心：肩胛骨后缘。

测量部位：肩胛骨后缘水平处。

患病动物侧卧保定，两前肢向前伸展，有助于消除三头肌和肱骨与前胸部的重叠。后肢向后牵拉，保持胸廓对称。在胸骨下放置泡沫楔形垫，保持胸骨和胸椎相互平行且位于同一水平面。头部轻微向前伸展，如果头部向背侧过度伸展，影像也许会错误地指示气道狭窄。投照范围包括从胸骨柄向后到第1腰椎体的整个胸部。曝光应在最大吸气末进行（图3-138，图3-139）。

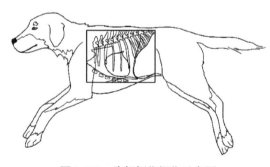 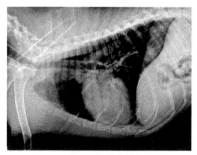

图 3-138  胸部侧位摆位示意图        图 3-139  胸部侧位 X 线片

### （二）背腹位（dorsoventral view）

线束中心：肩胛骨后缘。

测量部位：肩胛骨后缘水平处。

患病动物俯卧保定，前肢向前伸展且头部放在两前肢之间的桌面上。胸骨与胸椎重叠，曝光应在最大吸气末进行。投照范围包括从胸骨柄向后到第1腰椎体的整个胸部。曝光应在最大吸气末进行（图3-140，图3-141）。

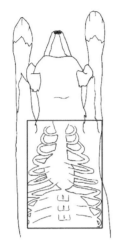

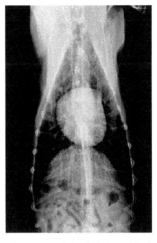

图3-140　胸部背腹位摆位示意图　　　　　图3-141　胸部背腹位X线片

（三）腹背位（ventrodorsal view）

线束中心：肩胛骨后缘。

测量部位：肩胛骨后缘水平处。

患病动物仰卧保定，两前肢向前伸展头部放在桌面上，后肢可保持正常体位曝光，必须保证患病动物端正的腹背位，胸骨与胸椎重叠，可用V形槽或沙袋垫在骨盆部进行辅助。曝光应在最大吸气末进行。投照范围包括从胸骨柄向后到第1腰椎体的整个胸部（图3-142，图3-143）。腹背位投照适用于观察整个肺野，可更好地观察肺的副叶和后纵隔。

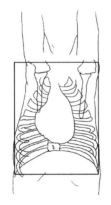

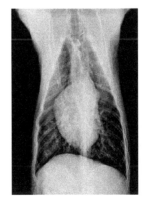

图3-142　胸部腹背位摆位示意图　　　　　图3-143　胸部腹背位X线片

## 四、腹部

（一）侧位（lateral view）

线束中心：第13肋骨后缘（猫以第13肋骨后缘2~3指宽处为中心）。

测量部位：第 13 肋骨后缘水平处。

患病动物右侧卧保定（右侧卧可使两侧肾脏的长轴分开），两前肢向前伸展，两后肢向后微微伸展，如果两后肢拉伸过度，那么就会使得腹围紧绷且腹腔内脏压缩过度从而变形。在胸骨下放置泡沫楔形物，可以使患病动物的腹部位于一个端正的水平侧位；在两股骨之间垫上合适厚度的泡沫垫，消除骨盆和后腹部的旋转。与胸部检查一样，胸骨和脊柱应该相互平行且与桌面等距。投照范围包括从膈后到大转子。曝光应该在呼气末进行（图 3-144，图 3-145）。

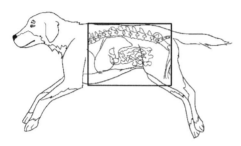

图 3-144　腹部侧位摆位示意图

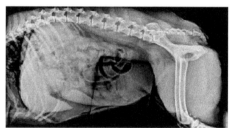

图 3-145　腹部侧位 X 线片

## （二）腹背位（ventrodorsal view）

线束中心：第 13 肋骨后缘（猫以第 13 肋骨后缘 2～3 指宽处为中心）。

测量部位：第 13 肋骨后缘水平处。

患病动物仰卧保定，两前肢向前伸展，后肢自然屈曲，可用 V 形槽或沙袋垫在胸部辅助保持端正的体位，胸骨和胸椎应该重叠。投照范围包括从膈后到大转子（图 3-146，图 3-147）。对于大型的患病动物，一个片盒可能不会包含整个腹腔，此时应拍摄两张 X 线片，一张包括前腹部，另一张包括后腹部。曝光应该在呼气末进行，此时膈前移，对腹内容物没有压迫。

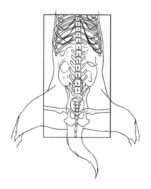

图 3-146　腹部腹背位摆位示意图

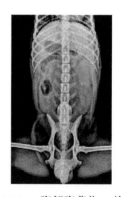

图 3-147　腹部腹背位 X 线片

（邹本革，张东林）

# 第六节　鸟类和稀有动物检查

## 一、鸟类X线摄影

### （一）全身腹背位（whole-body ventrodorsal view）

线束中心：胸骨后端处的中线上。

在保定病鸟前，应做好各项准备工作，尽量减少病鸟受限制的时间。病鸟背部在下，胸骨与脊柱重叠，翼向外侧伸展，用遮蔽胶带固定在鸟类保定器上或玻璃板上。人工保定时，一只手抓住头部后方，食指和拇指握住颏下颌关节；另一只手抓住双爪，小心地向后拉伸；翼从身体轻微向外展，用遮蔽胶带固定。

如果摄影的对象是鹦鹉或猛禽，保定时应该注意戴上皮质手套，每只爪子分别用纱布裹住，防止抓到保定者的手或衣服。在固定鸟类的翅膀时，应选用遮蔽胶带，如需移动胶带，应向羽毛突出的方向移动。摄影室应该尽量保持安静和使用稍微昏暗的灯光，有助于减少病鸟的应激。如果使用鸟类保定器，首先把鸟放在保定器上固定颈部，然后固定每只爪，当头和爪固定好之后，翼最大程度外展，并从两侧翼中部用胶带粘住，最后再从两侧翼远侧用胶带粘一次（图3-148，图3-149）。将保定好病鸟的保定器放在片盒上，投照范围包括全身。注意不能使横越颈部的遮蔽胶带压迫气管，必要时也可将尾尖固定在片盒上。

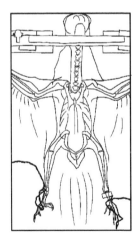 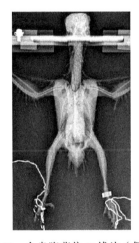

图3-148　全身腹背位摆位示意图（保定器）　　图3-149　全身腹背位X线片（保定器）

### （二）全身侧位（whole-body lateral view）

线束中心：胸骨后端水平处、脊柱和胸骨之间的身体中部。

病鸟侧卧保定，颈部用遮蔽胶带固定在片盒上，翼可直接向病鸟身体背侧伸展，用胶带固定，其中近片盒的比对侧靠前，双脚远离体壁向腹侧伸展，用胶带固定，近片盒肢比对侧靠前，以便分辨各肢。同用鸟类保定器固定时的方法类似（图3-150，图3-151）。投照范围包括全身。

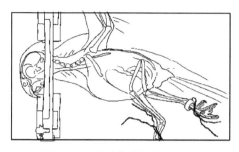

图 3-150  全身侧位摆位示意图

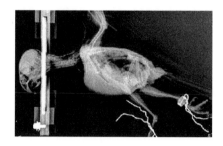

图 3-151  全身侧位 X 线片

## 二、啮齿动物 X 线摄影

### （一）全身侧位（whole-body lateral view）

线束中心：胸腰椎结合处。

患病动物躺在片盒上，右侧卧保定，用纱布卷或胶带将前肢、后肢分别向前、后拉伸和保定。患病动物挣扎时，则需要一条长胶带压住颈部（图 3-152，图 3-153）。人工保定时，可用绳或小镊子拉伸肢体，以减少保定人员的曝光量。X 线束与啮齿动物垂直，投照范围包括全身。

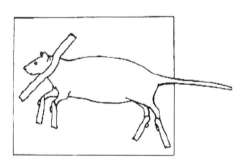

图 3-152  啮齿动物全身侧位摆位示意图

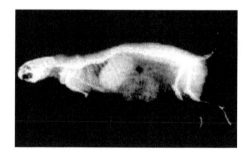

图 3-153  啮齿动物全身侧位 X 线片

### （二）全身背腹 / 腹背位（whole-body dorsoventral / ventrodorsal views）

线束中心：胸腰椎结合处。

患病动物俯卧或仰卧，并用纱布卷或胶带固定于片盒，头和四肢远离身体伸展并固定。胸骨与脊柱重叠，确保动物是真正的背腹位或腹背位（图 3-154，图 3-155）。X 线束与啮齿动物垂直，投照范围包括全身。

## 三、爬行动物 X 线摄影

### （一）全身侧位（whole-body lateral view）

线束中心：身体中部。

将患病动物俯卧固定在木质台上，右侧放置片盒并接触。使用水平 X 线拍摄（图 3-156～图 3-158）。

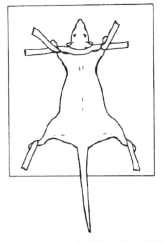

图 3-154　全身背腹位摆位示意图

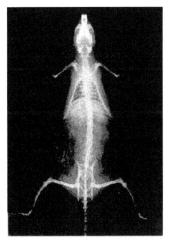

图 3-155　全身背腹位 X 线片

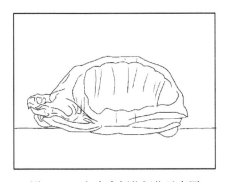

图 3-156　龟全身侧位摆位示意图

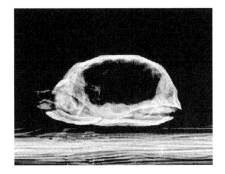

图 3-157　龟全身侧位 X 线片

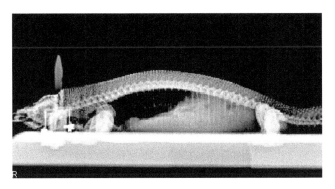

图 3-158　钝尾毒蜥全身侧位 X 线片

（二）全身背腹 / 腹背位（whole-body dorsoventral / ventrodorsal views）

线束中心：身体中部。

患病动物可以放到一个有机玻璃盒内，如果是蛇可以装在一个袋子里。根据情况决定是否需要对头和四肢进行保定（图 3-159～图 3-163）。

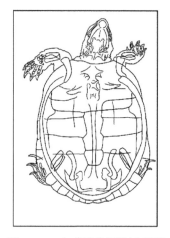

图 3-159　龟背腹位摆位示意图

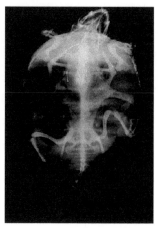

图 3-160　龟背腹位 X 线片

图 3-163　钝尾毒蜥背
腹位 X 线片

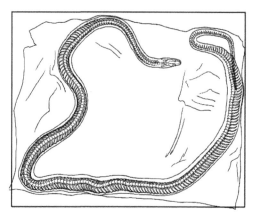

图 3-161　袋中蛇摆位示意图

图 3-162　袋中蛇 X 线片

（邹本革）

# 第四章

# 大动物 X 线机操作技术

**【本章术语】**

保定　摆位　头部　脊椎　四肢骨

**【操作关键技术】**

1. 拍摄长骨时，必须包括其远端和近端的关节。
2. 任何既定的拍摄部位应尽可能使用最小的曝光区域。
3. 需要考虑诸如保定动物、所需设备、动物的摄影前准备、放射安全和摆位设施。
4. 在拍摄 X 线片之前，要检查患病动物的皮毛，应尽可能保持干燥、清洁。

　　大动物对人的依赖性较宠物弱，且大动物力气较大，因此 X 摄影比小动物需要非常多的耐心和时间。成功地进行大动物 X 线摄影必须做到以下几点：检查前制订计划、检查中团队合作及始终要有耐心和细心。

　　尽管在大动物和小动物之间存在差别，但 X 线投照的基本原理是相同的。用于犬、猫的所有投照方位名词和摆位同样用于马和牛等大动物（图 4-1），大、小动物的两个主要区别是体形和体位。对大动物进行 X 线检查时，如动物年龄很小或体形很小时可将动物放置在 X 线摄影台上，否则均采取站立体位。由于体形和体位的缘故，特别需要考虑诸如保定动物、所需设备、动物的摄影前准备、放射安全和摆位设施等问题。

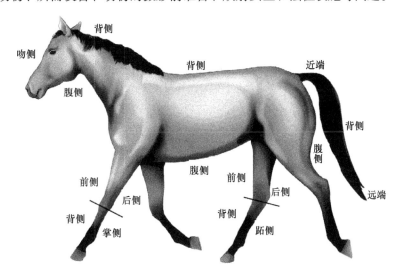

图 4-1　大动物体位方位名词

## 第一节　大动物的保定及准备

## 一、保定

　　大动物经常会被不熟悉的物件惊吓，尤其是靠近其身体的物体。在 X 线检查之前应使大动物靠近 X 线机，让大动物轻轻地嗅闻机器和片盒，以消除动物对 X 线机的恐惧。整个操作过程中要始终避免机器突然移动或发出大的声响，防止动物受到惊吓，要用平静的声音持续安抚动物。

在站立姿势时，大动物相对无法很好地保定，因此，人员和 X 线机被损伤的危险性很大，尤其是 X 线管经常靠近动物的腿部，特别容易受到攻击。

X 线检查时，保定大动物有多种方法，包括鼻捻子、柱栏和镇静等。镇静是常用的保定方法，给动物少量化学镇静药，可使操作人员能够随意移动 X 线机，而不会让动物受到惊吓，也就避免了动物的活动。如果不能镇静或动物不安，可通过辅助人员将动物的一条腿提起来限制动物的活动，当要拍摄一条腿时，将对侧腿提起。因大动物麻醉后，需要更多的人员来控制动物和安放设备，并导致摆位困难，所以临床上很少对大动物进行全身麻醉。操作人员应根据具体情况，决定使用哪种保定方式。

## 二、设备

用于大动物的 X 线机需要有足够大的功率，并易于操作。X 线管必须能围绕站立的动物水平和垂直移动，使左右解剖区域曝光，甚至是低至地面的身体部位。大动物用 X 线机分为 3 类：①便携式；②移动式；③悬挂式。

便携式 X 线机小而轻便，常为需要出诊的兽医技术员所用（图 4-2）。便携式 X 线机的平均功率电容最大为 20mA 和 90kV，由于管电流低，所以曝光时间通常为 0.1s 或更长。但是，曝光时间长增加了曝光过程中大动物运动的可能性。由于各畜舍的电压有变化，便携式机器的曝光稳定性差。便携式机器的瞄准性能也各异，而且遮线器也不会有可见光线指示曝光区，因此，经常很容易使曝光区比实际需要的投照范围大，这就产生了放射安全问题（如人员接受过多的辐射量）。

移动式 X 线机的优点是管电流和管电压更高，平均为 100～300mA 和 120kV。高管电流可以使曝光时间更短。这种机器的缺点是太重，因而缺乏灵活性。移动式机器有大轮子，可以自由移动，但在不平的地面上就显得比较笨重，且难以移动（图 4-3）。

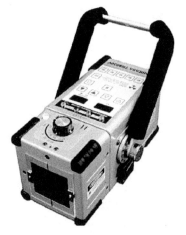

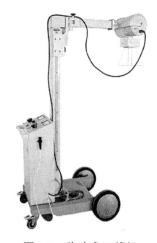

图 4-2　便携式 X 线机　　　　图 4-3　移动式 X 线机

大的永久悬挂式 X 线机通常在动物医院使用，管电流可超过 1000mA。这些机器借助轨道悬挂在天花板上，这样可以使X线管围绕动物垂直和水平移动。但天花板的轨道系统会产生噪声，对动物有较大影响。此外，X线管的封套可能会限制其用于蹄部的拍摄，即便X线管已接触地面，焦点离地面仍有12～20cm的距离，从而会拍摄出斜位。

## 三、患病动物的准备

为了消除伪影，需要对动物进行认真准备，刷洗或清洁被毛，去除明显的脏物、垫草及其他体表异物。受检区也要用毛巾擦干，去除水分或其他残存液态污染物。对马蹄进行X线检查时，为了避免在检查区域出现其他X线阴影，需要进行数步操作。首先要去掉马掌，修剪蹄部过度生长的部分；然后清理和刷洗蹄底与蹄叉；最后要用透射线材料（如甲基纤维素、软皂或彩色塑泥）包裹蹄底。包裹蹄底可避免与受检区重叠的空气伪影出现。

## 四、摆位设备

在本书第一章第二节中讨论的有关放射安全的所有规则也适用于大动物X线摄影。因大动物的体型和姿势及需要的曝光量更大，还要考虑一些其他安全规则。

保定动物和抓持片盒的辅助人员必须要正确穿着铅服。由于辅助人员的注意力集中在患病动物身上，而不是X线束上，X线机操作人员有责任提醒所有人员保持与原射线束的安全距离。持片盒器有助于减少辅助人员的辐射，持片盒器上通常有个固定片盒的夹子，通过长杆手柄抓持（图4-4）。因为X线管无法降至地面水平，大动物蹄部X线摄影时，需要将患病动物的蹄子抬离地面，常使用木墩垫起蹄子。墩子通常为木制，按X线机的需要而制作。在木墩上可以凿个小槽，充当持片盒器。患病动物的蹄子可直接贴着片盒放在木墩上，或将片盒放在木墩旁边（图4-5）。

图4-4 用于大动物X线摄影的
持片盒器

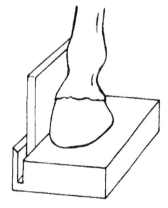

图4-5 用来紧贴被检肢放置片盒的
带凹槽木墩

经常需要用到的另外一种设备是片盒套，片盒套由透射线的木头或硬塑料制成，应足够结实，能支撑患病动物的体重。进行蹄骨或舟状骨的背掌位—背跖位斜位摄影时，动物必须站在片盒上，片盒无法承受这样的体重，片盒套可以保护片盒不被损坏。

（高光平，张 伟）

# 第二节　头部和脊椎检查

## 一、头部

### （一）侧位（lateral view）

线束中心：被检部位。

开始拍摄前，应该先检查动物的笼头。笼头通常不应有金属夹子或扣子，如果有金属物件，要更换笼头，以免对被检处的 X 线影像造成影响。

患病动物按自然姿势站立，头不能转动。片盒紧贴头部病变侧（图4-6，图4-7）。X线管位于对侧。X线束与片盒垂直。

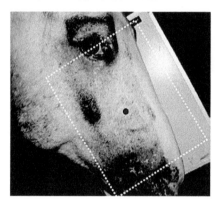 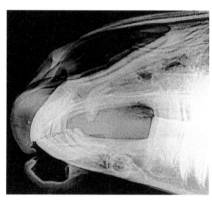

图4-6　头部侧位摆位图　　　　　　　图4-7　头部侧位 X 线片

### （二）背腹位（dorsoventral view）

线束中心：被检区所对应的头部的中线。

患病动物按正常姿势站立，头尽量放低，片盒放在头部腹侧下颌骨下面。X线管位于头上方，X线束垂直于片盒（图4-8，图4-9）。头部背腹位摆位最好将动物镇静。

 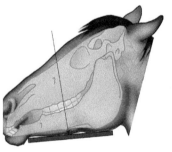 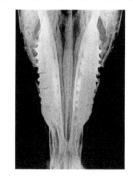

图4-8　头部背腹位摆位示意图　　　　　图4-9　头部背腹位 X 线片

## 二、喉囊、喉、咽

侧位（lateral view）

线束中心：下颌骨垂直支的后方（喉囊区）。

颅后部和咽区的侧位摆位与头部常规检查的摆位基本一致。基本的区别是片盒的位置和 X 线束的中心有所不同。片盒放在头部侧面，颅后侧位于片盒的中央，X 线管位于头部对侧面（图 4-10，图 4-11）。

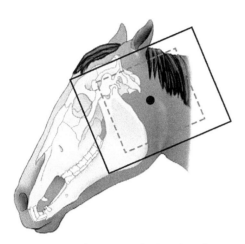

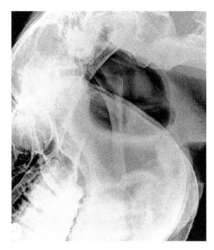

图 4-10  喉囊、喉、咽侧位摆位示意图           图 4-11  喉囊、喉、咽侧位 X 线片

## 三、牙齿（上颌骨和下颌骨）

侧斜位（lateral craniocaudal oblique view）

线束中心：被检部位。

因为与对侧齿弓重叠，所以常规的侧位和腹背位难以看到牙齿，为了使需要拍摄的齿弓分开，应拍摄斜位片。

患病动物的摆位同侧位一样，片盒紧贴被检处的侧面。片盒垂直于地面，X 线束成一定角度。为了显示上颌的牙齿，X 线管向下与地面约呈 30° 角，线束中心位于被检牙齿。检查下颌的牙齿时，X 线管向上与地面约呈 45° 角，线束中心位于病变区（图 4-12）。

切齿的投照需要将片盒放在嘴里，X 线管位于头的上面或下面取得相应投照。X 线束的中心位于被检部位。咬合位 X 线摄影需要对动物进行镇静（图 4-13）。

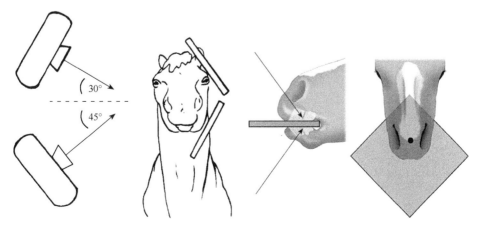

图 4-12  臼齿侧斜位摆位示意图           图 4-13  切齿咬合位摆位示意图

## 四、颈椎

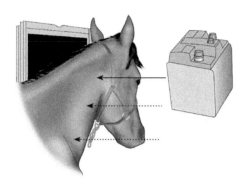

图4-14 颈椎侧位摆位示意图

侧位（lateral view）

在多数情况下，拍摄颈椎时，患病动物站立即可（图4-14），但X线机的输出量要足够大。由于患病动物的体型较大，颈椎可分为3个区域投照：①颅底部、C1、C2和C3；②C3、C4和C5；③C5、C6和C7。或根据临床需要分为4个区域（图4-15～图4-18）。

线束中心：区域1，C1和C2颈椎间隙；

区域2，C3和C4颈椎间隙；

区域3，C4和C5颈椎间隙；

区域4，C6和C7颈椎间隙。

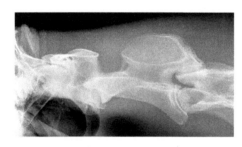

图4-15 颈椎（C1、C2）侧位X线片

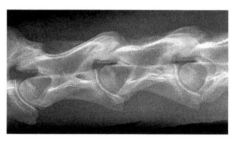

图4-16 颈椎（C3、C4）侧位X线片

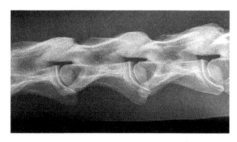

图4-17 颈椎（C4、C5）侧位X线片

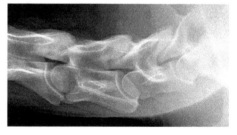

图4-18 颈椎（C6、C7）侧位X线片

片盒放在颈椎一侧，X线管位于对侧，X线束与片盒垂直。（注意：颈椎是沿颈部的腹侧排列的，经常会由于X线束的中心太靠背侧而"漏掉"颈椎。）

（张　伟，马少朋）

# 第三节　四肢骨检查

## 一、远指（趾）节骨（蹄骨）

### （一）侧位（lateral view）

线束中心：冠状带下的蹄壁上。

　　将患病动物的蹄子放在木墩上，抬高至 X 线中心束能水平投照蹄骨的位置。要尽量将蹄子置于木墩的边缘，以便片盒尽可能地贴近蹄子的内侧面（图 4-19，图 4-20）。肢—胶片距离必须要最小。为了防止运动，辅助人员要在腕部之上抓住被检肢，或将对侧肢抬起，使被检肢完全负重。片盒放在蹄子的内侧，直接放在地上，或卡在木墩的槽里。拍摄范围包括整个蹄子。（注意：该摆位也可检查外侧舟状骨。此时，线束中心在冠状带的掌侧面。）

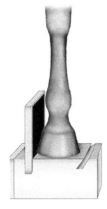

图 4-19　远指（趾）节骨侧位摆位示意图

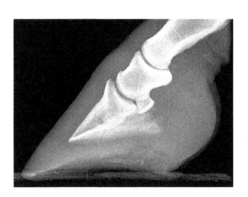

图 4-20　远指（趾）节骨侧位 X 线片

## （二）背掌／背跖位（dorsopalmar/dorsoplantar view）

　　线束中心：冠状带下的蹄骨中部。

　　将患病动物的蹄子放在木墩上，抬高至水平 X 线中心束的位置。蹄踵部应该处于木墩或片盒槽的边缘。片盒位于蹄子后方，直接垂直放在地面上或置于木墩上的槽内（图 4-21，图 4-22）。将对侧肢提起，使被检肢完全负重。这样会减少运动的可能性。拍摄范围包括整个蹄子。

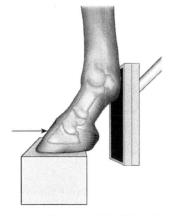

图 4-21　远指（趾）节骨背掌／背跖位
摆位示意图

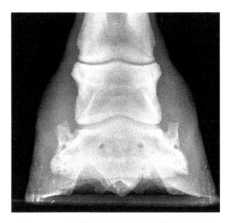

图 4-22　远指（趾）节骨背掌／背跖位
X 线片

（三）背掌／背跖斜位（dorsopalmar/dorsoplantar oblique view）

线束中心：冠状带下蹄壁中点。

将片盒置于片盒套内，然后把患病动物的蹄子放在片盒套上面。蹄子位于片盒中心，这样投照范围会包含整个蹄子和蹄骨（图4-23，图4-24）。操作时可能需要将对侧肢提起，使被检肢负重。X线管与地面呈45°角，指向蹄壁。［注意：该摆位也可检查舟状骨。由于舟状骨与第二指（趾）骨重叠，需要更高的曝光条件才能显示这个区域，并与水平面呈65°投照。］

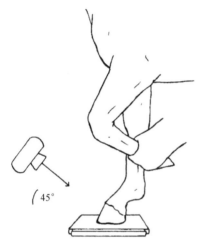

图4-23 远指（趾）节骨背掌／背跖斜位摆位示意图

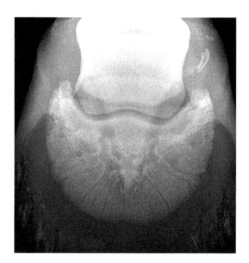

图4-24 远指（趾）节骨背掌／背跖斜位X线片

## 二、舟状骨

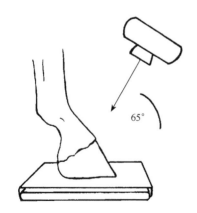

图4-25 患病动物站在片盒套上，舟状骨背掌斜位摆位示意图

（一）背掌／背跖斜位（dorsopalmar/dorsoplantar oblique view）

线束中心：冠状带上第二指（趾）骨中心。

患病动物的蹄子应放在装有片盒的片盒套上或带特殊设计的凹槽能固定蹄子的木墩上（图4-25，图4-26）。患病动物站在片盒上时，X线束以65°角朝向第二指（趾）骨的中部。使用木墩时，蹄尖放在槽内，蹄背侧壁垂直于地面，片盒放在蹄踵后的片盒槽内，对侧肢必须承担动物的大部分体重。X线束水平投照，投照范围包括第二和第三指（趾）骨。当蹄以垂直姿势放在木墩上时，舟状骨以45°～65°投射在X线片上（图4-27）。

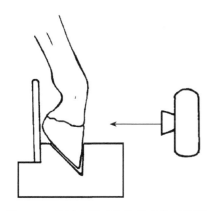

图 4-26　使用木墩时舟状骨背掌斜位摆位示意图

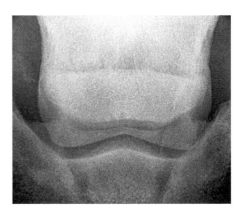

图 4-27　舟状骨背掌斜位 X 线片

## （二）屈肌位（flexor view）

线束中心：蹄踵球中部。

患病动物的蹄子放在装有片盒的片盒套上（图 4-28，图 4-29）。可能的话，患病动物轻微向后站，使球节处于伸展状态，在这种姿势下，第一指（趾）骨几乎垂直于地面，可以很好地显示舟状骨。X 线管位于蹄子正后方，与地面呈近 45° 角。在这种摆位下，X 线管紧贴肢端后方，工作人员务必要小心。

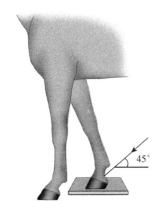

图 4-28　舟状骨屈肌位的摆位示意图

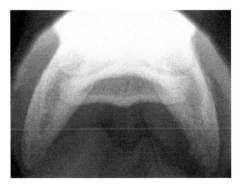

图 4-29　舟状骨屈肌位的 X 线片

当把 X 线管置于马的腹下拍摄前肢舟状骨时，需要减小 X 线源至接收器的距离（source to image receptor distance，SID）。

## 三、近指（趾）节骨

### （一）侧位（lateral view）

线束中心：被检部位。

将患病动物的蹄子放在木墩上，使其轻微抬离地面。片盒紧贴蹄内侧面放置，并垂直于地面。被检肢负重（图 4-30，图 4-31）。必要时，抬起对侧肢消除运动。X 线束水平投照，朝向指（趾）骨。投照范围包括第一和第二指（趾）骨。

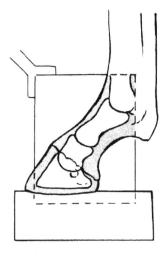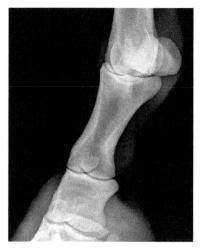

图 4-30　近指（趾）节骨侧位摆位示意图　　　图 4-31　近指（趾）节骨侧位 X 线片

## （二）背掌 / 背跖位（dorsopalmar/dorsoplantar view）

线束中心：被检部位。

患病动物的被检查肢负重。片盒平行于指（趾）骨，放置于肢后方（图 4-32，图 4-33）。为了减少运动，可能需要抬高对侧肢。根据蹄角度和片盒位置，可能需要使 X 线管与地面呈 30°～45°角。X 线束必须与片盒垂直。投照范围包括第一和第二指（趾）骨。

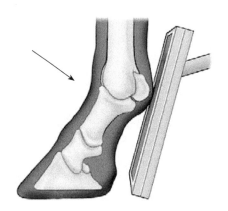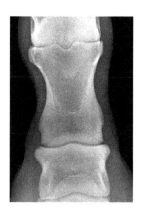

图 4-32　近指（趾）节骨背掌位摆位示意图　　　图 4-33　近指（趾）节骨背掌位 X 线片

## 四、系关节

### （一）背掌 / 背跖位（dorsopalmar/dorsoplantar view）

线束中心：穿过关节，与片盒垂直。

患病动物正常站立姿势，片盒放在蹄子后的地面上，紧靠指（趾）的掌侧或跖侧面（图 4-34，图 4-35）。如果需要控制患病动物，可将对侧肢抬起。投照范围包括整个系关节及系关节近端和远端的部分骨骼。（注意：X 线束向下轻度倾斜投照，可减少籽骨与系关节面的重叠。）

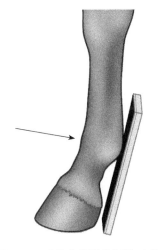
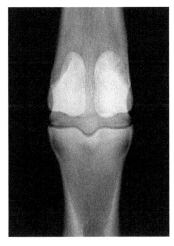

图 4-34 系关节背掌位摆位示意图　　图 4-35 系关节背掌位 X 线片

（二）侧位（lateral view）

线束中心：穿过关节，与片盒垂直。

患病动物正常站立姿势，片盒紧贴被检肢内侧放置在地面上。片盒要与地面垂直（图 4-36，图 4-37）。如果需要控制患病动物，可将对侧肢抬起。投照范围包括整个系关节及系关节近端和远端的部分骨骼。

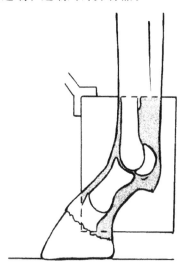
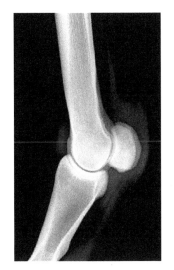

图 4-36 系关节侧位摆位示意图　　图 4-37 系关节侧位 X 线片

（三）屈曲侧位（flexed lateral view）

线束中心：穿过关节，与片盒垂直。

将被检肢抬高，屈曲系关节。抓持蹄子的辅助人员必须穿戴铅手套和围裙。片盒紧贴关节内侧面放置，片盒必须与地面垂直（图 4-38，图 4-39）。被检肢位于患病动物的身体下面，不能外展。X 线束与地面平行水平投照，朝向片盒。投照范围包括整个系关节及关节近端和远端的部分骨骼。原线束要瞄准系关节，使辅助人员的手不被照射。

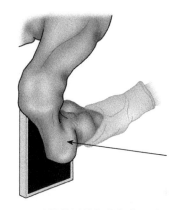

图 4-38 系关节屈曲侧位摆位示意图

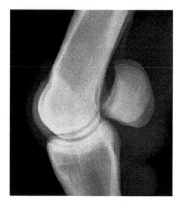

图 4-39 系关节屈曲侧位 X 线片

## （四）斜位（外侧和内侧）[ oblique views（lateral and medial）]

线束中心：通过关节中心，与关节背中线呈 30°～45° 角。

患病动物正常站立姿势。根据需要，X 线管与蹄背中线的任何一侧呈 30°～45° 角倾斜（图 4-40，图 4-41），X 线管的倾斜角度因动物和被检区而异。片盒放在蹄掌侧或跖侧的地面上，片盒要与 X 线束垂直。系关节的这个摆位可看到被检肢掌 / 跖侧的内、外侧籽骨。投照范围包括整个系关节及关节近端和远端的部分骨骼。

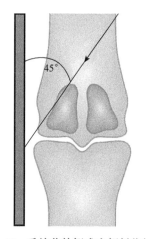

图 4-40 系关节外侧或内侧斜位摆位
示意图

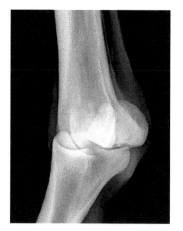

图 4-41 系关节外侧或内侧斜位
X 线片

## 五、掌骨 / 跖骨

### （一）背掌 / 背跖位（dorsopalmar/dorsoplantar view）

线束中心：掌骨或跖骨中点。

动物呈正常站立姿势，被检肢负重。片盒紧贴该肢掌侧或跖侧面放置，与地面垂直（图 4-42，图 4-43）。X 线束与地面平行，垂直于片盒。片盒要足够大，投照范围包括掌骨或跗骨两端的关节。

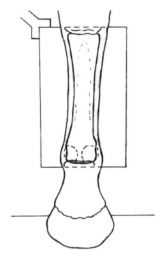 

图 4-42 掌骨背掌位摆位示意图　　图 4-43 掌骨背掌位 X 线片

（二）侧位（lateral view）

线束中心：掌骨或跗骨中点。

动物自然负重站立，片盒靠肢内侧放置（图 4-44，图 4-45），并垂直于地面。X 线管置于外侧，X 线束垂直于片盒。片盒要足够大，投照范围包括掌骨或跗骨两端的关节。

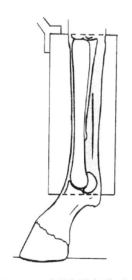 

图 4-44 掌骨侧位摆位示意图　　图 4-45 掌骨侧位 X 线片

（三）斜位（外侧和内侧）[oblique views（lateral and medial）]

线束中心：掌骨/跗骨中部，端正的背掌/背跗位外侧或内侧近 45°处。

为了不遮挡马条状骨（第2和第4掌骨／跖骨）的检查，需要拍摄斜位片。患病动物正常站立，被检肢负重。片盒放在被检肢掌侧或跖侧面的内侧或外侧（图4-46，图4-47）。显示外侧条状骨时，片盒要在内侧近45°角放置；显示内侧条状骨时，片盒要在外侧近45°角放置。投照范围包括掌骨或跖骨及其两端的关节。

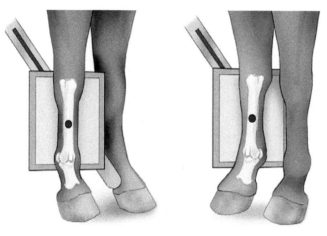

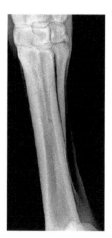

图 4-46　掌骨斜位摆位示意图

图 4-47　掌骨斜位
X 线片

## 六、腕关节

### （一）背掌位（dorsopalmar view）

线束中心：端正的背掌面上的腕关节中心。

患病动物正常站立姿势，被检肢完全负重。片盒紧贴腕关节的掌侧面放置，并与地面垂直（图4-48，图4-49）。为了消除患病动物的运动，可根据需要抬起对侧肢。X线束垂直于片盒，投照范围包括整个腕关节及其两端的部分骨骼。确定端正的背掌位的有效方法是从蹄踵壁中点到桡骨画一条虚拟线，线束的中心位于虚拟线上。

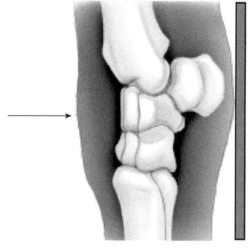

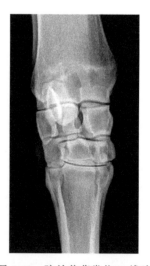

图 4-48　腕关节背掌位摆位示意图

图 4-49　腕关节背掌位 X 线片

## （二）侧位（lateral view）

线束中心：腕关节中部的肢外侧面。

患病动物正常站立姿势，被检肢完全负重。片盒紧贴腕关节内侧，并与地面垂直（图 4-50，图 4-51）。X线束与片盒垂直。投照范围包括整个腕关节及其两端的部分骨骼。

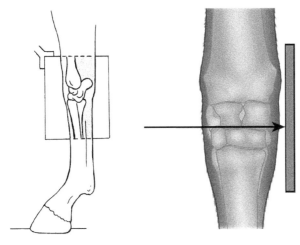 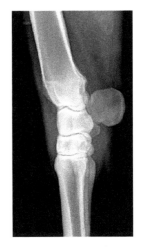

图 4-50　腕关节侧位摆位示意图

图 4-51　腕关节侧位
X线片

## （三）屈曲侧位（flexed lateral view）

线束中心：腕关节中部的肢外侧面。

抬起被检肢，腕关节屈曲。抓持被检肢的辅助人员要穿戴好铅服和铅手套，并且位于原射线范围之外。片盒紧贴腕关节的内侧，并与地面垂直（图 4-52，图 4-53）。为了防止肢外展，应保持腕关节直接位于身体下面。X线束垂直于片盒，投照范围包括整个腕关节及其两端的部分骨骼。

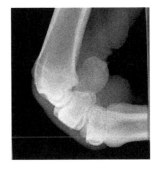

图 4-52　腕关节屈曲侧位
X线片

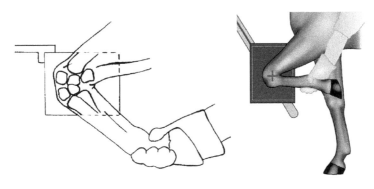

图 4-53　腕关节屈曲侧位摆位示意图

## （四）斜位（外侧和内侧）［oblique views（lateral and medial）］

线束中心：穿过腕关节中心，与关节背中线大约呈45°角。

患病动物正常负重站立。片盒紧贴腕关节的掌侧面，朝向内侧或外侧。片盒垂直于地面，腕关节位于片盒的中心（图4-54，图4-55）。X线束垂直于片盒，投照范围包括整个腕关节及其两端邻近的部分骨骼。

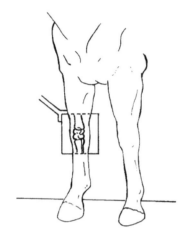 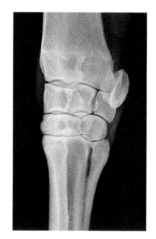

图4-54　腕关节斜位摆位示意图　　　　图4-55　腕关节斜位X线片

## （五）轴位（skyline view）

线束中心：穿过被检列腕骨。

抬起被检肢，使腕关节屈曲，掌骨与地面平行。片盒紧贴近端掌骨区的背侧面放置（图4-56，图4-57），并尽可能与地面平行。X线束指向腕关节的背侧面。根据检查时腕骨的排列，X线束的角度各异。为了显示近列腕骨的状况，X线束要接近垂直于片盒。为了显示远列腕骨，X线束要与片盒呈30°～65°角。投照范围包括腕关节的顶部。

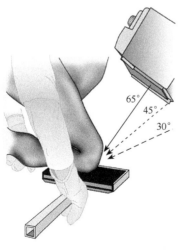 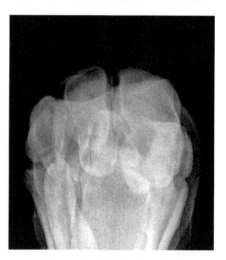

图4-56　腕关节轴位摆位示意图　　　　图4-57　腕关节轴位X线片

## 七、跗关节

### （一）背跖位（dorsoplantar view）

线束中心：端正的背跖面的跗关节中心。

动物正常站立，被检肢负重，肢轻度外旋，使X线管不需要直接位于身体下方。片盒紧贴跗关节的跖侧放置，并垂直于地面（图4-58，图4-59）。围绕大动物的后肢工作时必须要非常小心，永远不要直接站在动物的正后方。当抓持片盒时，应站在被检动物侧面。X线束垂直于片盒，投照范围包括整个跗关节及其两端邻近的部分骨骼。确定端正的背跖位的有效方法是从蹄踵壁中点到胫骨画一条虚拟线，线束的中心位于虚拟线上。

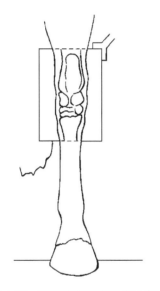

图 4-58　跗关节背跖位摆位示意图

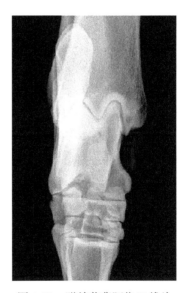

图 4-59　跗关节背跖位 X 线片

### （二）侧位（lateral view）

线束中心：跗关节中部，距跟结节 10cm 处。

患病动物正常站立，片盒紧贴跗关节内侧面放置，并垂直于地面（图4-60，图4-61）。跗关节位于片盒的中央，X线束垂直于片盒。投照范围包括整个跗关节及其两端邻近的部分骨骼。

跗关节的另一种侧位投照还可以将跗关节提起并屈曲，X线束的方向与背跖位相同，这个摆位可更好地显现胫距关节。

### （三）斜位（外侧和内侧）[oblique views（lateral and medial）]

线束中心：跗关节中部，距跟结节 10cm 处。

患病动物按正常姿势负重站立。片盒紧贴跗关节跖侧面的内侧或外侧放置（图4-62，图4-63）。X线管置于被检肢的前面，X线束与背中线外侧或内侧约呈45°角。投照范围包括整个跗关节及其两端的部分骨骼。

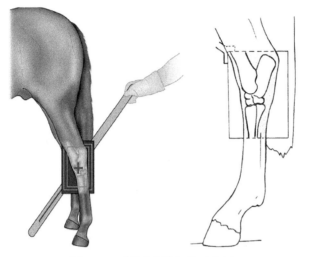 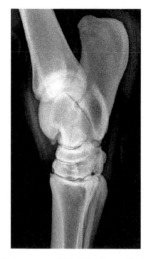

图 4-60　跗关节侧位摆位示意图　　　　　图 4-61　跗关节侧位 X 线片

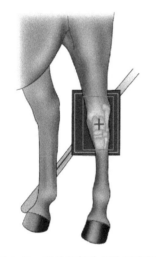 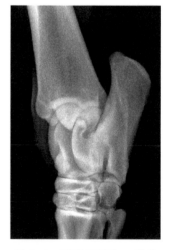

图 4-62　跗关节斜位摆位示意图　　　　　图 4-63　跗关节斜位 X 线片

## 八、肘关节

（一）前后位（craniocaudal view）

线束中心：肘关节前面的中心点。

患病动物站立时，因肘关节的近端位于体壁腹侧，难以进行 X 线检查。建议患病动物全身麻醉，麻醉后侧卧，被检肢外展，拉离体壁进行 X 线摄影。

如患病动物站立时，患肢应尽可能向前伸展，在肘后将片盒的长边紧压在胸壁上（图 4-64，图 4-65）。当把片盒压入肋部时，肘内侧部分应在投照范围内。X 线束穿过关节的前面，垂直于片盒，投照范围包括整个肘关节。

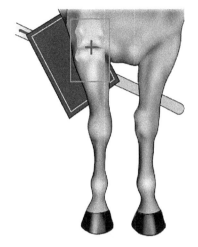

图 4-64　肘关节前后位摆位示意图

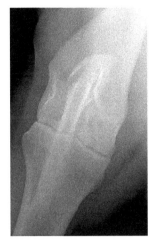

图 4-65　肘关节前后位 X 线片

## （二）侧位（lateral view）

线束中心：肘关节中心。

被检动物站立，被检肢尽可能向前伸展，为了完全伸展，应该抬高被检肢，并向前牵拉，这个体位投照的成功与否取决于肢体的伸展程度。片盒紧贴肢体的外侧面，肘关节位于片盒的中央（图 4-66，图 4-67）。片盒与地面垂直，X 线束水平穿过肘内侧。投照范围包括整个肘关节。

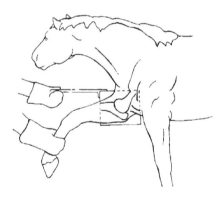

图 4-66　肘关节侧位摆位示意图

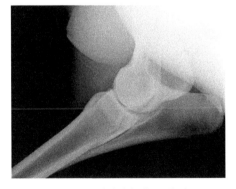

图 4-67　肘关节侧位 X 线片

## 九、肩关节

侧位（lateral view）

线束中心：肩关节。

为了对肩关节进行良好的投照，推荐进行全身麻醉，使动物侧卧。由于全身麻醉并非任何情况都适用，如果患病动物能够配合对被检肢进行必要的操作，也可进行站立侧位投照。动物站立时，抬起患肢，并向前牵拉，使肩关节远离体壁。片盒紧贴肩关节外侧面。X 线束水平指向关节的内侧，与片盒垂直（图 4-68，图 4-69）。投照范围包括整个肩关节。

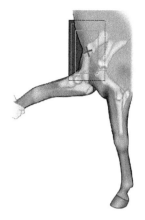

图 4-68　肩关节侧位摆位示意图

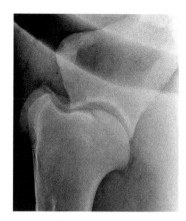

图 4-69　肩关节侧位 X 线片

## 十、膝关节

### （一）后前位（caudocranial view）

线束中心：膝关节，距髌骨约 10cm。

由于膝关节周围组织比较厚，X 线投照比较困难；又由于股部肌肉较深，后前位投照显示的关节以上的区域很少。

患病动物自然站立，X 线管位于膝关节后方。如果患病动物配合检查，被检肢向后伸展，呈后踏步负重姿势（图 4-70，图 4-71）。肢体伸展有助于片盒的放置。片盒放在膝关节的前面，使片盒的长边斜靠在体壁上，X 线束与片盒垂直。投照范围包括整个膝关节。

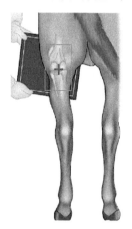

图 4-70　膝关节后前位摆位示意图

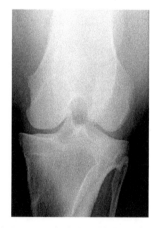

图 4-71　膝关节后前位 X 线片

大动物对身体膝关节周围区域比较敏感，因此必须非常小心，如果动物变得焦躁不安，抓持片盒的辅助人员和放置 X 线管的放射技师必须时刻准备跑开。为了减少动物的运动和被踢的危险，可将对侧肢提起使患肢负重；强烈推荐进行镇静。

### （二）侧位（lateral view）

线束中心：膝关节，距髌骨约 10cm 处。

患病动物自然站立，旋转片盒，小心地贴近膝关节内侧，轻轻用力，使片盒的一个边尽可能插入胁腹部（图4-72，图4-73）。大多数患病动物反感这种做法，为了减少动物的运动，有时可根据需要抬高对侧肢。X线管位于膝关节外侧，X线束垂直指向片盒。投照范围包括整个膝关节。

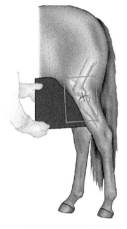
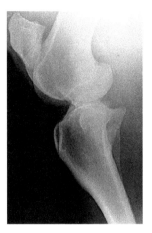

图4-72 膝关节侧位摆位示意图　　　　　　图4-73 膝关节侧位X线片

## 十一、骨盆

腹背位（ventrodorsal view）

线束中心：被检处。

大动物骨盆腹背位X线摄影需要全身麻醉保定。由于骨盆较厚，建议使用滤线栅和大功率X线机，如可移动式或悬挂式机器。

患病动物仰卧，后肢屈曲，呈"蛙腿式"（图4-74，图4-75）。片盒放在动物身体下方，骨盆位于片盒的中央。根据具体情况可能需要分2～3部分进行曝光，如果需要多次投照，应该用笔或胶带标明每个中心点，标明中心点有助于判断先前的曝光区。X线管位于骨盆腹侧区域，线束中心在片盒上。如果X线机的输出足够大，可使用5：1交叉滤线栅。

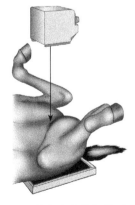
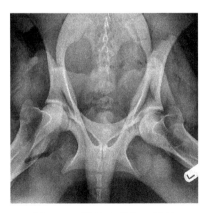

图4-74 骨盆腹背位摆位示意图　　　　　图4-75 骨盆腹背位X线片

（张　伟，苏咏梅，司庆生）

# 第四节　其他部位检查简述

只要有特殊的高输出设备，身体的其他部位，如胸部、腹部和胸椎，也可以进行X线摄影。对这些部位的摄影通常仅限于专业性很强的动物医院。

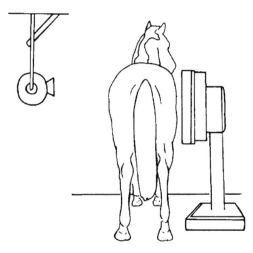

图 4-76　胸部侧位摆位示意图

## 一、胸部

由于大动物的体型大，胸部通常分4个区域拍摄：①前背部侧位；②后背部侧位；③前腹部侧位；④后腹部侧位。胸部X线摄影时，患病动物站立。片盒要放置在一个直立固定的机械持片盒架上，由于要使用高千伏投照，因此这种持片盒架要装配滤线器。在动物到达所需位置前，要先将X线束的中心对准滤线器。X线源至接收器的距离通常增加到2m。片盒要尽量靠近患病动物的一侧（图4-76）。后背部区域也可以用低功率机器、短SID及高速增感屏进行拍摄。

## 二、腹部

腹部X线摄影所需的设备和准备工作同胸部投照。腹部投照时，患病动物也可采用站立姿势。推荐分区域拍摄一系列的X线片，一般从前腹侧开始，一直到后背侧。

## 三、胸椎

拍摄胸椎背侧的棘突时，使用低功率机器即可。如果要检查胸椎的腹侧部分，为了穿透这个区域厚的组织，需要增加曝光条件。只要有高输出的X线机和滤线栅，就能拍出理想的胸椎的X线片。患病动物保定的姿势同拍摄胸片时一样，但X线束的中心位于胸椎。

（张　伟）

# 第五章 超声诊断技术

## 【本章术语】

二维灰阶　二维图像　多普勒图像　彩色血流成像　彩色能量成像　扫查途径扫查模式　伪像

## 【操作关键技术】

1. 检查前患病动物的准备。
2. 根据具体检查的组织和器官选择合适的患病动物体位、扫查部位和扫查方法。
3. 掌握在多个不同部位，从不同方向和角度扫查时遵循的原则。
4. 掌握基本扫查断面、声像图方位识别技巧和声像图的分析方法。
5. 学会对身体组织回声的强度进行分级，以反映正常或病变组织的回声规律及其声像图特征。
6. 掌握各种超声伪像的原因及预防措施。

超声医学的飞速进展已经使许多新技术不但很快应用于兽医临床，而且性能越来越完善，普及速度越来越快，大城市的宠物医院基本普及了超声诊断仪。组织谐波成像、超声造影、三维成像、弹性成像等新技术集成许多高端超声诊断仪器，但是，常规二维声像图诊断技术依然是兽医超声影像医学的主体，因此，超声兽医师必须掌握正确的扫查方法，熟悉正常声像图及其变异，识别超声伪像及相关限制。此外，坚实而宽泛的兽医学基础和临床知识、正确的诊断思维也是得出正确超声诊断结论所必需的。

# 第一节　超声检查适应证

随着超声诊断仪功能的不断提升，探头技术的进步，超声工作者经验的积累，超声检查的应用范围迅速扩大。目前，超声诊断几乎覆盖了全身各部位，只是对于有些部位和器官，超声诊断是首选的影像检查方法。超声检查的适用部位和适应证很多，如各种涎腺、甲状腺、心脏、肝脏、胆囊、肾脏、泌尿生殖系统、浅表淋巴结、外周血管等；而有些部位器官超声检查的适应证较少，如骨髓、肺、胃肠道、脑等。在某些特殊情况下，超声是最便捷而有效的辅助工具，如介入性超声、术中超声等。可以说只要超声束能传播的部位，几乎都是超声检查的范围，这些部位的病变都是超声检查的适应证。

## 一、常规超声

常规超声是兽医临床中最常用且有效的超声诊断技术，可以应用于多数组织和器官病变的诊断。例如，①实质性器官的急、慢性炎症，肿大，纤维化等弥漫性疾病；②组织和器官的局限性炎症、囊肿、结石、异物、肿瘤、外伤等，以及空腔脏器穿孔等疾病；③腹腔、胸腔、心包腔等组织和器官的体腔积液诊断；④早孕、胎儿发育评估或畸形诊断、胎盘或羊水异常等；⑤各种先天性心脏病、瓣膜病、心内膜炎、冠心病、心肌病、心包疾病、心脏肿瘤等；⑥动脉血管硬化斑块、狭窄或闭塞、动脉瘤、动静脉畸形、血栓、创伤等。

## 二、介入性超声诊断或治疗

介入性超声技术作为现代超声医学的一个分支，是在超声显像基础上为进一步满足临床诊断和治疗的需要而发展起来的一门新技术。其主要特点是在实时超声的监视或引导下细针穿刺，直接到达病灶区域，抽吸囊液或者注入药物，使囊肿萎缩消失，腺肌瘤或肌瘤经过注药瞬间变性坏死，萎缩，最终纤维化，临床症状随之缓解，可以避免某些外科手术，达到与外科手术相同的效果。

介入性超声诊断或治疗的优点：①因在实时动态监视下穿刺，可提高准确性；②合并症少，相对较安全；③由于在实时动态监视下穿刺，对小的病灶和移动性大的器官穿刺不受影响，可同步显示穿刺过程的体内情况；④操作简便迅速，费用低，反复性强，实用价值高；⑤超声设备便于移动，必要时可在床边进行穿刺。

介入性超声诊断或治疗的适应证：①超声引导下穿刺抽吸细胞学检查或组织学活检；②超声引导经皮穿刺囊肿或脓肿抽液、置管引流等；③超声导向肿瘤消融治疗（化学、物理）、局部注药等；④穿刺造瘘、造影等。

## 三、术中超声

术中超声是在超声显像基础上为进一步满足临床外科诊断和治疗的需要而发展起来的一门新技术，已发展成为超声医学的一个重要分支。术中超声逐渐成为手术中不可缺少的辅助手段，广泛应用于普外科、神经外科、心脏外科、妇产科手术等领域。

术中超声具有实时、方便灵活、安全无创、定位准确、费用低廉、可反复检查等优点，可为术者提供更加准确、清晰的立体图像，帮助术者了解病变的空间位置关系，术中超声已经发展成为指导手术、协助手术决策甚至协助治疗不可缺少的重要工具。

介入性超声诊断或治疗的适应证：①定位或寻找小病灶；②引导切除，如颅脑、肝内深部小病灶的切除；③活体肝移植时供体肝的监视切除；④体表或经食管超声引导球囊扩张术、分流封堵或栓堵术、支架或滤器置入术等；⑤手术效果的即刻评估，如血管吻合后是否通畅，置入物位置是否正确，功能是否有效等。

## 四、器官功能评价

除了上述应用外，超声检查还可应用于器官的功能评价。例如，①心脏功能评价（包括负荷试验）；②胆囊收缩功能评价；③胃肠蠕动功能的观察；④肌肉的收缩功能；⑤利用超声造影时间强度曲线评价器官的血流灌注；⑥利用超声弹性成像技术获取实质性器官或病变的相对硬度信息，以增加诊断信息。

（高光平）

# 第二节　超声探头的分类及其临床应用

随着微电子技术、高分子聚合物材料的迅速发展，超声探头的材料性能、制作工艺都有了很大改进和提高，为获得高质量的实时超声成像提供了技术支持和保证。

## 一、超声探头的分类

医用超声探头是各型超声诊断仪将高频电能转换为超声机械能向外辐射，并接收超声回波将声能转换为电能的一种声—电转换器件。超声探头在各类超声诊断设备中占有非常重要的位置，其性能的优劣直接影响成像的质量。超声诊断仪所配用探头中的换能器基本都是采用压电陶瓷材料，所以超声探头一般又称为压电换能器。

超声探头可以从以下不同方面来分类：①按诊断部位分类，有眼科探头、心脏探头、腹部探头、颅脑探头、腔内探头和幼龄动物探头等；②按应用方式分类，有体外探头、体内探头、穿刺活检探头等；③按探头中换能器所用振元数目分类，又有单振元探头和多振元探头；④按波束控制方式分类，则有线扫探头、相控阵探头、机械扇扫探头和方阵探头等；⑤按探头的几何形状分类（这是一种惯用的分类方法），则有矩形探头、柱形探头、弧形探头（又称凸形）、圆形探头等。以下仅就最常见的典型探头加以介绍。

### （一）柱形单振元探头

柱形单振元探头主要用于 A 超和 M 超，又称笔杆式探头。目前在经颅多普勒及胎心监护仪器中也用此探头。振元直径的大小主要影响超声场的形状，一般来说，振元直径大，声束的指向性好，并易于聚焦；当然，当声窗受限制时，只能使用较小的振元。通常振元直径在 5~30mm 选定。

### （二）机械扇扫超声探头

机械扇扫超声探头配用于扇扫式 B 型超声诊断仪，它是依靠机械传动方式带动传感器往复摇摆或连续旋转来实现扇形扫描的。利用机械扫描实现超声影像的实时动态显示，是 20 世纪 70 年代后期才趋于成熟的一项技术。

机械扇扫超声探头除换能器声学特性的基本要求之外，还应满足以下要求：①保证探头中的压电振子做 30 次 /s 左右的高速摆动，摆动幅度应足够大；②摆动速度应均匀稳定；③整体体积小、质量轻，便于手持操作；④外形应适合探查的需要，并能灵活改变扫查方向；⑤机械振动及噪声应小到不致引起患病动物的紧张和烦躁。

目前来看，机械扇扫探头主要存在的不足之处是噪声大和探头寿命短。多数的机械扇扫探头寿命仅有数千小时。目前，机械扇扫探头的生产已越来越少，大有被电子凸阵及相控阵超声探头取代的趋势。

### （三）电子线阵超声探头

电子线阵超声探头配用于电子式线性扫描超声诊断仪，通过依次触发压电陶瓷阵列中的阵元来实现扫描，探测所显示图像为等宽平面；换能器工作时无机械噪声和微震感。

### （四）电子凸阵超声探头

凸阵探头的结构与线阵探头相类似，只是振元排列成凸形，但相同振元结构凸形探头的视野要比线阵探头大。由于其探查视场为扇形，故对某些声窗较小的脏器的探查比线阵探头更为优越，比如检测骨下脏器，有二氧化碳和空气障碍的部位更能显现其特点；但凸形探头波束扫描远程扩散，必须给予线插补，否则线密度低将使影像清晰度变差。

（五）相控阵超声探头

相控阵超声探头可以实现波束扇形扫描，因此又称为相控电子扇扫探头，它配用于相控阵扇形扫描超声诊断仪。相控阵超声探头外形及内部结构与线阵探头颇有相似之处。它具有机械扇扫超声探头的优点，可以通过一个小的"窗口"，对一个较大的扇形视野进行探查。

## 二、超声探头的临床应用

超声探查过程中的探头选择实际上是指探头类型和频率的选择。一般来说，不论是多晶探头还是单晶探头，一个探头只能发射一种频率的超声波。探头的这一特性是由其特定的压电晶片的特性所决定的。探查者想要改变探查频率就必须改换探头。

有些多晶探头能发射多种频率的超声波，但其中的每一个压电晶片只能发射一种频率。这类探头对早期静止结构显现力较差，但可在不变换探头的情况下对某一病变进行多层面显示，提高图像分辨力。选择或改变其频率时，先用高频，再转换成低频。

选择探头频率主要依赖于临床实践经验，初学者可依照以下数据选择：小型犬（小于 10kg）用 7.5MHz 或 10MHz 探头，中型犬用 5MHz 探头，大型犬用 3MHz 或更低频率的探头；转换探头还应该参照探查目标的深度选择频率。探测浅表部位的组织或病灶时，应尽可能选用高频探头，探测较深部位的组织或病灶时应在保证探测深度的情况下尽可能选用高频探头。其他影响超声图像分辨力的因素有超声脉冲宽度、声束直径及监视屏解像度。检查者不能改变这些参数。

以下仅就最常见器官检查时的探头选择加以简要介绍。

（1）经颅超声检查　选用相控阵或机械扇扫超声探头，频率≤2MHz；宽频探头应具备谐波技术。

（2）眼超声检查　选用电子线阵超声探头，频率为 5～12MHz 或 6～18MHz。

（3）颈部超声检查　选用电子线阵超声探头，频率为 5～12MHz。

（4）心脏超声检查　选用相控阵或机械扇扫超声探头，频率为 2～5MHz；选用矩阵探头（二维阵元探头）用于实时心脏三维成像，频率为 1～5MHz。

（5）腹部超声检查　选用电子凸阵超声探头，频率为 2～6MHz；选用 1.5 维阵元探头，频率为 2～5MHz。

（6）妇产科及盆腔超声检查　选用电子凸阵超声探头，频率为 2～5MHz；选用容积凸阵超声探头，频率为 2～5MHz；选用小半径电子凸阵超声探头，频率为 5～9MHz。

（7）浅表组织、器官及外周血管超声检查　选用电子线阵超声探头，频率为 5～12MHz 或 3～8MHz。

（8）腔内超声检查　选用专用腔内超声探头（小半径电子凸阵），频率为 5～9MHz 或 3～8MHz。

（9）血管内超声检查　选用电子相控阵或机械扇扫超声探头，频率为 20～40MHz。

（10）术中超声检查　选用电子"T"线阵或"T"微凸阵超声探头，频率为5~9MHz。

（观　飒，王国辉）

# 第三节　超声诊断仪控制面板的操作和调节

超声诊断仪主机面板常显示有可供选择的技术参数，如输出强度、增益、延时、深度和冻结等。

## 一、系统通用控制功能

### （一）系统特性

**1. 扫描方式**

可设定为电子线阵扫描、电子凸阵扫描、电子扇形扫描、机械扇形扫描、相控阵扇形扫描、环阵相控扫描等。

**2. 显示方式**

可设定为 B 型（灰阶二维）、B/M 型、M 型、Doppler 型、B/Doppler 型、M/Doppler 型、彩色二维及彩色 M 型、三功同步型（三功能显示模式）或四功同步型（四功能显示模式）等。

**3. 灵敏度控制**

（1）增益　调节各型图像的接收增益，顺时针旋转控制键可提高增益；逆时针旋转控制键则降低增益。接收增益（gain）是对探头接收信号的放大，其值越大，图像的相对亮度就越大，但同时噪声信号也会被同时显示出来。所以要有一个适当的值，通常以放在中间位置为佳，其值的调节要与发射功率及时间增益补偿（time-gain compensation，TGC）的调节联系起来考虑。

（2）功率输出　调节超声功率输出，按压此控制键增加或减少声功率输出；可由热力指数和机械指数值的增减反映。发射声功率（transmit power）可优化图像并允许用户减少探头发射声束的强度，在0~100%可调，通常调节时屏幕同时显示软组织热力指数（thermal index of soft tissue，TIS）和机械指数（mechanical index，MI）。功率越大，穿透力越强，但是图像也会显得越粗（注意：产科检查及眼睛检查值应越低越好）。

（3）时间增益补偿　与深度对应，可分段调节，滑动控制。每处滑动控制调节特定深度的二维和 M 型图像、接收增益。当滑动控制设在中央时，将全部图像指定一均匀的增益默认曲线。屏幕上 TGC 曲线不对应于 TGC 滑动控制线位置。彩色多普勒图像和彩色能量成像不受 TGC 滑动控制的影响。

（4）帧率或帧频　又称帧数，是在单位时间内成像的幅数，即每秒成像的帧数。按压下标键和此键可改变二维图像帧数，确保系统不在冻结状态。当系统处于冻结状态时，不能改变余辉、动态范围或帧率（frame rate）。帧数越多，图像越稳定而不闪烁，但帧数受到图像线密度、检查脏器深度、声速、扫描系统制约。帧频调节可以优化 B 模式的时间分辨力或空间分辨力，以得到更佳的图像。

时间分辨力和空间分辨力二者是矛盾的，其一值为高，另一值则为低。目前，高档彩色多普勒超声诊断仪要求：电子扇形探头（宽频或变频），85°、18cm 深度时，在最高线密度下，帧率≥60f/s；而在彩色血流成像方式下，85°、18cm 深度时，在最高线密度下，帧率≥15f/s。电子凸阵探头（宽频或变频），全视野、18cm 深度时，在最高线密度下，帧率≥30f/s；而在彩色显示方式下，全视野、18cm 深度时，在最高线密度下，帧率≥10f/s。

提高彩色多普勒帧频的方法：减小扫描深度、减小彩色取样框、降低彩色灵敏度（扫描线密度）、增加脉冲重复频率（pulsed repetition frequency，PRF）、应用高帧频彩色处理、应用可变 2D 帧频。

**4. 动态范围**

动态范围（dynamic range）是指最大处理信号幅度（$A_1$）和最小处理信号幅度（$A_2$）比值的对数。

$$信号动态范围＝20\lg\frac{A_1}{A_2} \tag{5-1}$$

20dB 相当于 $\frac{A_1}{A_2}$ 为 10 倍；40dB 相当于 $\frac{A_1}{A_2}$ 为 100 倍；60dB 相当于 $\frac{A_1}{A_2}$ 为 1000 倍；80dB 相当于 $\frac{A_1}{A_2}$ 为 10 000 倍；100dB 相当于 $\frac{A_1}{A_2}$ 为 100 000 倍；120dB 相当于 $\frac{A_1}{A_2}$ 为 1 000 000 倍。

如果一台超声诊断仪的动态范围达到 100dB 就相当大了。显然，动态范围越大，接收强信号和弱信号的能力就越强，这是衡量仪器性能优劣的一个重要指标。

由于显示器的亮度动态范围一般只有 30dB 左右，因此接收的回声信息必须经过对数压缩才能与显示器的动态范围相匹配。

改变动态范围设定，确保系统不在冻结状态。动态范围可以从 0～100dB 选择，高档仪器可进行微调或分档调节。一般动态范围设置在 60～80dB 可获得较好的图像。

动态范围控制着信号的显示范围，其值越大，显示微弱信号的范围越大，反之则越小。增加动态范围会使图像更加平滑细腻；减小动态范围会增强图像对比度，丢失信息，如要实现静脉血管内红细胞的自发显影，就要把动态范围增到足够大。

**5. 灰阶参数**

可选择二维 B 型 256 级、M 型 256 级、多普勒 256 级等。

**6. 图像处理**

可设定为二维灰阶图形、三维彩色能量造影及灰阶显示、彩阶图形、多普勒灰阶图形、动态范围、彩色图形等。

**7. 数字化信号处理**

包括选择性动态范围、自动系统频带宽度调节、患病动物最佳化选择性接收频带宽度、软件控制的频带宽度、滤波和频率调节，以及并行信号处理及多波束取样。

**8. 图像修改**

根据诊断需要可进行如下处理，即实时或冻结二维图像的局部和全景、多达数倍的二维图像修饰、高分辨力局部放大、多达数倍的 M 型局部放大、彩色及二维余辉等。

**9. 程序化**

为了简化操作，可进行应用方案与探头最优化、组织特异成像患病动物最优化、通过应用方案和探头设定的用户条件快速存储、在屏幕上程序化内设和外设的硬拷贝设施等操作。

**10.　图像显示**

根据具体情况，进行上/下方位、左/右方位和局部放大及位移等系列处理。

**11.　自动显示**

自动显示日期、时间、探头频率、帧率、动态范围、体表标志、显示深度、聚焦位置、各种测量数据、多普勒取样深度和角度、灰阶刻度等。

**12.　测量与计算功能**

自动计算距离、面积、周长、速度、时间、心率/斜率、容积、流量、心排血量、可选择钝角、可选择的缩窄直径百分比、可选择的缩窄面积百分比等。

**13.　设备用途及临床选项**

可选择心脏、腹部、妇科与产科、幼龄动物/胎儿心脏、外周血管、前列腺、浅表组织与小器官、组织谐波成像、经颅多普勒及脑血管等组织和器官。

（二）视频监视器

视频监视器的控制影响亮度、对比度、背景色彩及光栅的亮度。按压控制键时，屏幕上显示有关亮度、对比度、背景色彩及光栅的亮度等消息。这些屏幕显示保留在屏幕上直至暂留时间结束，通常是末次按键后 3s。目前，高档彩色多普勒超声诊断仪要求视频监视器大小为 17 英寸以上，具备高分辨力逐行扫描的纯平或液晶彩色显示器。

**1.　亮度**

调节全部屏幕的光线输出。

**2.　对比度**

调节屏幕上明亮部分与黑暗部分间光线输出的差别。对比度调节要适当，长期使用高对比度会损伤屏幕。

**3.　背景色彩**

选择屏幕的背景颜色，从中可选择数种彩色背景。

**4.　光栅亮度**

调节指示控制面板的光栅的亮度。

**5.　活动性**

高档仪器视频监视器可被倾斜或旋转及升降。

## 二、超声成像模式选择、优化及操作概要

超声诊断仪主要的成像控制键均位于控制面板，也有一些成像控制位于 Menu 控制键。

（一）二维成像调节

二维成像显示解剖结构的切面，在二维成像中组织和器官的形态、位置和动态均为实时的。高分辨力、高帧频、差异性线密度设定、多种扇扫宽度，以及多幅成像处理技术的应用有助于优化二维成像。

二维成像也应用于指示探头进行 M 型、多普勒、彩色能量成像。在 M 型局部放大中，二维成像允许操作者定位欲放大的感兴趣区。在多普勒成像中，二维成像提供取样

门宽度、部位、深度，以及多普勒角度校正的参照。在彩色能量成像中，二维成像提供彩色显示的参照。结合使用二维显示，滚动多普勒显示可提供血流方向、速度、性质及时相等信息。对于正常与异常血流动力学和时相的理解，可使超声医师应用多普勒显示进行病理诊断。

**1. 二维图像深度调节**

按深度（Depth）控制键可增加或减少二维图像显示深度。二维图像、深度标尺、深度指示和帧频将随二维图像深度的变化而变化。

**2. 二维图像增益和 TGC 调节**

旋转二维增益控制钮，可改变整体二维图像的总增益，TGC 时间增益补偿曲线移动可反映二维增益的改变。向左推动 TGC 控制杆，可降低二维图像特点区域 TGC 的总量，该区域 TGC 与控制杆的上下位置相对应。

**3. 聚焦深度和数量调节**

聚焦是运用声学或电子学的方法，在短距离内使声束声场变窄，从而提高侧向分辨力。数字式声束形成器采用连续动态聚焦，聚焦深度标尺右侧的三角形符号可知聚焦带位置。使用 Zones 键可改变聚焦带数目及聚焦带之间的距离或伸展。使用 Focus 控制键可在深度标尺上移动聚焦带预定其位置。

焦点数目和位置的调节可以改善感兴趣区的分辨力，但是会影响帧频。增加发射焦点数目或向深部移动焦点会降低图像帧频，扫查高速运动的组织时，焦点数目越少，时间分辨力越高，实时性越好，特别是对心脏瓣膜运动的观察，聚焦点数目为一点最佳。

**4. 二维图像局部放大的调节**

转动轨迹球可纵览与观察感兴趣区。按 Zoom 控制键，可放大图像或使放大的图像按比例缩小。

**5. 二维灰阶图像**

二维灰阶图像（gray maps）是将回声信号的强度（亮度）以一定的灰阶等级来表示的显示方式，使图像富有层次。仪器的控制灰阶为 64～256 级。灰阶标尺显示在图像的右侧，描绘灰阶分布：它对应于 2D/M 型 Menu 中选择的 Chroma 或用下标键加 2D Maps 键可获得不同灰阶的图形。选择仪器的扫查选项，预设置了不同的灰阶显示。选择灰阶图像有利于优化二维图像。

**6. 选择余辉水平**

余辉（persistence）是一种帧平均功能，可消除二维图像的斑点。余辉设置越高，被平均用来形成图像的帧数越多，应用 2D/M 型 Menu 或下标键加 2D P 可获得低、中、高 3 种余辉设置。改变余辉必须确保图像是实时动态。叠加余辉是在目前显示图像上叠加以前图像的信息，分时间叠加和空间叠加两种情况。在高叠加的情况下，图像平滑细腻，但如果患病动物或探头移动将会导致图像模糊。扫查心脏的叠加值为低或无最佳。

**7. 二维图像扇扫宽度和倾斜度**

按 Secwidth 键，扩大扇扫宽度或缩小扇扫宽度，帧频也随之改变。

**8. 组织谐波成像**

根据所选患病动物情况，尤其是在显像困难的动物中，利用 Optimize 控制键（优化功能键）调整图像质量。心脏探头状态下按组织谐波成像（tissue harmonic imaging,

THI）键，可对图像进行常规和组织谐波两种状态优选，而腹部探头则有多种谐波状态可选，系统将自动改变系统内参数设置。

**9. 边缘增强**

超声系统把接收信号进行滤波等处理，从而使接收波形"尖锐化"，提高了边缘的对比分辨力。其值越高，图像对比度分辨力越高，其值越低，图像越平滑。

**10. 灰阶曲线**

重新安排不同的灰阶对应不同的图像信号幅度，使图像美观，但不能增加真实信息。

**11. 变频键**

上下调节变频键可以改变发射频率的高低以改善图像的穿透率或分辨力。

**12. 线密度（line density）**

与帧频调节相近，调节线密度可以优化二维图像。

## （二）多普勒图像调节

**1. 脉冲多普勒显示**

按 Doppler 控制键，显示屏上出现多普勒显示方式；用轨迹球移动取样线和取样门至二维图像上所要求获得多普勒信号的位置；按 Update 控制键，即可在二维和多普勒两种显示模式之间选择。

**2. 静态连续多普勒显示**

确定仪器装有连续波形探头；按 Scanhead 键，用轨迹球选定笔式探头，选定探头和组织特征预制后，仪器将自动开始静态连续多普勒显示；欲退出静态连续多普勒显示，选择另外一个探头即可。

**3. 脉冲多普勒取样门深度**

在多普勒成像过程中，可根据需要用轨迹球移动取样门深度标记和取样线。取样门标记随深度改变而改变。移动取样门标记时，多普勒显示停止更新，完成取样门定位后多普勒图像将自动更新显示。

**4. 多普勒增益**

旋转 Dpgain 钮即可改变多普勒总增益。

**5. 脉冲多普勒取样门大小调节**

在脉冲多普勒中，沿超声束有一特定宽度或长度被取样，称为取样门（sample volume，gate size）。取样门宽度表示取样覆盖的范围，取样门越小，所测速度越准确。其值以 mm 为单位显示在图像注释区。操作者可用 Gate size 操作键或轨迹球改变取样门的位置和大小。

**6. 壁滤波**

用于多普勒、彩色能量成像中消除血管壁或心脏壁运动产生的高强度低频噪声。FILTER 控制键用于改变壁滤波值，设置分为低、中、高。最大滤波设置在彩色能量多普勒成像中可获得。提取多普勒信号，滤除血管移动等引起的额外噪声，提高信噪比。滤波设置为 125Hz 适用于小血管，250Hz 适用于大血管，500~1000Hz 适用于心脏。

消除混叠的方法：减少深度、增加 PRF、增大 Scale 标尺、改变基线位置、降低探头频率、使用连续多普勒（continuous-wave doppler，CW）。必要时也可以适当增加声束与血流方向的夹角。

**7. 多普勒显示的标尺单位选择及标尺调节**

按 Scale 控制键，增加或降低多普勒显示比例。

**8. 选择多普勒显示的灰阶图像**

多普勒灰阶图可通过 Doppler Gray Maps 子菜单或通过下标键加 Dop Maps 改变。灰阶图的选择取决于个人的偏好。在每一种应用中，所选择的多普勒灰阶图将优化显示多普勒数据，一般仪器有多种灰阶图可供选择。

**9. 调节多普勒功率输出**

多普勒实时动态时，按 Output 控制键可增加或减少仪器多普勒功率输出。

**10. 多普勒扫描速度调节**

扫查速度（sweep speed）可控制多普勒频谱速度在屏幕上的显示时间。按 Select 键改变扫描速度，共有 3 种扫描速度供选择：慢、中、快。连续按 Select 键选定一种扫描速度。

**11. 多普勒反转调节**

按 Invert 键，即可使多普勒显示反转，同时多普勒显示比例也将改变。超声医师应该熟悉这些变化并要了解其对多普勒的值（多普勒显示的正值或负值）所产生的影响。再按 Invert 键，多普勒显示恢复正常。

**12. 多普勒基线的调节**

按 Baseline 键，基线上移或下移。基线是多普勒速度为零的一条直线。通常，基线以上信号为朝向探头，基线以下信号为背向探头，按 Invert 翻转键，可进行翻转，如果有混叠现象，调节基线或标尺。

**13. 倾斜角度的调节**

仅限于线阵探头。其多普勒彩色能量成像与其他探头有所不同，超声束的指向对于获得很有意义的图像是非常必要的。为适应这种情况，多普勒声束的方向可进行调节。Steer（转向）控制键允许在依赖声束方向性的多种设置中小范围调节声束角度，以尽可能减小声束与血流方向的夹角。

**14. 取样门角度校正**

角度校正（angle）调节的实质是利用所获得的取样门声束方向上的血流分速度，通过多普勒计算公式中夹角的余弦计算真实的血流速度，并以速度标尺显示。在多普勒标记活动的任何时候，这种调节均可进行，可在 $-70° \sim +70°$ 调节，间距 2°。通过选择不同的成像窗口可建立血流方向和检查声束间可接收的夹角。在定量速度时，夹角不得大于 60°，当夹角不大于 60°时，角度的轻微增加即可使 $\cos\theta$ 值显著减小，导致结果的很大误差。

**15. 多普勒回放**

按 Freeze 键后，用轨迹球回放显示存储的最后数秒钟的多普勒图像。在双功模式中欲选择回放二维与多普勒图像时，按 Select 键，显示轨迹球 Menu。

用轨迹球选定其功能：二维电影回放和多普勒回放，再分别选择二维回放或多普勒回放。

**16. 速度量程**

可调节脉冲重复频率，以确定最大显示血流速度 PRF/2。此键针对所检查脏器的血流速度范围做相应调整，保证血流频移的最佳显示。增加速度范围，以探测高速血流，避免产生混叠；降低速度范围以探测低速血流。

**17. 伪彩的运用**

在多普勒信号微弱时，如增加增益，噪声信号背景较强，不利于观察血流信息，这时可打开较亮的伪彩，降低增益，抑制噪声背景。这对微弱血流信号的识别有一定帮助。

### （三）彩色血流成像及彩色能量成像

在彩色血流成像中，彩色与速度和方向有关，而能量成像中，彩色与血细胞运动的动力和能量有关，此信息被用于在二维灰阶显示上叠加彩色图像。

彩色血流成像提供有关血流方向、速度、性质和时相等信息，不仅有助于定位紊乱的血流，还有助于准确放置脉冲多普勒频谱分析的取样门。能量成像提取的是红细胞运动的强度，在比多普勒和彩色脉冲重复频率低的范围内生效，因此对于血细胞运动更敏感。

**1. 二维彩色及能量取样框的位置与大小的调节**

取样框大小表示显示的彩色血流像范围。按 Select 键选择彩色或能量图取样框位置和大小。用轨迹球建立所需要的彩色能量图取样框位置与大小；取样框的高度和宽度均可以用轨迹球来调节。调节时，尽量使之和采样组织或血管大小接近（太大则降低彩色帧频），以取得满意的血流显示效果。

**2. 彩色及能量图声能输出调节**

按 Output 控制键增加或减少声能输出。

影响彩色灵敏度的调节因素：彩色增益（color gain）、输出功率（output）、脉冲重复频率（PRF）和聚焦（focus）等。

**3. 二维彩色及能量增益调节**

旋转 Colgain 钮，即可改变二维彩色或能量图取样框的总增益（TGC 控制钮不直接影响二维彩色图像增益）。

**4. 彩色及能量图的反转调节**

按 Invert 控制键，即可在代表血流方向是否朝向探头的两种主色彩间进行转换或控制能量图色标。图像右侧的彩色标尺反映彩色编码的变化。

**5. 二维彩色及能量图壁滤波的调节**

按 Filter 键，增加或减少壁滤波，显示屏上壁滤波值也随之改变。共有高、中、低 3 种设定。

多普勒工作频率：低频通常可得到更好的多普勒和彩色充盈度，并会产生更少的彩色多普勒伪像。

**6. 二维彩色及能量标尺的调节**

按 Scale 键，可加大或减少彩色或能量显示标尺范围。尼奎斯特（Nyquist）值、帧频和脉冲重复频率将随二维彩色速度范围或能量的变化而变化。

**7. 彩色及能量优先阈值的调节**

彩色优先权（priority）：二维图像与彩色多普勒图像均衡方案的调节。增加彩色优先，彩色多普勒信息增多，二维信息减少；减小彩色优先，彩色多普勒信息减少，二维信息增多。在彩色不充盈时，可增加彩色优先。显示微小血流时，此设置值要高。

在彩色或能量成像中，灰阶标尺上彩色对黑白回声优先显示，阈值决定了在其上二维回声幅度将被系统显示为灰阶阴影。如果图像中特定的回声密度没有超过此阈值，则将指定此点为彩色值或彩色能量值；升高比例将在明亮的回声部分显示彩色。此阈值有助于控制二维图像上不需要的彩色，并有助于确定血管壁内的颜色。

按 Priority 键，可提高或降低回声幅度阈值，优先选择标志将随之改变显示彩色或能量／灰阶标尺阈值。

### 8. 二维彩色及能量图灵敏度调节

提高彩色多普勒对慢速血流成像的能力：降低彩色速度范围（1500Hz 或更少）、降低彩色壁滤波（50Hz 或更少）、提高彩色灵敏度（线密度）、提高彩色优先权。

### 9. 动态活动分辨的调节

动态活动分辨是彩色能量成像中的一种活动伪像抑制特性，与壁滤波接近。壁滤波仅被设置为滤过特定频率范围内伴有组织壁运动信息的速度信号。动态活动分辨在进行任何滤过之前先测量进入信号，然后适应性滤过反射组织壁运动的频率信号使血流得到良好显示。

### 10. 彩色或能量图余辉水平的调节

余辉（persistence）能平均彩色或能量帧频，使高速血流或高能量维持在二维图像上。余辉能更好地探测短暂性血流，为判断有无血流提供良好基础，并能产生更鲜明的血管轮廓。

### 11. 彩色速度标尺基线的调节

按 Base Line 键，升高或降低彩色标尺上的基线位置，并改变基线上下的彩色值。

### 12. 能量标尺的调节

按 Scale 键，加大或降低能量显示范围。帧频和 PRF 将随之而变化。

### 13. 二维彩色及能量图像的线密度调节

用彩色或能量 Menu 中的线密度，可调节二维／彩色或二维／能量的线密度比值，有多种设置，具有探头依赖性。

选择线密度设置时，应综合考虑彩色叠加范围、二维扇扫宽度及帧频。

### 14. 彩色图形及能量图形的选择

彩色标尺模式位于图像的一侧，用彩色描绘血流速度图形。在彩色标尺的每一端均有速度或频率单位的数据，该数据指示 Nyquist 极限。Scale 控制键用于改变彩色重复频率及所差速度或频率的显示范围。在彩色 Menu 中，Units 选择切换显示速度和频率单位，此外，要注意由黑区或基线分割的彩色标尺。基线代表被壁滤波滤过的速度范围，并且随着彩色壁滤波设定的改变而变化；基线以上的彩色通常代表朝向探头的血流，而基线以下的彩色代表背离探头的血流。

能量成像彩色标尺用色彩描绘能量图形，色彩可通过选择不同图形而改变，其彩色标尺从顶端到底端是连续的。能量成像注重血流的能量而不是方向。

### 15. 使用三同步功能显示模式

二维成像时按彩色控制键，彩色成像开始；按频谱控制键，多普勒显示；按 Doppler Menu 控制，出现 Doppler Menu；用轨迹球按亮二维 update；按 Select 控制键；按亮 Simul；再按 Select 键；选择 Close 或按 Doppler Menu 键移除 Menu，三同步功能显示模式开始。

### 16. 能量图背景的选择

背景能关闭能量叠加中的彩色背景，由此可观察能量叠加中的灰阶信息。对于每一像素，要么显示灰阶信息，要么显示能量信息，这种显示状态可能产生边缘伪像或闪烁伪像。Blend（混合）设置可在能量信息和灰阶信息之间产生平滑过渡，从而降低边缘或闪烁伪像。当选择 Blend 为背景时，灰阶和色度将联合产生像素。能量数据的显示有赖于优先（Priority）控制设置，其显示结果是血管边缘混合到灰阶组织周围，这种混合增强了灰阶彩色过渡图像的视觉稳定性。Blend 可在特定临床应用中增强小血管的空间分辨力，可改善图像质量并有助于解剖定位。

**17. 彩色叠加**

彩色叠加（color persistence）即把一段时间内的彩色多普勒信息叠加到现有帧上显示更多的信息。高设置会使血流较为充盈，关掉之，可显示真实信息，尤其在心脏的扫查中，此设置要低。

**18. 彩色血流编码图**

选择不同的彩色标尺图，以取得不同流速下满意的血流显示效果。

必须指出，上述内容罗列的是较多应用的功能键及其调节。不同制造商和不同仪器的操作和功能标识存在较大差别，同一功能可能有几种不同的称谓和标识，初次使用前需要仔细阅读操作说明。

（高光平，观 飒）

# 第四节 超声检查方法

## 一、常规超声检查

无论任何形式的超声检查，二维声像图都是超声诊断的基础。经体表扫查是获取身体断面声像图的常规检查方法，不仅有利于显示组织病变的解剖部位及毗邻关系，还能充分凸显组织及其病变的声像图特征，减少伪像，使声像图所表现的诊断信息丰富而清晰，有助于提高超声诊断的准确性。

（一）检查前患病动物的准备

除下列几种情况外，通常检查前无需特殊准备。

消化系统（胆道、胃肠道、胰腺等）检查需空腹，从前一天晚上禁饲，必要时检查前饮水 500～1000ml 以充盈胃腔，不但便于显示胃黏膜及胃壁、十二指肠病变，而且将胃作为声窗可以清楚显示其后方的胰腺、肠系膜淋巴结、血管等。对胰腺的显示尤为有效。

泌尿系统（输尿管和膀胱）、前列腺、早孕、妇科肿块及盆腔深部病变检查均应充盈膀胱。

经阴道检查通常需要排空膀胱。

（二）超声诊断仪准备

**1. 探头选择**

根据检查的部位、器官等不同，选择探头及使用频率，通常成年动物心脏和腹部脏器检查使用 3～5MHz 探头，浅表器官用 7.5～10MHz 探头，幼畜心脏及腹部检查用 5～10MHz 探头，颅脑及肥胖者可选用 2～2.5MHz 探头。

**2. 仪器的优化**

基础条件有总增益、近场抑制、远场补偿或时间深度增益控制、动态范围、聚焦区调节等，以图像清晰、结构显示清楚为原则。

**3. 扫查范围和深度**

需根据探测部位的深度选择，原则是使声像图包括尽可能多诊断信息的同时，图像足够大。

**4. 多普勒功能的设置**

根据畜体的检查部位，设置仪器的多普勒功能。

**5. 某些特殊功能的使用和优化**

随着超声诊断仪功能的完善和新技术的研发，不同制造商的超声诊断仪都不同程度地采用了超声医学的最新技术，但是其商业称谓或设置和调节方式各不相同，如声束偏转技术就有多种名称。在使用这些技术时，必须了解其对声像图的有利方面和可能造成的不良影响。例如，声束偏转融合技术可以使病变的侧壁显示得更清楚，图像感觉更细腻美观，但是不利于声影的显示，还可能使显示微钙化的能力明显下降；组织谐波成像可以有效提高声像图信噪比，但是却影响近场和深部图像的分辨力。

### （三）患病动物的体位

患病动物的体位由检查脏器及部位而定，以能够清楚显示目标器官的组织解剖结构和病变特征为宜。在需要时，采用多种体位，以利于从不同方位和断面观察病变的声像图表现及其与周围组织的关系。常用体位如下。

**1. 仰卧位**

仰卧位是超声检查最常用的基本体位，大多数动物的头颈部、腹部器官及肢体血管等检查都可采用这一体位完成。

**2. 侧卧位**

该体位除了更方便对某些器官扫查外，还可以使目标器官轻微移动或避开肠管和肺内气体的干扰，增加扫查窗口。左侧卧位常用于检查心脏、肝右后叶、胆总管、右肾、右肾上腺。右侧卧位常用于检查脾、左肾及左肾上腺；饮水后检查胰头部也非常有效。

**3. 俯卧位**

常用于检查双侧肾脏。

**4. 坐位或半坐位**

常用于空腹饮水后检查胃、胰腺和胸腔积液。

**5. 站立位**

常用于检查内脏下垂、疝、下肢静脉功能等。

**6. 胸膝侧位**

在卧位显示胆总管困难时，采用此体位可能有效，如可疑有胆总管下段结石或肿瘤。

### （四）扫查途径

**1. 直接扫查**

经体表检查多采用探头直接与被检查部位的皮肤接触。

**2. 间接扫查**

当病变过于表浅时，在探头与被检查器官的表面皮肤间放置厚度 2～3cm 的水囊，使病变处于探头的聚焦区，以提高病变区的分辨力。现在高频探头的近场分辨力显著提高，已经很少使用水囊。

**3. 经体腔扫查**

经体腔扫查包括经食管、阴道、直肠、内镜超声等。因为该方法避开了气体干扰，使用特殊的高频探头贴近目标扫查，所以显著提高了分辨力。

**4. 血管内超声**

使用末端装有超声晶片的导管对血管壁进行扫查，获取血管壁和血流动力学的精确信息，被视为评价血管的金标准。

**5. 术中超声**

手术中用特殊探头在器官表面扫查，寻找或定位病变、引导或监视手术过程，以提高手术成功率，减少损伤，增加手术的安全性。

（五）扫查部位

通常超声探头应放置在距被检查脏器或病变解剖部位最近处的体表，但是为了获取准确的信息，往往需要在多个不同部位从不同方向和角度扫查，遵循的原则是：①便于获得脏器或病变的空间解剖结构和内部回声特征。②选择的部位能够避开骨髓与气体的影响，如心脏前方有肋骨、胸骨，外侧及外上有肺覆盖。所以采用肋间、心尖、剑状软骨下、胸骨上不同部位作为声窗扫查。肝、脾、肾前后外侧受肋骨影响，顶部被肺气覆盖，所以除肋间检查外，还需在肋缘下检查。③干扰和伪像最少。尽量选择能够使探头声束与被检查目标界面垂直的部位扫查，以增加回声强度，减少伪像。

（六）扫查方法

超声诊断中操作方法和技巧十分重要，目的是根据动物体解剖特点，避开各种影响超声传播的因素（如骨骼、气体等），将欲扫查目标及其与周围组织的相互关系显示清楚，并根据扫查部位和探头的方位、声束指向判断目标的空间解剖位置和回声特征，提供可供诊断分析的信息。训练有素的扫查技巧可以准确而快捷地显示所需观察的结构。

**1. 固定部位扫查**

不同器官的解剖部位及周围组织性质限定了对其超声扫查的声窗。在某一部位及某一声束扫描方位可以显示某一结构，如胸骨左缘第 3 肋间声束沿心脏长轴扫描，显示左心室长轴断面；探头在右侧第 7 肋间腋前线向内侧倾斜，是显示胆囊及肝门部结构较理想的部位；经颈部扫查，能够较清晰地显示大脑中动脉的彩色血流信号。

**2. 顺序滑行法**

在无骨骼或气体遮挡的部位，如颈部、四肢、乳腺等检查时，探头可在皮肤上纵、横或倾斜方向缓慢滑行，获取组织的连续性系列结构，迅速建立器官的空间解剖位置和回声特征。

**3. 扇形扫查法**

探头保持不移动，侧向摆动探头，获取序列断面，形成空间解剖概念。此法为最常用的扫查方法之一。

**4. 旋转扫查法**

以病变区为中心旋转探头获取不同断面的声像图，以确定病变的解剖部位、大小、形态及其与周围组织的关系。

**5. 追踪扫查法**

常用于长管状结构或长条状病变的扫查，如血管、胆管、肠管病变的检查。寻找病变的来源、范围及其与周围结构的关系。对血管检查，需要加用彩色多普勒判断管腔内的血流状态。

**6. 加压法**

在腹部检查中，遇被检测物表面有肠气遮挡时，用探头逐渐加压的方法驱散气体以显示后方结构，如经腹部检查肝外胆管、胰腺、肾等经常应用加压扫查。此外，也常用加压法评估实性肿物的可压缩性和囊性物的张力。

## 二、扫查模式

### （一）二维灰阶超声扫查

二维灰阶超声是最基础的扫查方法，显示病变后，必要时再进行其他模式的进一步检查，以获取更多的诊断信息。

### （二）M 型超声检查

M 型超声检查通常在二维切面图上选定检查部位，以取样线进行取样，显示该部位运动随时间变化的曲线。

### （三）多普勒超声检查

多普勒超声检查血流，声束与血流平行时散射信号最强，声束与血流夹角<20°，误差较小。心内血流检测时，必须选择适当切面，使夹角<20°；血管检查时应使夹角<60°。回声信号明显降低时，需要调整入射角度，或使用线偏转（linear steering）功能。

**1. 频谱多普勒成像**

频谱多普勒成像（包括间断发射 / 接收超声多普勒信号和连续发射 / 接收超声多普勒信号）在二维声像图上取样，原则同上。使用彩色多普勒血流图（color doppler flow image，CDFI），将取样门置于彩色血流图明亮处（流速快）显示频谱，是显示最高血流速度最常用的方法。

**2. 彩色多普勒成像**

在二维声像图基础上，叠加显示彩色血流图。二、三尖瓣血流用心尖四腔切面，二尖瓣血流也可用心尖左心室长轴切面，主动脉瓣血流采用心尖五腔或心尖左心室长轴切面显示血流，含正常、狭窄、返流血流等情况。肺功脉瓣血流在主动脉根部短轴切面显示。外周和内脏血管检查要尽可能减小声束与血管长轴的夹角，必要时加用多普勒线偏转功能。

**3. 能量多普勒**

受声束与血流方向夹角的影响较小，显示小血管的敏感性更高。

**4. 组织多普勒**

多用于心脏检查，取心肌或瓣环随心动周期的运动信息。

（四）谐波成像

谐波成像技术是非线性声学在超声诊断中的一项卓有成效的新技术，传统的超声影像设备是接收和发射频率相同的回波信号成像，称为基波成像（fundamental imaging）。实际上回波信号受到机体组织的非线性调制后产生基波的二次、三次等高次谐波，其中二次谐波幅值最强，为此利用机体回声的二次等高次谐波构成机体器官的图像，可提高图像清晰分辨力，这种用回波的二次高次谐波成像的方法称为谐波成像（harmonic imaging）。国内外很多公司都已经有了应用谐波成像技术的产品，而且把此项功能作为超声诊断设备的主要功能之一。因此，开展谐波成像技术的研究对提高国内超声成像设备的诊断水平具有现实意义。

**1. 自然组织谐波成像**

能更有效地抑制基波回声噪声，使二维图像更清晰。但是可能使近场和远场图像受影响。

**2. 超声造影（对比增强超声成像）**

超声造影（ultrasonic contrast）又称声学造影（acoustic contrast），是利用造影剂使后散射回声增强，明显提高超声诊断的分辨力、敏感性和特异性的技术。随着仪器性能的改进和新型声学造影剂的出现，超声造影已能有效地增强心肌、肝、肾、脑等实质性器官的二维超声影像和血流多普勒信号，反映和观察正常组织和病变组织的血流灌注情况，已成为超声诊断的一个十分重要和很有前途的发展方向。

（五）弹性成像

超声弹性成像是一种新型超声诊断技术，能够研究传统超声无法探测的肿瘤及扩散疾病成像，可应用于乳腺、甲状腺、前列腺等方面，弹性成像技术提供了组织硬度的图像，也就是关于病变的组织特征的信息。根据不同组织间弹性系数不同，在受到外力压迫后组织发生变形的程度不同，将受压前后回声信号移动幅度的变化转化为实时彩色图像，弹性系数小、受压后位移变化大的组织显示为红色，弹性系数大、受压后位移变化小的组织显示为蓝色，弹性系数中等的组织显示为绿色，借图像色彩反映组织的硬度。弹性成像技术使超声图像拓宽，弥补了常规超声的不足，能更生动地显示及定位病变。

超声弹性成像按检查部位可大致分为血管内超声弹性成像及组织超声弹性成像两大类。

**1. 血管内超声弹性成像**

血管内超声弹性成像是利用气囊、血压变化或者外部挤压来激励血管，估计血管的运动即位移（一般为纵向），得到血管的应变分布，从而表征血管的弹性，可用于估计粥样斑块的组成成分、评价粥样斑块的易损性、估计血栓的硬度和形成时间，甚至观察介入治疗和药物治疗的效果，具有重要的临床价值。

**2. 组织超声弹性成像**

组织超声弹性成像多采用静态/准静态的组织激励方法。利用探头或者一个探头-挤压板装置，沿着探头的纵向（轴向）压缩组织，给组织施加一个微小的应变。根据各种不同组织（包括正常和病理组织）的弹性系数（应力/应变）不同，再加外力或交变振动后其应变（主要为形态改变）也不同，收集被测体某时间段内的各个信号片段，利用复合互相关方法对压迫前后反射的回波信号进行分析，估计组织内部不同位置的位移，从而计算出变形程度，再以灰阶或彩色编码成像。

### （六）三维彩色超声成像

三维彩色超声诊断仪是立体动态显示的彩色超声诊断仪，除具有普通彩色超声诊断仪的全部功能外，还具有立体成像、图像切割、图像旋转及高平面图像分析等特殊功能。因组织结构与液体灰阶反差较大，三维彩色超声诊断仪可清晰显示组织结构的立体形态、表面特征、空间位置关系等，三维超声成像实现了机体局部组织器官的立体成像，可用于腹部及小器官的容积扫描，准确测量局部组织器官。

三维超声成像的优点是可显示病变或器官的空间结构关系和形态，但图像的细微分辨力将明显下降。

### （七）其他技术

目前，各超声诊断仪制造商推出了很多有效的新技术，如微血管构架成像、速度向量成像、应变/应变率成像、"萤火虫"技术、血管壁弹性评价（ET）等。这些新技术能够提供非常丰富的诊断信息。

（观　飒，项　方）

## 第五节　基本扫查断面和声像图方位识别

声像图即超声断层图（ultrasonictomography），可反映机体不同部位断面解剖结构的回声特征。因此，正确的超声断层扫描方法是获取清晰而准确的身体断面声像图的最基本要求。

超声不同于CT和MRI，后两者为标准的横断面，并经过计算机进行重建获得矢状断面和冠状断面，超声的断面非常灵活多变，其随意性和实时性可以在瞬间从不同角度显示多个有利于显示器官解剖结构及其回声特征的断面声像图，这一方面成为超声成像的巨大优势，而另一方面也给图像信息的交流带来困难和麻烦，给临床医师阅读声像图造成困难，但确定基本的扫查断面和统一的图像方位仍然是必需的。

### 一、腹部及浅表器官的基本扫查断面

显示器显示的声像图方位不仅与扫查体位（仰卧位、侧卧位、俯卧位等）有关，而且和探头位置及其声束扫查平面的方向有关。在多数情况下，需要在声像图标记探头的体表位置（body mark），并以此识别声像图的方位，同时结合声像图显示的组织结构回声特征，才能正确判断对应的身体解剖断面，临床常用超声扫查断面探头的体表作为参考位置。

（一）横断面

横断面是声束扫查平面与机体长轴垂直的系列断面。需要标明断面的水平，如剑突水平、脐水平、髋前上棘水平、耻骨联合上缘等。

（二）矢状断面

矢状断面是声束扫查平面与机体冠状面垂直的系列断面。需要标明断面经过的体表位置，如腹部正中线、锁骨中线、腋前线、肩胛线等。

（三）冠状断面

冠状断面是声束扫查平面与机体矢状面垂直的系列断面。

（四）斜断面

超声检查的最大特点是扫查断面的随意性。断面由能够清楚显示病变的部位和特征而定，不是机械地固定断面。在实际扫查中，不同部位和角度的斜断面反而是最常用的成像断面。这些断面往往与身体斜交，不能与标准的矢状断面或横断面一致。例如，沿右侧或左侧肋间斜断面，沿门静脉长轴的断面，沿胆囊长轴的断面，沿胰腺长轴断面等，必须根据探头位置结合声像图显示的器官回声特征识别其解剖断面。其原则是至少在两个断面显示病变的部位和特征。

## 二、心脏的基本扫查断面

（一）胸骨旁长轴断面

探头垂直置于胸骨旁第 3 肋间，声束平行于左心室长轴扫查，显示左心室的长轴断面（包括右心室流出道、室间隔、左心室、二尖瓣、主动脉瓣、升主动脉和左心房）。

（二）左心室短轴断面

左心室短轴断面是心前区垂直于心脏长轴的系列断面，包括心尖水平、乳头肌水平、腱索水平、二尖瓣水平和心底部短轴断面。

（三）心尖部长轴断面

探头置于心尖部，声束指向心底部扫查，包括心尖四腔断面、心尖二腔断面和心尖五腔断面。

## 三、声像图方位的识别

在分析声像图之前，首先要明确声像图是从体表哪一个部位扫查获得的图像，进而确认是哪一个器官的解剖断面，显示的是器官哪一个结构的断面。

关于超声断面图像方位的辨认方法，国内外学者的看法基本一致。总的来说，腹部实时超声横断面与 CT 横断面完全一致；其他断面包括矢状断面、冠状断面等则采用经协商统一的标准。例如，将横断声像图理解为，患病动物仰卧位，检查者从患病动物后肢末端朝其头端方向观察；将纵断图理解为，患病动物仰卧位，检查者从患病动物的右侧向其左侧观察。现在通用的声像图方位如下。

## （一）腹部和浅在器官声像图

### 1. 横断面（仰卧位）

声像图上方代表患病动物腹侧，下方代表背侧；声像图左侧代表患病动物右侧（R），右侧代表患病动物左侧（L）。

### 2. 纵断面

仰卧位上方代表患病动物腹侧，下方代表背侧；俯卧位上方代表背侧，下方代表腹侧（少用）；声像图左侧代表头侧（H），右侧代表患病动物足侧（F）。

### 3. 冠状断面

右侧腹部冠状断面：声像图上方为患病动物右侧，下方指向左侧；声像图左侧为头侧，右侧为足侧。

左侧腹部冠状断面：声像图上方为左侧，下方指向右侧；声像图左侧为头侧，右侧为足侧。

### 4. 斜断面

斜断面声像图接近于横断面（如沿胰腺长轴的断面），则按上述横断面规定进行识别。斜断面角度过大，声像图接近于纵断面，则应按纵断面规定识别。

## （二）心脏声像图

### 1. 胸骨旁长轴断面

图像右侧为心底部，左侧为心尖部；上、下分别为前、后。

### 2. 心脏短轴断面

图像左为患病动物的右，图像右为患病动物的左；上、下代表前、后。

### 3. 心尖长轴断面

（1）心尖四腔断面　　图像的前、后分别为心尖与心底，左、右分别为患病动物的右、左。

（2）心尖五腔断面　　图像的前、后分别为心尖与心底，左、右分别为患病动物的前、后。

（3）心尖二腔断面　　前、后同五腔断面，左、右分别为患病动物的左前和右后。

必须强调的是，超声扫查的途径取决于病变位置，扫查断面不仅与病变位置有关，还取决于病变形状和需要显示的相关结构。扫查时探头在不断移动，扫查角度在随时变化，加之扫查范围的局限，超声断面在绝大多数情况下不是 CT 和 MRI 显示的标准断面，必须结合声像图显示的组织结构判断其显示的真实身体断面。例如，右肋缘下扫查获得的声像图，其上方为右肋缘，下方为右后上的膈面，左侧和右侧分别为左上和右下。因此，在更多的情况下是以脏器的解剖断面命名声像图断面，如心脏的胸骨长轴断面、二尖瓣水平短轴断面等；肾脏的冠状断面、横断面等。

（观　飒，解慧梅）

# 第六节　身体组织的回声表现

身体声像图是由身体器官组织构成的大界面反射和小界面散射回声组成。其回声强度大小不同，差别可高达 120dB。超声诊断仪将回声强度以灰阶（明暗）层次显示于屏幕，并在一侧显示相对应的灰阶标记。先进的超声诊断仪可以提供的灰阶层次高达 256 级以上，但肉眼能够分辨的灰阶仅为 8～10 个。根据临床超声诊断和声像图描述的需要，对身体组织回声的强度进行分级，以反映正常或病变组织的回声规律及其声像图特征。

## 一、回声强度的表述

对于组织回声强度的表述，国内尚未完全统一。常用的表述术语如下。

高水平回声（high level echo），也可称为强回声；中等水平回声（medium level echo），也称为等回声；低水平回声（low level echo），也可称为低回声；无回声（echo-free, anechoic）。

为了更客观而准确地对组织回声特征进行描述，我国部分学者主张根据人眼可分辨的回声强度（灰阶），结合监视器屏幕的灰阶标记，将达到亮度饱和（标记的最亮端）的回声称为强回声；将与灰阶标记中间相等的回声称为等回声；介于强回声与等回声之间的称为高回声；将灰阶标记的最暗端称为无回声；介于等回声和无回声之间者称为低回声；或将比低回声更暗的亮度称为弱回声。

在实际描述中，也可将接近于无回声的弱回声用"极低水平回声"来描述，高水平回声可用"很强回声"、"较强回声"、"稍强回声"来形容。机体组织的回声强度见表 5-1。

表 5-1　机体组织回声强度的表述

| 表述 | 身体组织 |
| --- | --- |
| 高水平回声 / 强回声 | 骨骼、结石（钙化）、胸膜 / 肺组织 |
| 高水平回声 / 高回声 / 较强回声 | 多数脏器的包膜、囊肿壁、肾窦、肝血管瘤 |
| 中等水平回声 / 等回声 | 肝实质、脾实质、甲状腺、乳腺、睾丸实质 |
| 低水平回声 / 低回声 | 肌肉、皮下脂肪、淋巴结 |
| 低水平回声 / 弱回声 | 流动缓慢的血液、液体内的组织碎屑 |
| 无回声 | 正常的胆汁、尿液、脑脊液、玻璃体 |

需要指出的是，声像图表现的"强回声""等回声"和"低回声"均是相对的。在多数情况下，是与被观察的组织或脏器回声比较而言的。并且与仪器的性能和调节有关，如探头频率、动态范围、增益、组织谐波的使用等。

## 二、机体组织的声像图表现

### （一）均质性液体的声像图

均质性液体如胆汁、尿液、羊水、体腔内的漏出液为无回声。血液通常呈无回声或弱回声。某些非常均质的组织如透明软骨、幼龄动物肾锥体，可以表现为无回声或接近无回声，改用较高频率探头或增加动态范围又可呈弱回声。

（二）液体内混有微小散射体的声像图

液体内混有血细胞或组织碎屑等微小散射体使回声增多，则由无回声（或接近无回声）变成弱回声，如囊肿合并感染、体腔内渗出液、妊娠中晚期的羊水、脓液等；内部原本极少界面的均匀组织，如发生病变或纤维化、钙化等。

（三）机体组织回声强度的一般规律

机体组织回声强度的一般规律：骨髓＞肾窦＞胰腺＞肝、脾实质＞肌肉＞肾皮质＞肾髓质（肾锥体）＞血液＞胆汁和尿液。

组织回声强弱的实质是组织内部不同成分的多少和声特性阻抗差别的大小。例如，皮下脂肪层内纤维结缔组织成分较少，呈低水平回声；但是肾周脂肪囊、网膜、脑系膜脂肪组织和多数脂肪瘤内的成分复杂，呈高回声。

皮肤组织呈高水平回声，回声强度以表皮组织（表皮 - 凝胶界面）较强，真皮次之。

（四）病理组织的声像图

单纯的炎症水肿可因水分增加和组织成分相对减少而使回声减弱；肝组织纤维化或细胞内脂肪浸润可使其回声增高；结石、钙化回声最强，纤维化次之，大块瘢痕回声反而降低；肝内小血管瘤、肾的血管平滑肌脂肪瘤多呈高回声；典型的淋巴瘤回声最弱，甚至接近无回声，但是用高频率探头扫查淋巴瘤内会出现明显的弱回声。

（五）回声强度的影响因素

某些组织的回声强度还与声束的入射方向、声束经过的组织形态、声特性阻抗、界面特性有关。例如，肾、肌肉和肌腱可因各向异性产生的伪像而使回声改变（降低或增高）；胰腺回声可因其前方腹直肌透镜效果而高低不均匀；子宫、前列腺回声由于前方充盈膀胱内尿液的低衰减特性而明显增强，而高衰减瘢痕组织或高反射界面后方的组织回声明显减弱。因此，对某一局部组织的回声特征判断，必须综合分析才能客观准确。

（六）组织声衰减特性对回声强弱的影响

水的衰减系数几乎为 $0dB/(cm \cdot Hz)$，可以认为无衰减，因此，组织内含水分越多，声衰减越低，其后方组织的回声相对越高；但是因血液中血细胞对声束的散射和蛋白质对声能的吸收，比尿液、胆汁、囊液等衰减程度相对较高，声像图表现为其后方回声增强程度远不及尿液、胆汁显著，某些黏液性囊肿的后方可能不出现回声增强。机体不同组织的回声衰减程度为：骨髓、钙化、结石＞瘢痕、软骨、肌腱＞肝、肾、肌肉、脑＞脂肪、血液＞尿液、胆汁、囊液、胸腔积液、腹水。

根据机体组织对声能的衰减特性，可以提供分析正常或异常声像图的重要参数信息，对复杂的声像图表现作出正确解读。

（观　飒，解慧梅）

# 第七节　声像图的分析方法

对于任何器官和组织病变进行声像图分析之前，必须了解患病动物的病史，仔细询问临床症状；有手术史的患病动物，尚需了解手术方式和结果，特别是有无器官部分切除、腔道吻合、植入物等。应视情况进行必要的体检。

分析声像图首先需要确定解剖位置，通常要依据2个以上不同的断面声像图显示的解剖关系建立空间定位，而后观察其形态和回声特征。

## 一、正常动物体器官的回声特点

动物体组织和器官均有其各自的回声特征，熟悉并掌握动物体正常解剖及其组织的回声特征，是识别有无异常或病变的基础。

### （一）皮肤、皮下结缔组织、肌肉和骨髓

**1. 皮肤**

皮肤（包括耦合剂 - 表皮界面和真皮）呈整齐的条带状高回声，厚度均匀，它和下方的皮下组织分界清晰。

**2. 皮下结缔组织**

皮下脂肪通常呈低回声，其间有纤细的不均匀高回声分隔，为纤维组织分隔。

**3. 肌肉组织**

肌肉整体回声低于肌腱和皮下组织，其中肌束表现为低回声，肌束外周包绕的肌束膜、肌外膜、肌间隔及薄层纤维脂肪组织，均呈较强的线状或条状高回声，纵断面轻度倾斜于肢体长轴，两者互相平行，排列有序，成羽状、带状或梭形。横断面，每条肌肉略呈圆形、梭形或不规则形，肌束呈低回声，肌束间可见网状、带状及点状高回声分隔。肌肉中较大的血管呈管状无回声。实时超声可见肌肉的运动。肌肉收缩时，肌束直径增加，长度缩短，回声强度常降低。

**4. 肌腱、韧带**

肌腱的纵断面呈束带形高回声，外层由两条光滑的高回声线包绕，内部为排列规则的纤维状回声。有髓鞘的肌腱，髓鞘呈一薄层低回声，厚度<2mm。在做相关运动时，可见肌腱在腱鞘内自由滑动。肌腱的骨连接处为边界清楚的低回声。韧带内的胶原纤维呈交织分布。除膝交叉韧带外，韧带的纵断面呈束状或带状高回声。

**5. 骨骼和软骨**

骨膜（骨表面）与骨髓界面呈连续的线条状强回声，其后方伴有明显的声影。软骨一般位于骨骺端关节表面，呈薄层弱回声或无回声。

当以上各层组织由于炎症、外伤、肿瘤等发生病理改变时，通过声像图观察并注意对左右两侧对应部位进行比较，容易发现病变。

### （二）实质性器官

**1. 大小和形态**

实质性器官各自均有典型的外形和相近的大小。例如，多数动物肝在锁骨中线处，

不同动物肝脏大小差异很大。肝增大时边缘常变钝；肝硬化时右叶与左叶和尾叶的比例失常，表面不平滑，呈结节状。肝尾叶异常增大提示肝静脉或肝段下腔静脉狭窄。

### 2. 内部回声

由于动物体器官各自的组织成分不同，其回声各具特点。例如，正常肝为中等回声的均质脏器，回声较肾略高而低于胰腺的回声，与脾回声类似或稍低。弥漫性回声增高或降低可见于脂肪肝、慢性肝炎、肝硬化等；局限性异常回声见于肿瘤、脓肿、增生和外伤等。正常肾皮质回声略低于肝，髓质为低回声，肾窦为高回声。肾实质弥漫性回声增高可见于慢性肾炎、肾萎缩等；局限性回声异常见于肿瘤、脓肿、外伤等。

### 3. 实质器官回声的衰减特性

衰减特性取决于实质器官组织成分。衰减的增加或减少提示组织成分的改变或分布异常。例如，典型的脂肪肝出现明显的声降减，后方回声降低；而水肿则使衰减减小，内部透声好，后方回声较正常增高。

### 4. 血管的分布

每一器官都有其供血特点。例如，肾动脉分支为段动脉，段动脉再分支为叶间动脉，其沿髓质边缘进入皮质，在皮质和髓质分界处吻合成弓状动脉，而后发出细小的小叶间动脉进入皮质。这种有序血管分布的紊乱和破坏提示肾存在肿瘤或其他局限性病变。肝的动脉和门静脉双重供血特点及肝静脉的引流分布，不但是肝病变解剖定位的参考标志，而且是诊断某些肝疾病的重要线索。应根据器官血管的解剖，辅以 CDFI，从不同的断面上观察其分布，注意血管壁回声是否正常；有无异常变细、增宽、不规则等征象。必要时使用频谱多普勒测定血流动力学信息。

### 5. 毗邻关系

正常器官的毗邻关系固定，并构成特定的声像图断面，如胆囊颈总是指向门静脉右支；胰腺的前方为胃，后上方为脾静脉，头部被十二指肠包绕，尾部与脾和左肾上腺相邻。器官病变常波及毗邻组织或脏器，产生压迫变形、移位、漫润等。毗邻关系的变化对判断病变的存在及其程度有重要价值。

（三）空腔器官

胆囊、膀胱、胃肠是腹部典型的空腔器官，其内容物的来源和性质各不相同，流入道和流出道各具特点。因此，其超声扫查方法和声像图表现也差别较大。对于含气的胃肠，需要使用特殊的检查前准备和扫查方法。但是对它们的声像图分析，有其遵循的共同原则。

### 1. 单纯含液器官

单纯含液器官如胆囊和膀胱，需要在自然充盈状态下检查；而含气的胃肠道则需人为地对其充盈对比剂（如水、显影剂等），以排除干扰，建立良好的声窗。观察的内容如下。

（1）大小和形态　　正常空腔器官在适度充盈状态下，保持其固有的正常形态和大小。异常增大或缩小可能是自身病变所致，如炎症、功能障碍等；也可能是脏器之外的原因使然，异常增大可能是流出受阻（胆总管狭窄、梗阻），也可能是长期禁食、使用减痉挛药物或某些全身疾病的表现；胆囊缩小可能是先天性、慢性炎症性萎缩，也可能是重症肝炎等原因导致的胆汁充盈减少。

（2）壁回声　　单纯含液空腔脏器充盈时，壁具有相似的声像图特征，回声清晰、平滑，厚度均匀；利用高分辨力的超声诊断仪，能分辨胆囊壁、膀胱壁的结构。当部分排空时，厚度和层次结构格外明显。要注意观察壁的厚度有无变化，结构是否连续，是否有肿物、结石等异常征象。

（3）内部回声　　正常内部呈无回声。当内部有回声，提示病理状态，应当改变体位，观察回声的变化。

（4）后方回声　　含液器官后方回声增强。当后方回声过强时，会影响后壁结构的显示。要调节 TGC 抑制远场回声强度。

（5）功能评估　　利用脂餐试验可以观察胆囊排空功能和胆总管远端梗阻；利用排尿后残余尿量测定推断尿路阻塞和膀胱排空功能。

**2. 含气胃或肠管**

尽管胃肠道由于腔内含有气体和实质性内容物严重干扰超声检查，但是胃、小肠、结肠也具有各自的声像图特点，特别是在液体充盈的情况下，其声像图特征与单纯含液空腔器官相似。

（1）经腹壁超声检查　　当胃肠道含气和内容物时，仅可以辨认出层次清晰的前壁，并可见正常的蠕动。若用液体充盈胃肠腔（禁食后饮水或清洁灌肠）驱散胃肠气体后用高频探头扫查，则可显著改善胃和十二指肠的声像图质量，更加清晰地显示胃或肠壁的层次。一旦胃壁或肠壁出现异常增厚，层次破坏，蠕动异常，应考虑有无肿瘤、炎症等病变。

（2）正常胃肠道　　正常胃肠道以张力低、壁柔软、加压扫查易变形为重要特征。胃窦部或乙状结肠在排空状态下壁较厚，可能被误认为肿瘤，充盈后恢复正常特征，这与腹部炎性包块、胃肠肿瘤的声像图有明显区别。

（3）异常胃肠道　　胃肠腔出现异常扩张和液体积聚伴蠕动异常（亢进或消失）提示梗阻；剧烈腹痛伴腹腔内出现游离气体回声提示穿孔或腹膜炎；肠壁增厚呈"假肾征"，提示肿瘤。

（四）浅表小器官

甲状腺、腮腺、浅表淋巴结、乳房和阴囊等小器官需要使用高频探头扫查，它们各有其声像图特征，对这些小器官进行声像图分析时应注意双侧腺体的形态、大小、边界回声、内部回声，有无弥漫性或局限性回声异常，是否有肿物（结节），血供特征等。此外，还要注意腺体或肿物与相邻器官如气管、颈部血管的关系等。

## 二、异常回声

（一）组织器官位置异常

如内脏转位、异位肾、胸骨后甲状腺等。

（二）组织器官形态异常

**1. 先天性异常**

先天性异常主要为器官的先天性变异，主要包括以下几种。

（1）正常变异（功能正常）　　如肝左叶长径增大、驼峰肾等。

（2）代偿性异常　　如肝左叶缺损，右叶代偿性增大；一侧肾缺损，则对侧肾体积增大。

（3）病理性异常（功能异常）　　如融合肾、多囊肝、环状胰腺等。

**2. 后天性异常**

后天性异常多数为病理性异常，主要包括以下几种。

（1）外伤（包括手术）　　功能可能正常，也可能异常。

（2）代偿性异常　　例如，肾切除对侧肾代偿性增大；肝叶切除后剩余肝叶体积增大等。

（3）病理性异常　　例如，高血压引起左心室肥厚，房间隔缺损引起右心房、右心室扩大，肝大，脾大，较大肿瘤等。

## （三）回声异常

**1. 弥漫性**

例如，重症肝炎引起的弥漫性肝回声降低；脂肪肝引起弥漫性回声增高；慢性肾炎时，肾皮质回声增高等。

**2. 局限性**

局限性回声异常多数为病理性，其中以肿瘤最为重要，其次为炎症。以其回声特征，大致可以分为囊性、实性和混合性三大类型，每一类型都有良性或恶性。

（1）囊性　　在超声诊断术语中，"囊性"意指任何内含液体的结构，不特定指囊肿。囊肿是囊性回声中最常见的病变。根据其内部回声，又分为单纯性囊肿和复杂性囊肿。单纯性囊肿是指囊壁薄而均匀，无实性结节，囊液透声好，内部无回声，后方回声增强；复杂性囊肿是指病变具有囊性的主要特征，即有明确的壁，内部以液体为主，但是不完全具备单纯囊肿的特征，如囊壁较厚或不均匀，有实性回声（钙化、软组织、沉积物等）、薄厚不均匀的分隔等，复杂囊肿有恶性的可能。

（2）实性　　完全实性或以实性成分为主（占75%以上）。局限性实性回声病因复杂，如肿瘤、炎症、瘢痕、钙化等，其声像图特点是内部有回声，但应注意内部有回声者不一定都是实性的。

（3）混合性　　病变内既有液体无回声，也有实质性回声。可为肿瘤（包括实性肿瘤坏死液化、含实性成分较多的囊性肿瘤）、脓肿、血肿等。

囊肿与实性肿物可以根据两者的声像图加以区别（表5-2）。

**表 5-2　囊肿和实性肿物的声像图特征**

| | 囊肿 | 实性肿物 |
|---|---|---|
| 边界回声 | 清晰而光滑、整齐，多有囊壁回声 | 无囊壁回声，少数可见假包膜；回声较清晰或欠清晰，有包膜者可见光滑、整齐 |
| 内部回声 | 无回声为主，可有分隔 | 有回声为主（增强、减弱或回声） |
| 后方回声 | 多数增强 | 增强不明显甚至有衰减 |
| 侧壁回声失落 | 常有 | 较少，有包膜者可有 |
| CDFI 或超声造影 | 无血流 | 有血流 |

典型的囊肿和实性肿物是容易鉴别的。但是如果囊肿合并感染或出血，内部可以出现回声；部分囊肿的囊液内蛋白质含量较多可能使后方回声增强不明显；有的淋巴瘤呈圆形、椭圆形，边界清晰、平滑整齐，内部回声极低，有时酷似囊肿声像图；部分回声

实性肿物因有假包膜，其边界清晰、光滑，呈圆形，可有轻度后方回声增强等。因此，尚需对声像图综合分析才比较可靠。

对于肿物良、恶性的鉴别，必须结合临床病史和其他检查结果综合判断。声像图表现为典型的囊肿，通常属于良性。声像图上所见实性肿物或结节，其形态特征如外形、边界、内部回声、后方回声、毗邻关系，是否有周围浸润及肿瘤转移征象，对于临床诊断和鉴别可能提供一定的帮助。彩色多普勒和超声造影、弹性成像还可进一步提供血供特征和质地硬度方面的诊断信息。

（四）血管和血流异常

**1. 血管异常**

（1）先天性　动静脉瘘表现为扩张的动脉和静脉间连续的高速血流信号，阻力很低；脏器的血管供应变异；血管瘤高回声或低回声软组织团块，可压缩，超声造影见内部为流速极低的静脉血流廓清明显延迟。

（2）后天性　动静脉瘘也可以由后天性原因引起，如血管狭窄后的侧支循环血管等。

**2. 血流异常**

（1）血管狭窄　动脉狭窄表现为血管局部狭窄，血流速度明显增快，呈"马赛克"状，其近端血流阻力指数增大、远端血流速度变低、阻力指数减小、加速时间延长、加速度减慢；静脉狭窄引起远端静脉扩张、血流速度明显降低，侧支静脉血管形成。

（2）血栓　引起近端阻力增加，远端血流灌注减少。

（3）动脉瘤　扩张的血管腔内出现涡流。

（4）肿瘤新生血管　超声造影呈动脉早期快速增强，提前廓清。

（观　飒，闫艳娟）

# 第八节　超声伪像

超声伪像（artifact），也称伪差，是指声像图中回声信息的增添、减少或失真，即超声显示的图像与其相应断面之间存在的任何不相符表现，皆属伪像。伪像可能严重干扰声像图，产生假性异常或掩盖病变，误导对图像的正确解释，造成不利影响；但有时可以帮助超声医师鉴别某些结构或确认某些病变。产生伪像的原因是声束在机体内传播的过程中，其固有的物理性质与机体的复杂界面、仪器的性能、扫查者的技术因素等综合作用导致的图像失真。它表现为实物断面结构在图像上的移位、变形、消失或断面外回声的添加等，有的容易觉察和识别，有的不易或无法识别，通常称谓的伪像只是可识别的伪差。明白各种超声伪像的原因，对正确解释图像或规避有害伪像、诱发有用伪像至关重要。

## 一、超声伪像产生的物理基础

（一）动物体声学界面的复杂性

动物体器官及其断面的组织结构非常复杂，不同动物不同部位的组织器官，如脂肪、肌肉、骨髓、含液器官等的声阻抗（密度×声速）和衰减系数有很大的差别。

这些组织构成异常复杂的声学界面，其中有有规则的，但更多的是排列无序的不规则界面。因入射声束的反射和折射有明显的角度依赖性，不可能使声束与每一界面的夹角一致，这一方面造成组织相同，而回声强度不同；另一方面造成声束方向的偏移（折射）。

### （二）声束固有的物理性质

尽管超声诊断仪在不断进步，成像技术在不断改进，但是超声成像的基础依然遵循超声波的基本物理原则。超声声束在机体内传播的过程中，其固有的物理性质（反射、折射、散射、衰减、扩散等）在复杂的声学界面中会表现无遗。当超声波遇到足够大的倾斜界面时，不但其回声强度和方向发生改变，而且其继续传播的方向也发生改变，而仪器无法对其识别和校正，导致回声的方位和强度明显失真。

### （三）仪器性能的限制

超声诊断仪的设计和性能（发射、聚焦、接收、旁瓣、信号处理等）不可能达到理想的水平。声场中不仅有主瓣，还会有无法消除的旁瓣，聚焦声束也有一定的厚度，这必然引起扫查断面内组织的重叠显示。

为了实现超声图像的解剖定位，超声仪器的成像设计基于如下设定：①机体组织平均声速为1540m/s（所有的软组织、液体，甚至骨组织都一样）。②发射声束呈理想的直线传播，反射体的空间位置由初始发射声束回声时间的长短和偏转角度决定。③机体各种组织的声衰减相同，一律按衰减系数 $1dB/(cm \cdot MHz)$ 进行深度增益补偿，并可用DGC人为地进一步调节，使得正常图像的远近强度显示均匀一致，给人视觉"无衰减"的假象。

然而，上述设定在机体器官组织这一复杂介质中实际上都是不能满足的，而仪器只能按预定的设计成像，无法矫正异常复杂的界面对声波传导及其反射回声的影响，故超声图像中不可能没有伪差。

### （四）操作者的技术因素

操作者的技术也是产生伪像不能忽视的因素，特别是使用多普勒成像、弹性成像等功能时，更需注意。仪器优化不合理，扫查位置和方向选择不当等，都可能产生更多甚至严重的人为超声伪差或伪像。如果超声诊断医师缺乏超声成像的基础理论，对仪器功能设置的操作没有足够的理解，不但不能有效减少伪像，而且有增加伪像的可能，甚至严重误导诊断。

## 二、常见的超声伪像

### （一）灰阶超声伪像

#### 1. 多次反射

发生于靠近探头的平滑大界面与探头表面之间，声束垂直地发射到平滑的高反射性界面时，反射回来的声波遇到探头表面，再由探头表面反射到同一界面，如此来回反射。每一次往返的回声都会在这一界面的远侧成像，逐渐向远侧延伸，直至完全衰减。探头每一次发射的脉冲都会重复这种往复反射，在声像图上特征性地表现为平滑界面远侧等距离排列的多条回声，其强度依次递减，多次反射的名称由此而来。由于多次反射影响声束向深方传播，在混响后方可能形成边界模糊的声影（dirty shadow）。多次反射最常见于以下情况。

（1）充盈液体的空腔脏器　　如膀胱和胆囊前壁，使原本不该有回声的液体内出现回声，以至可能掩盖前壁的小病变。

（2）气体与软组织界面　　如肠管外腹膜壁层下的多次反射，是腹膜游离气体的特异性超声征象，此征象强烈提示腹腔内有游离气体；而正常肺表面应该出现的典型"气体多次反射"消失或显示不清，提示肺实变或不张。这些征象具有诊断意义。

（3）光滑的大界面远侧　　如肝包膜或脾包膜的后方可能因为多次反射的叠加而回声增强或结构模糊，可能掩盖病变的显示，或使较小的无回声囊性病变酷似实质性肿瘤。

（4）强反射体的多次反射　　如接近体表的金属异物，有可能显示在与实物等距离的其他部位，易造成异物位置的误判。使用组织谐波成像能够有效抑制多次反射伪像，降低多次反射伪像的干扰，得到清晰的图像。

**2. 振铃伪像**

振铃伪像（ring-down artifact）也称为"内部混响"、"彗星尾"，出现于体内的强反射体之后。例如，肝内和胆管内的气体、胆囊壁内的结晶体、眼球内的异物、置入的人工瓣膜等，其后产生很长的强回声，似"彗星尾"状。对振铃伪像的最初解释是强反射界面与探头间的多次反射，类似于多次反射伪像，但是更合理的解释是强回声界面受到脉冲声波的激励后发生震荡，好似敲响的钟，或敲击后的音叉。这些很强的震荡紧随被激励的反射体返回到探头，在声像图上形成反射体之后的强回声带，并逐渐减弱直到消失。有趣的是振铃伪像不发生于结石和钙化，也不是所有的气体都产生振铃伪像，对于后者的可能解释是小气泡集聚成"泡沫四面体"，才会被声波激励而震荡。此外，胆囊壁内的层状胆固醇结晶彗星尾常常较短，仅有2～3个"圈"，而且远侧总是小于近侧，被称为"V"形伪像，据认为声束必须垂直于胆固醇晶体面才能引起振铃伪像。

振铃伪像可以帮助超声医生识别眼内异物，也可以利用这种伪像敏感地发现胆道系统积气，还可以提示产气杆菌感染性脓肿，如肝脓肿、肠间脓肿等，具有很高的敏感性和特异性。

**3. 镜面伪像**

镜面伪像（mirror image artifact）的成因类似于多次回声伪像，后者是声脉冲在探头与皮肤之间多次往复反射，而镜面伪像是额外的回声（伪像）来自动物体自身内部，即内部的反射体在光滑大界面的另一侧成像，其产生的原理与光学中的镜像原理相同。当扫描声束遇到高反射界面（如膈肌顶部与含气肺的界面）时，声波在该界面的反射回声又在机体内的界面产生反射，并返回到同一高发射界面，该高反射界面将携带的信息沿原路返回到探头，被探头接受成像，由于其往返增加的时间正好等于机体内界面与该光滑大界面之间声波传导时间的2倍，因此在声像图上形成以该反射界面为对称轴的图像（虚像）。镜面伪像的典型例子是膈下肝实质或脾实质回声对称地出现在膈上方。例如，肝内的肿瘤除了正常显示在膈下外（实像），同时以膈肌为对称轴，在膈上显示。高度充盈的膀胱，其前壁及前壁前方的组织以光滑的后壁为对称轴，显示在盆腔内，由于声波被反射，后壁后方的子宫和直肠不能显示，酷似盆腔大囊肿。

与混响伪像不同，镜面伪像几乎不能对诊断提供有用帮助，反而对正常成像造成干扰，应该设法避免。

#### 4. 折射伪像

产生折射伪像的原因是声束遇到两种相邻声速不同的组织所构成的倾斜界面时，由于折射使透射的声束发生方向改变，造成界面回声在声像图上的位置偏移，也称棱镜效应。例如，经腹壁横断面扫查时，声束通过腹直肌与腹膜外脂肪层时，由于声波的折射发生传播方向改变，使腹主动脉可能形成重复（2个）伪像。折射引起的声束方向偏移除了引起反射体的位置偏离，还可能使透射声能减少，导致后方的实质脏器回声降低。例如，肝横断时，钝圆形的尾状叶常出现回声降低区，容易被误认为肿瘤。

回声失落现象的发生也与折射有关。当入射声束与界面夹角达到足够大时，因折射而偏移的声束所产生的回声将不能返回到探头（回声失落）。例如，囊肿的侧壁、有明显包膜的肿瘤可出现侧壁声影；细管状结构（胆管、膜管、导尿管等）的横断面，声像图呈现无侧壁的小"＝"等。

#### 5. 声影

声影意指后方回声显著减少或消失的声像图表现。产生声影伪像的原因有：①显著的声衰减，见于结石、瘢痕、软骨等衰减系数很大的介质；②声阻抗差很大的界面，如骨髓、气体等；③入射声束与较光滑的界面夹角过大，造成全反射，如囊肿的侧壁声影。这些因素使其后方的入射声能显著减小，回声显著降低甚至消失，后方组织结构几乎不能显示，类似物体遮挡光线形成的影子，谓之"声影"。

声影对于诊断有其积极的一面，利用声影有助于判辨机体组织或异物的声学特征，发现结石、识别肿瘤有无包膜等。例如，胆囊内充满结石合并胆囊萎缩时，胆石本身的强回声有时不显著，此时仔细寻找来自胆囊窝的声影和对胆囊充满型结石的诊断有重要价值。某些非均质性的肿瘤如乳腺导管内癌、畸胎瘤内的毛发球或骨髓常有明显的声影；有包膜的囊性或实性肿物常伴有侧边声影，无包膜的实性肿物不会伴有侧边声影。这些表现能够对诊断和鉴别诊断提供重要信息。而不利的影响是较宽的声影遮挡了后方组织的回声，造成漏诊，如大量胆囊结石的声影可以完全掩盖胆囊癌的回声。

#### 6. 后方回声增强

当介质声衰减值低于假定声衰减值时，出现后方回声增强。例如，囊肿后壁及其后方组织回声显著增强；胆囊、膀胱、饮水后充盈的胃，以及胸腹水等均有类似的现象。透声性好的囊肿后方回声增强，还因为囊肿的"凸透镜"效果使穿透过囊肿的声束产生汇聚，回声增强。

对于无回声囊肿，后方回声增强的程度与液体的性质有关，含蛋白质多的囊液后方回声增强较低。

#### 7. 声束厚度伪像

声束厚度伪像（beam width artifact）也称为断层厚度伪像（slide artifact）或声束宽度伪像。尽管通过聚焦的扫描超声声束可以在聚焦范围内变得较细，但是仍然有一定的厚度，在非聚焦区（近区和远区）内更加明显，因此，超声扫描所取得的声像图，是一定厚度体层内组织回声信息在厚度方向上的叠加。扫描声束越厚，回声叠加的横向信息越多，横向分辨力越低。声束厚度伪像在声像图中很常见，如小囊肿内或大囊肿近囊壁处出现低水平回声，是由于一定厚度的声束同时通过囊肿及其周围的实性组织。在超声导向下对小病变穿刺时，贴近病变但不在病变内的穿刺针若同时在声束厚度内，两者在声像图上重叠显示为穿刺针在病变内，这种伪像常对操作者产生误导。

### 8. 旁瓣伪像

探头发射的声束除了声轴方向的主瓣，周围尚有旁瓣。超声扫查在主瓣回声进行成像的同时，旁瓣也会产生回声，并与主瓣回声叠加。由于旁瓣回声很弱，通常并不会对主瓣成像造成可以被觉察的干扰。但是当这些旁瓣遇到强回声界面时，其回声将被探头接收，叠加在主瓣回声内。由于旁瓣距声轴较远，其回声往往是远离主瓣断面外的强回声结构，常表现为同一扫查深度内的"披纱样"模糊回声。令人难以解释其来源。这种伪像在使用质量低劣的超声设备时可能更为明显。在胆囊、膀胱和囊肿的后壁，常见模糊的低水平回声，有时酷似腔内"沉积物"，当旁瓣回声较强时，可能掩盖胆囊或膀胱壁的病变，较大的胆囊或膀胱结石、含气的肠管、骶骨胛等常引起旁瓣伪像。

改变探头位置，调整聚焦点区的深度或聚焦点的数量，加用组织谐波技术可以减少旁瓣伪像干扰。

### 9. 声速伪差或伪像

超声诊断仪的成像和测量都是按照动物体软组织的平均声速（1540m/s）设置的。对于一般肝、脾、肾、肌肉等软组织，超声成像和测量都不会产生明显影响，可以忽略不计。但是，对于声速过慢或过快的组织，却可能造成不可忽视的影响。例如，脂肪的声速较慢，肝内或腹膜后较大脂肪瘤在声束方向上的成像假性变长，使其后方肝的包膜回声向后移位，产生中断的伪像；若脂肪瘤靠近边缘，产生边界伸入横膈或腹壁背侧的假象，同时导致声束方向的测值过大。而角膜、晶状体、骨髓等声速过快的组织，如果利用普通仪器测量，会导致测值小于真实值，造成误诊。因此，进行动物长骨测量时，应使声束与长骨尽可能垂直，进行眼科晶体的测量，应使用眼科专用超声诊断仪。

## （二）多普勒超声伪像

临床常用的多普勒超声有脉冲多普勒（pulse Doppler）、彩色多普勒血流成像（CDFD）、多普勒能量图（CDE，DPI），与灰阶超声伪像一样，上述多普勒超声检查均可产生不同程度的伪像。认识多普勒超声伪像，理解其产生的原因，对正确应用多普勒功能，合理解释多普勒超声表现至关重要。

### 1. 脉冲多普勒频谱伪像

脉冲多普勒频谱伪像主要有两种类型：一是脉冲多普勒混叠，二是频谱缺失。

（1）脉冲多普勒混叠　　脉冲多普勒混叠是指 PRF 小于等于 2 倍多普勒频移时，频移谱线峰出现在基线的另一侧，即最高速度的血流频移发生方向倒错。类似于高速转动的车轮在达到某一速度时，看似发生倒转。这种伪像外观似一个被截断的锥，位于基线另一侧但顶点朝上。尽管常与其上面的低速部分频移谱重叠，但是容易识别，通常不会引起诊断困难。在仪器设置正确的情况下，出现混叠伪像提醒超声医师在取样门处有血管存在狭窄的可能。消除混叠伪像的方法有：①提高 PRF，即增加检测速度范围；②降低多普勒发射频率，即使用低频声束检查；③适当增加声束与被检查血管的角度；④调节基线的位置，使基线移向血流方向的背侧；⑤使用高重复频率脉冲波多普勒（HPRF）功能，在一条取样线上同时设置多个取样门以提高超声波发射和接收的脉冲重复频率；⑥使用连续多普勒。

（2）频谱缺失　　脉冲多普勒的另一类伪像是有血流而无血流频移显示，使超声医师不能判断血管内是否有血流存在。其原因是：①声束与血管的夹角过大时，cosθ值很小或等于零（即θ角为90°），使血流速度在声束方向的分速度过小或无分速度。探头声束与血流方向夹角过大时，频谱和CDFI均无血流信号显示，即使大血管如主动脉也无例外，通常至少应将角度调整在60°以下。若θ＝60°，频移降低50%，θ＞60°，角的轻微变化都将引起cosθ值显著变化，使频移值发生严重误差，结果不可信。可见，利用多普勒技术测定血流速度，调整取样线与血流夹角极为重要，宜保持θ＜30°并加以校正，误差较小。②血流速度过慢而滤波设置过高，使低速血流信号被滤掉。③多普勒增益设置过低，弱信号不能显示。④检测速度范围过大。对上述成因进行调整，可以提高对低速血流信号的显示能力。

（3）基线对称的频谱　　除了上述两类伪像外，由于脉冲多普勒的取样声束也有其超声传播时固有的物理特性，因此，在理论上，灰阶声像图出现的某些伪像也可能成像。在多普勒图像中，其中较重要的还有基线对称的频谱，多普勒频谱对称地显示在基线的另一侧。对其成因，有如下的两种解释：①当声束与血管的角度过大时，其宽度或旁瓣将同时接收到一侧朝向声束的血流和另一侧背向声束的血流，致使基线两侧同时显示方向相反的对称血流频谱，这种伪像在使用相控阵探头时容易出现；②声束与血管角度足够大时，多普勒频谱在光滑的血管壁产生反射，形成以基线为对称轴的镜面伪像，减小声束与血管的夹角，能够有效地消除这种伪像。

**2. 彩色多普勒伪像**

彩色多普勒伪像的表现复杂，原因较多，有声学特点固有的限制，但是更多的是仪器使用条件设置不当等人为的因素，大致可归纳为有血流的部位无彩色血流信号、无血流的部位出现彩色信号、彩色信号混叠、彩色信号的颜色或其色度（shade of color）改变、彩色外溢等5类。较重要的伪像有以下几种。

（1）彩色信号衰减伪像　　在原本血流分布一致的区域显示彩色血流信号分布不均，表现为浅表血供多，深方血供少，或器官深部血流较难显示。例如，甲状腺功能亢进时，甲状腺深方的血流信号较浅方血流明显减少，产生深部多血供（多血管）、深部少血供（少血管）的错觉，其原因为多普勒频移信号来自微弱的红细胞背向散射，它通过组织时，距离越长，衰减也越多，可见探头频率越高，衰减伪像越明显。适当降低多普勒频率或选用频率较低的探头，可以改善深方血流的显示。此外，将聚焦区置于取样门水平、提高取样门深度的彩色增益也能提高深方的彩色血流检测敏感性。静脉注射微量声学造影剂，能够显著提高彩色血流信号的显示，但是会严重影响脉冲多普勒频谱。

（2）壁滤波（filter）或检查速度设置过高　　滤波频率过高会严重降低低速血流信号的敏感性，使低速血流信号不能显示。

（3）彩色增益过低　　无论是高的还是低的弱频移信号都不能显示。

（4）闪烁（clutter rejection）伪像　　心脏或大血管搏动、呼吸、肠管蠕动或肠管内容物的流动等引起周围组织振动，其频率正好在多普勒频移的范围内，而且强度较大，如肝左叶近膈面、高速血流周围的组织、患病动物咳嗽或鸣叫等都可以引发与血流无关的彩色信号显示，其诱因明确，容易确认。闪烁伪像在能量多普勒成像时更为明显，这与能量多普勒对弱信号较敏感有关。由于机体生理活动产生的振动无时不在，因此使用常规方法消除闪烁伪像相当困难。临床可利用造影谐波成像消除闪烁伪像，这是因为该技术提取的非线性谐波信号的频率远远跑过了组织机械运动产生的多普勒频移信号频率。

（5）镜面反射伪像　彩色多普勒镜面伪像的发生机制与二维成像和脉冲多普勒相同。该伪像表现为以高反射性界面为对称轴的彩色"倒影"，如以颈动脉后壁为对称轴，深方又出现一条并行的颈动脉彩色血流信号（虚像）。镜面反射伪像可能对深方的血流显示造成遮挡，或误认为存在血流。减小声束与血管的夹角可能有助于减弱彩色镜面伪像。

（6）快闪伪像（twinkling artifact）　多见于肾盂、输尿管、膀胱表面有结晶的不光滑尿路结石。快闪伪像的成因可能为声束遇到不光滑的尿路结石界面时，其反射声波发生相位改变，并在粗糙的小界面间来回反射，由于相位的差频在多普勒频移的频率范围内，因此在结石表面显示为很高频率的彩色噪声，并向声束入射方向延伸，快闪伪像对于发现和确认不典型尿路结石有很大帮助。快闪伪像在胆结石较少见的原因，目前还没有确切的解释。

（7）混叠（aliasing）伪像　表现为彩色血流信号呈多色镶嵌的"马赛克"（mosaic）状，也称"彩色镶嵌"，使血流方向、速度表达错乱，甚至检查者完全不能识别血流的方向，其成因与脉冲多普勒混叠伪像相同。仪器设置不当（如过度降低脉冲重复频率）和使用不正确（如采用较高频率的探头）都会产生彩色混叠伪像。在设置正确的情况下，混叠处的血流速度最快，提示存在血管狭窄。

（8）声束角度不当　与脉冲多普勒频谱一样，彩色多普勒血流成像提取的也是血流在声束方向的速度分量，所以也取决于声束（取样门）与血流方向的角度。探头声束与血流方向夹角过大时，频谱和CDFI均无血流信号显示，即使大血管如主动脉也无例外。通常至少应将角度调整在60°以下。

常规CDFI彩色血流（幅度）显示对角度依赖性过大，易产生血管内"无血流"或"流速不均"伪像。采用多普勒能量图（color Doppler energy，CDE）［也称DPI（Doppler power imaging）］方法，可以显著改善血流检查的敏感性。

（9）彩色血流信号"外溢"　如果彩色增益、彩色优先过高，或脉冲重复频率、滤波设置过低，常引起彩色血流信号从血管腔内"外溢"的伪像，甚至使伴行的动脉和静脉混为一体，严重时会掩盖血管内的血栓或血管壁的斑块。针对其产生原因，可以减少或消除彩色外溢伪像。

（10）开花伪像（blooming artifact）　静脉注射微泡造影剂，血液内的微泡强散射可以使彩色血流信号显著增强，特别是不断破裂的微泡会产生强大的声流，致使彩色血流信号的强度显著增强，呈开花状，无法分辨血管形态和血流方向。开花伪像可以显示血管较多的肿瘤，现在很少使用。

（观　飒，闫艳娟）

# 第九节　超声诊断常用术语与报告书写

对于超声检查所获取的图像描述，必须采用科学而规范的术语，并且要遵循准确、简练的原则。描述顺序通常为：部位（解剖定位）、大小、形态、边界（清楚与否）、边缘（有无包膜等）、总体回声强度、内部回声特点、后方回声、血管分布及血流特征、与周围组织的关系（或对周围组织的影响）等。必要时简要描述临床兽医师关心的相关内容，如淋巴结大小、有无转移征象等。

## 一、回声的部位、大小和形态

对于异常回声，首先要明确并写出其解剖部位，如左肾上前段、肝右前叶下段、第 2 腰椎水平右侧腹膜后等，然后描述其大小和形态。

### （一）点状回声（回声点）

点状回声（回声点）又可再分为细点状回声和粗点状（直径 2～3mm）回声，因为过小，不能分辨其内部是否均质，强度可高可低。描述时前面冠以分布特征，如"弥漫分布的（或密集的）细点状强回声，部分见彗星尾征"；"胆汁内显示密集细点状弱回声，随体位改变移动"。

### （二）斑片状回声（回声斑）

斑片状回声代表稍大的结构，可以辨别其内部结构是否均匀，要说明是单发抑或多发，其回声强度和分布特征，如"颈动脉窦后壁约 3mm×5mm 高回声斑，突入颈动脉腔，表面不光滑，内部有不规则低回声"。

### （三）团块状回声（回声团）

常用来形容较大的肿瘤、结石等结构，要写明大小和形状（圆形、分叶状、不规则等），如"子宫右侧附件区直径 6cm 圆形无回声团块"；"左肾后段 3.5cm×3.0cm×3.0cm 高回声团块"。

### （四）结状回声（回声结节）

常指直径<3.0cm 的小团块状回声，如"膀胱三角区直径 2.0cm 的低回声结节，有窄蒂，表面不光滑，不随体位改变移动"。

### （五）线条状回声（回声线）

常指细线状或较粗线状、条带状回声，平滑或不规则，均匀或不均匀，连续或不连续，常用来形容脏器表面的包膜、囊肿内的分隔等。

### （六）弧形回声、环状回声（回声环）

多用来形容较大的结石表面、胎儿颅骨、钙化囊壁、血管和空腔器官的横断面等。

## （七）管状回声

多用来形容血管、胆管、膜管或空腔器官的纵断面等。

## 二、回声的强度

声像图是由组织界面反射和散射回声共同组成的，回声强度是介质内界面声阻抗差大小与界面密集程度的反映，因此，对其确认的表述术语应限于声学范畴，不可用"光点"、"光团"等描述。

## 三、回声的分布

回声的分布通常按回声分布均匀程度来描述，是组织内部结构是否均一的反应。例如，"均匀"反映组织结构均一，界面较少而小，以散射回声为主，如肝、脾；"不均匀"反映组织内部组成复杂，界面多而大，如肾窦、乳腺等。对某一特征的回声分布，还可以用"密集"、"稀疏"、"散在"等来形容。例如，乳腺肿块内的微钙化强回声点，可以用"散在"、"密集"或"簇状"来描述，后者对诊断乳腺癌具有较高的特异性。在肿块内的血流信号，可用稀疏散在的彩色信号表述，代表血管稀少。

## 四、边界和边缘

边界通常指病变（特别是肿瘤）与正常组织的分界是否清晰可见或模糊不清。边缘是指如脏器的包膜、囊肿壁、病变的外缘回声特征，是否整齐、平滑，是否有"侧边声影"，是否成角、呈"毛刺"状等，有无增强抑或降低的晕环等。例如，右乳外上象限2点距乳头约4cm处腺体内可见约3.3cm×2.5cm低回声团块，纵径大于横径，边界欠清楚，边缘呈毛刺状，周边有较厚的不均匀高回声包绕，内部无明显微钙化征象，后方回声衰减明显。边界和边缘特征对鉴别诊断有较大的帮助，应该重点描述。

## 五、内部回声

内部回声是重点描述的内容，包括回声强度及其分布是否均匀、有无钙化强回声或液性无回声等。

## 六、后方回声

后方回声包括后方回声有无增强或减弱（衰减）；还可引自超声伪像的常用术语，如"声影"、"后方回声增强"等。

## 七、病变内血流信号

病变内血流信号包括病变有无血流信号，血管来源，进入病变的部位，血流多少及分布，阻力指数等。例如，颈部肿大淋巴结，血流从门部进入抑或从周边进入。病变血供的特征可能为疾病诊断的重要信息。

## 八、对毗邻组织的影响

对毗邻组织的影响包括对周围的组织或器官有无挤压、浸润、包绕、占位等。

## 九、质地评估

探头加压是否变形，即质地的软硬，必要时使用弹性成像功能评价其弹性特征，后者目前主要用于乳腺、甲状腺等浅表器官肿瘤的评价。

## 十、活动性

活动性指用探头或用手推压组织和器官有无移动，有无随体位改变的运动等。

## 十一、功能评价

超声检查还可应用于器官的功能评价。例如，①心脏功能评价（包括负荷试验）；②胆囊收缩功能评价；③胃肠蠕动功能的观察；④肌肉的收缩功能；⑤利用超声造影时间强度曲线评价器官的血流灌注；⑥利用超声弹性成像技术获取实质性器官或病变的相对硬度信息，以增加诊断信息。

## 十二、心脏和血管的血流动力学评价和描述

评价和描述的内容既要有直接的数据信息，如时相、速度、加速度、加速时间等特征，又要有相关的间接征象。

## 十三、超声造影

规范的描述术语为"增强"和"消退"，应以时相分别描述其增强模式、程度和持续时间。增强方式有"均匀性增强"、"不均匀性增强"、"自周边向中央增强"、"自中央向外周增强"等；增强程度的分级应与器官自身为参照，分为"高增强"、"等增强"、"低增强"、"无增强"。例如，动脉期自周边向中央呈不均匀高增强，晚于延迟期缓慢消退。

## 十四、声像图的某些形态特征

### （一）靶环征或牛眼征

靶环征（target sign）[也称牛眼征（bull's eye sign）]主要指声像图表现为中央高回声周围低回声的肿物，形似"靶环"或"牛眼"，多见于转移性肝肿瘤。

### （二）假肾征

假肾征是胃肠肿瘤的特征性声像图表现。增厚的胃肠壁包绕肠内容物，表现为周围较厚的低回声包绕中央强回声区，酷似肾的横断面声像图，谓之"假肾征"。

### （三）彗星尾征

彗星尾征为内部混响所致。多见于胆囊壁内胆固醇结晶或微小结石，甲状腺胶样囊肿内的结晶体、体内金属异物，胆管内或脓腔内的微气泡等，在声束的激励下产生强烈的"内部混响"（internal reverberation），表现为自反射体向深方延伸的强回声带，逐渐衰

减消失，酷似彗星尾，具有特征性。

（四）套袖征

套袖征为肠套叠时套入肠管纵断面的特异性声像图表现，形状似套袖，其横断面似同心圆，称"同心圆征"。

（五）飞鸟征

飞鸟征主要指肾上腺肿瘤与肝和肾构成的声像图，似飞鸟展开的双翅，也称"海鸥征"。

（六）越峰征

越峰征指腹膜后肿瘤患病动物做呼吸动作时肠管在肿瘤前方滑过的征象，对鉴别肿瘤的位置有帮助。

（七）低回声征

低回声征一般指肝肿瘤周围的薄层低回声带，可能为组织水肿的表现，是恶性肿瘤的征象。

（八）脂液分层征

脂液分层征为囊腔内脂肪液与水质囊被分层的声像图表现，是畸形胎瘤的特异性征象。

（九）双泡征

双泡征一般为胎儿十二指肠闭锁的声像图征象，类似的形象特征的描述还有很多，是公认的惯用术语，简洁、形象而实用，但是不可随意杜撰。

## 十五、描述声像图的注意事项

1）突出对诊断和鉴别诊断有重要价值的声像图表现，特别是具有特征性的阳性表现。

2）对鉴别诊断有价值的阴性结果也要描述，如乳腺肿瘤内未见微小钙化征象；复杂囊肿内未见血流信号等。

3）要注意描述临床兽医师关心的问题，如胰腺癌对周围血管的影响，腹主动脉瘤对腹腔动脉、肾功能的影响等，这些内容对临床治疗方案的选择有重要指导或参考价值。

4）忌用"B超"、"彩超"等不规范的口语，可以统称为"超声表现"（ultrasound findings），或分别称为"二维超声（声像图）"、"灰阶超声"、"彩色多普勒超声"等规范术语。

## 十六、超声诊断

（一）超声诊断的思维方法

超声检查所获得的形态学，组织声学特征和功能信息，只是超声诊断的影像学依据。超声诊断必须结合患病动物的病史（包括既往病史、症状、体征）和其他检查结果进行综合分析，这是一个复杂的逻辑思维过程，这一过程需要融入超声兽医师相关的宽泛的基础理论（声学、医学）、临床知识和丰富的经验积累。通过与超声信息的关联、比对、甄别、排除和萃取，对超声表现给予客观的合理解释，得出最可能的诊断印象。这一思维过程是否正确，取决于多种因素，而最终将直接影响到超声诊断的正确性。

## （二）超声诊断结论

超声诊断属于医学影像学诊断，它不同于病理组织学诊断。超声诊断的结论，应当根据综合分析印象的可信程度，对结论进行较肯定、可能、不确定等不同层面的分级，并按照此加以描述。

### 1. 定位诊断

定位诊断即病变的解剖部位或器官、组织的定位，确定某一器官的哪一部位有异常，如心脏的二尖瓣、肝的外叶上段、肾的上极/下极或皮质/肾窦等。超声对于病变的解剖部位或器官、组织的定位诊断具有高度准确性，因而容易肯定诊断。当遇到不能确定的情况时，可进行大概描述，如肾上腺区、左/右附件区、肝门部等。

### 2. 病变特征的诊断

应区分为弥漫性或局限性，囊性（或含液性）、实性，或混合性。超声对病变物理性质的判断通常也是准确的。

### 3. 良性或恶性的诊断

只有在具有高度特异性超声表现的情况下，通过综合判断，超声才可提示肯定而明确的诊断，如胆囊结石、死胎、肝囊肿、肾囊肿等。必须强调的是，超声影像诊断不是病理组织学诊断，由于大多数疾病的超声表现是非特异的，只能结合病史综合分析，提示某一或某些疾病的可能性，对此也要特别慎重。因而，在提示病理诊断时，可以是肯定的，也可以是不确定的，如"胆囊颈部结石"，"右肾下段实性团块，恶性可能性大"，"甲状腺左叶低回声结节，性质不确定"；还可以描述为"疑似"或"可疑"的，如"肝右叶上段实性病变，可疑血管瘤，不排除局限性脂肪肝"，必要时可以提出进一步的诊断建议，如穿刺活检、CT检查、甲状腺功能检查等，也可以提出随访建议。

在超声检查报告中，诊断结论是临床兽医师最关注的部分，是临床诊断和处理的重要参考信息，甚至可能承担法律责任，一旦误诊，后果严重，因此，超声诊断应严格遵循科学、客观的原则，写成"提示"或"印象"可能更为恰当。

（观　飒，郝玉兰）

# 第六章　消化道内镜诊断技术

**【本章术语】**

内镜　冻结图像　解除冻结　上消化道　下消化道　活检

**【操作关键技术】**

1. 前端部在平时操作过程中要注意保护，避免损伤物镜镜头。
2. 如何确定到达检查位置和调整观察角度。
3. 掌握内镜检查适应证和禁忌证。
4. 内镜活检的操作方法和注意事项。

## 第一节　消化道内镜基本构造和功能

消化道内镜是兽医临床使用频率最高的内镜，它作为一种无创、无损伤技术，可以对食管、胃、小肠上段、直肠、结肠、盲肠的病变进行可视化检查，并为实验室诊断提供组织、细胞和胃肠液的样本，而且还包括异物取出、食管扩张术、胃管放置、肿瘤切除等治疗性措施。自从 20 世纪 70 年代内镜检查技术进入兽医临床以来，兽医胃肠病的诊断与治疗发生了彻底的变革。

虽然单根消化道内镜价格较高，但相对于硬质内镜来说，其配套的设备相对单一，如主机、视频设备、操作器械等，而硬质内镜需要专门的光源、视频设备、保护套、气腹机、电刀等，而且针对不同的操作需要专门的器械，这些设备器械都具有专利保护，较为昂贵，整体价格因此水涨船高，临床推广不如消化道内镜那么容易。根据目前国内兽医的现状，消化道内镜将是未来最容易被动物医院接受的内镜设备。

### 一、消化道内镜的构造和功能

消化道内镜主要由光导连接器、操纵电缆、操纵部、插入部和前端部组成（图 6-1）。

操纵部为消化道内镜的核心部件（图 6-2）。整个操纵部都可以放入水中清洗，其中吸引按钮、注气 / 注水按钮、工作通道橡胶塞都可以单独卸下，吸引按钮、注气 / 注水按钮可以高压蒸汽灭菌，橡胶塞可以更换。操纵部上下、左右弯曲旋钮，可以控制内镜前端的方向，并有锁定系统，方便操作者单人操作内镜并同时进行活检等工作，但要注意一旦内镜被锁定不要强行弯曲内镜前端，否则会造成内镜的操纵钢缆的断裂。

插入部每隔 5cm 或 10cm 都会有一道白线标记数字，记录内镜插入深度。插入部前端为弯曲部，是内镜可上下、左右弯曲的部位，也是比较脆弱的部位，要注意保护；整个插入部都要防止被动物咬破导致内镜内部严重损坏；避免过度弯曲，扭转插入部内部的传导光纤。经由内镜的工作通道插入操作器械时也要轻柔，应该在器械完全进入内镜后再进行弯曲操作，避免在内镜弯曲时强行插入或在工作通道内打开器械，以免损伤通道内部（图 6-3）。

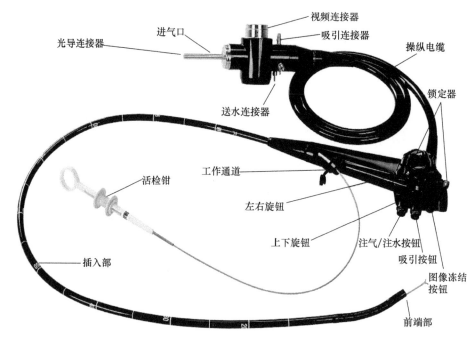

视频连接器
吸引连接器
进气口
光导连接器
操纵电缆
锁定器
送水连接器
工作通道
活检钳
左右旋钮
上下旋钮
注气/注水按钮
吸引按钮
插入部
图像冻结按钮
前端部

图 6-1　消化道内镜

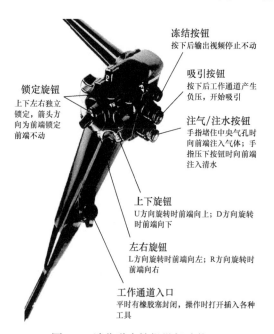

冻结按钮
按下后输出视频停止不动

吸引按钮
按下后工作通道产生负压，开始吸引

注气/注水按钮
手指堵住中央气孔时向前端注入气体；手指压下按钮时向前端注入清水

锁定旋钮
上下左右独立锁定，箭头方向为前端锁定前端不动

上下旋钮
U方向旋转时前端向上；D方向旋转时前端向下

左右旋钮
L方向旋转时前端向左；R方向旋转时前端向右

工作通道入口
平时有橡胶塞封闭，操作时打开插入各种工具

图 6-2　消化道内镜操纵部功能

图 6-3　操作器械进入内镜工作通道

前端部（图 6-4）在平时操作过程中要注意保护，避免损伤物镜镜头；及时冲洗掉镜头上的废物，包括黏液、血液、内容物，避免堵塞注气/注水口。动物内镜长度较长，取放时也要小心，避免镜头拖地磨损，可以考虑在镜头前端套一个 2ml 注射器针管进行保护。

## 二、消化道内镜的附属设备

消化道内镜还需要配套的附属设备才能正常工作。全套的消化道内镜包括综合主机、蒸馏水罐、吸引器、显示器、视频采集电脑、推车等（图6-5）。

综合主机是除内镜外的另一重要设备，原来的消化道内镜需要独立光源、独立视频输出设备、独立气体输出设备等，现在由于消化道内镜功能较为单一，逐渐将这些设备融合形成现在多数消化道内镜的综合主机，因此综合主机的功能就有：光源、气泵、水泵、视频采集和输出、影像白平衡调节、光源光线强弱调节等，有些主机甚至有组织结构强化、色彩强化、打印等功能。综合主机视频输出连接电脑或者专门的视频存贮设备即可实现视频图像的保存。

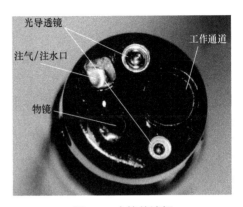

图 6-4　内镜前端部

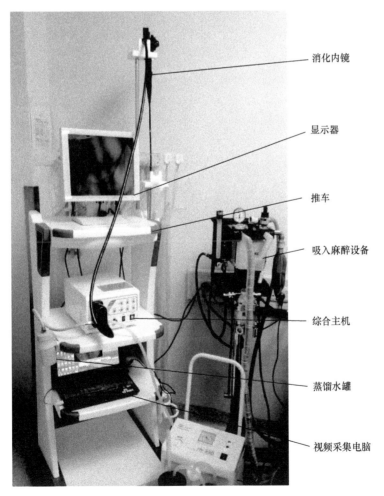

图 6-5　全套的消化道内镜设备

除了这些设备外，应用于工作通道的各种软质器械也是非常重要的辅助工具，包括活检钳（图6-6）、抓钳（图6-7）、取石篮（图6-8）、息肉切割器（图6-9）、细胞刷和注射器等工具（图6-10）。

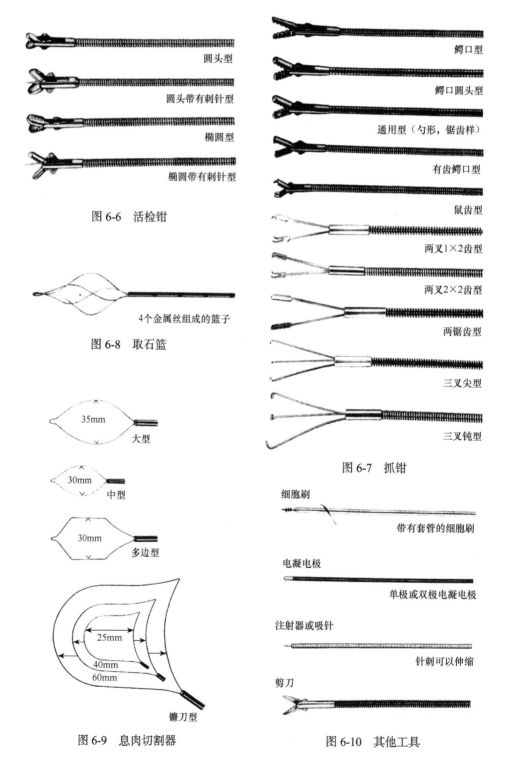

图6-6 活检钳

图6-8 取石篮

图6-9 息肉切割器

图6-7 抓钳

图6-10 其他工具

### 三、消化道内镜操作人员准备和设备摆放

消化道内镜操作人员一般需要两名，一名为主要操作者（术者），另一名为辅助人员。术者负责操作内镜、观察、取样等；辅助人员负责动物麻醉监护、取样后样本放置固定、取拿工具、协助术者进行内镜操作等。消化道内镜操作人员必须要经过培训上岗、注意个人防护，术前消毒，戴手套、帽子、口罩，穿手术衣或隔离衣，避免身体直接接触内镜部位，使用过的器械工具也要清洗消毒，避免污染和交叉感染。

消化道内镜人员位置和设备的摆放（图6-11，图6-12），一般动物左侧位，术者在动物四肢方向，助手在术者对面，显示器可以有多个位置，只需额外视频连接线而已，如图6-11中1、2、3标记位置均可，根据术者喜好，也可同时摆放多个显示器。

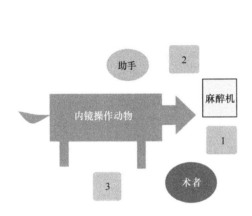

图6-11　动物、术者、设备摆放位置示意图

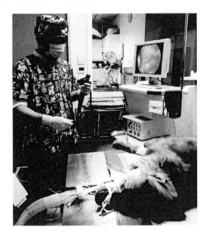

图6-12　术者操作消化道内镜位置

### 四、消化道内镜的基本操作

消化道内镜操作一般由术者一人完成，如何判断内镜到达检查位置和调整观察角度，需要反复训练，养成镜像思维。

首先要掌握基本的持镜操作，步骤如下。

1）左手持内镜的操纵部，以拇指和中指及无名指调节大小旋钮；中指及食指控制注气/注水及吸引按钮，同时控制冻结按钮以随时冻结图像及解除冻结（图6-13）。

2）右手持插入部，控制进退、旋镜。右手抓持插入部，手距离前端部应不小于15cm，以20~30cm为宜；抓持不宜过紧（图6-14）。

3）左手置于胸前，持内镜的操纵部，保持操纵部直立状态，以虎口及腕部的力量撑住内镜，仅以左手无名指及小指持握内镜操纵部，不要抓持过紧，抓持过紧会影响操作的灵活性；以左手的拇指和中指及无名指调节大小旋钮，两指配合保持旋钮的稳定性（图6-15），以防止图像晃动而影响观察（调整小旋钮时视野的晃动幅度很大，可以用旋转镜身替代）；左手中指用来控制注水或注气，左手食指控制吸引按钮，同时控制冻结图像及解除冻结（图6-16）。为了防止过度送气，可以仅仅用食指控制两个按钮，一般可将食指放在吸引按钮上。

图 6-13　左手持镜操纵部

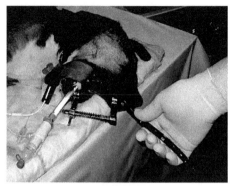

图 6-14　右手持插入部

图 6-15　持镜操作侧面观

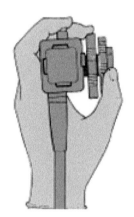

图 6-16　持镜操作俯视观

4）右手持插入部，控制内镜的进退，同时可以辅助旋转镜身。当左手旋转操纵部时，右手不可握持过紧，否则镜身前端无法旋转；当需要右旋镜身操纵部而左手无法再向右旋转时，可以用右手向左推镜身在体外的插入部或者右旋镜身的插入部，上述操作可在一定程度上辅助右旋；同样，操纵部平放或者无法左旋时，可以用右手向右上拉镜身在体外的插入部或者左旋镜身的插入部，可在一定程度上辅助左旋；如果要向左或右方向旋转，也可暂时用右手旋转镜身插入部（图 6-17，图 6-18）。

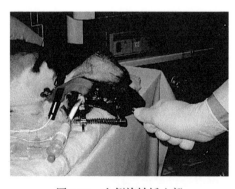

图 6-17　左侧旋转插入部

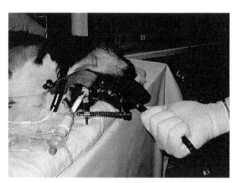

图 6-18　右侧旋转插入部

消化道内镜有 4 个方向旋钮，即上、下、左、右（up、down、left、right，一般用首字母标记），老式内镜只有 up 和 down 两个方向旋钮。在动旋钮之前，一定要明白插入部的位置，是否发生过旋转及旋转的度数。对于图像而言，旋转 up 旋钮的时候都由上方向下移动，镜身前端部向上弯曲；旋转 down 旋钮的时候与旋转 up 旋钮正好相反；旋转 left 旋钮时图像由左向右移动，镜身前端部向左弯曲；旋转 right 旋钮时的图像与旋转 left 旋钮正好相反。一般的消化道内镜旋转 up 旋钮前端部的角度可达 180°~210°（图 6-19，图 6-20）；旋转 down 旋钮前端部的角度可达 90°；旋转 left 或 right 旋钮前端部的角度为 100°。由于旋转 up 旋钮的角度最大，弯曲后呈字母 "J" 形，又称为 J 角。up 方向是应用最多的角度，在胃部操作观察胃角和贲门及进入幽门都需要使用 up 角度。

 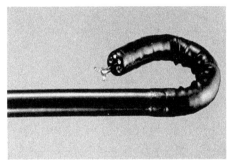

图 6-19　up 角度（180°）　　　　　　图 6-20　up 角度（210°）

（毛军福，王　妤）

# 第二节　上消化道内镜技术

上消化道内镜检查可以对食管、胃和小肠上段病变进行可视化检查，并可以提供活组织样本、胃肠液样本，以及异物取出、食管扩张、胃管放置等操作。相比传统的影像检查更清晰、准确，比传统的手术操作具有创伤小、并发症少、恢复快等优点。

## 一、适应证

上消化道内镜检查适应证包括吞咽困难、返流、慢性呕吐、吐血、黑粪症、厌食、慢性腹泻、移除异物、食管扩张、安装胃管等，上消化道内镜检查疾病诊断率可达 90% 以上，但是如果在内镜检查前不进行仔细的临床检查和实验室检查及其他影像学检查，也可能会造成误诊。

## 二、局限性

上消化道内镜检查常用于食管、胃及小肠上段黏膜或管腔内部的疾病的诊断，但如果疾病位于胃肠道黏膜下层和肌层时，内镜检查就无法检测清楚，现在的内镜超声技术可以部分解决这些问题，但设备价格较高，动物医院尚无法普及。

许多上消化道疾病是功能性疾病而非形态性疾病，此类疾病没有形态学的变化，内镜检查就不能收到理想的诊断结果，如腹腔内肠外肿瘤、胰腺炎、食物过敏、胃肠运动紊乱、全身肝肾疾病、中枢神经系统疾病等。

消化道内镜还无法到达小肠中段，所以不能完整地评估整个消化道。

## 三、禁忌证

上消化道内镜检查比较安全，并没有绝对的禁忌证，但需要注意的是消化道穿孔检查时内镜充气可能造成腹腔污染，凝血不良时内镜检查或组织采样损伤造成出血不止等情况要慎重考虑。

## 四、并发症

上消化道内镜检查最常见的并发症是由于气体充入过多而导致的胃过度膨胀，胃扩张会压迫后腔静脉和胸腔，从而导致静脉血回流受阻、血压降低和潮气量下降，所以胃和十二指肠检查过程中如果出现胃部过度膨胀，应该使用与主机相连的吸气泵吸出气体进行减压。

内镜插入过程中用力过猛，活检或者取出异物操作不当可能会导致食管、胃和十二指肠穿孔，如果发生穿孔，出现气体泄漏，可以通过 X 线检查来发现。

由于内镜检查时迷走神经被刺激或者肠道膨胀迷走神经牵拉，被检动物可能出现心动过缓等情况。

组织活检后大出血的现象并不多见，但应在活检后观察几分钟确认没有出血时再结束检查。

## 五、上消化道内镜操作准备

### （一）物品准备

物品准备及其作用见表 6-1。

表 6-1　操作所需准备的物品

| 物品 | 作用 |
| --- | --- |
| 喉镜 | 内镜不易插入口腔时协助插管 |
| 水溶性润滑剂 | 涂在内镜前端起到润滑作用 |
| 开口器 | 避免动物咬坏内镜 |
| 20ml 注射器 | 可以将针管前端切断后作为通过口腔的通道（图 6-21），防止动物咬坏；冲洗 |
| 吸引器 | 吸气、吸水 |
| 各种辅助工具：活检钳、异物钳、息肉切割器、取石篮等 | 活检及取出异物、切除肿物 |
| 生理盐水 | 冲洗工作通道 |
| 带针 2ml 注射器 | 活体组织取样后用针头帮助放置样本 |
| 二甲基硅油（50~100 倍稀释） | 被检动物胃肠道泡沫太多时，通过工作通道注入消沫 |

## （二）动物准备

消化道内镜操作时，被检动物必须采用吸入麻醉，避免消化道食物返流误吸入肺；被检动物禁食 12～24h，临床常规检查，对症治疗，纠正水、电解质平衡紊乱，避免麻醉意外；使用钡餐后要 18h 才能进行内镜检查，防止钡剂污染和损坏内镜；给予被检动物抗胆碱药物，可抑制胃液分泌和避免迷走神经刺激引起的心动过缓、血压下降等；一般检查时患病动物左侧位，装置胃管右侧位。

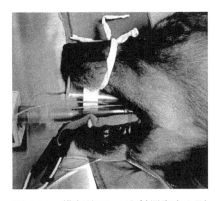

图 6-21 横断的 20ml 注射器绑在上颚作为内镜保护通道

## 六、上消化道内镜操作技术

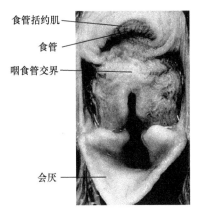

食管括约肌
食管
咽食管交界

会厌

图 6-22 咽部解剖结构

### （一）食管检查

食管检查是上消化道检查的第一步，首先将动物颈部伸直，经口腔将内镜插入部沿着气管插管上方插入，由于插入了麻醉机的气管插管，内镜进入气管的可能性很小，但也要掌握咽部的解剖结构（图 6-22），避免内镜插入部和气管插管缠绕，导致插入部进入咽喉交界处两侧的隐窝内，无法插入食管。内镜的插入部进入食管后不要立刻插入颈部食管，应该往后拉，停留在食管括约肌内侧，然后按住注气按钮，往食管内注入气体，扩张食管（图 6-23，图 6-24），直到看到整个颈部食管腔为止，待食管充分扩张，再向前推动内镜的插入部，通过微调上下左右旋钮，使食管腔的中央置于内镜屏幕的中央。

插入部处于颈部食管时，可见食管时钟方向 10～12 点有一纵向突出的气管压迹；内镜处于胸部食管时，可见主动脉压痕和搏动（图 6-25），再往前可见闭合的食管下段括约

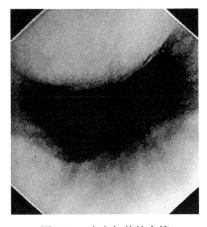

图 6-23 未充气前的食管

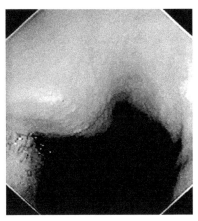

图 6-24 充气扩张后的食管

肌（图6-26）。猫的食管后端是平滑肌，可见鲱鱼骨样环状黏膜皱褶（图6-27）。

内镜可见的异常的食管形态包括：①食管内滞留过多的液体和发酵的食物（图6-28），提示食管扩张。②食管黏膜发红、糜烂、溃疡（图6-29），提示食管炎症。③食管腔缩小、环状狭窄（图6-30），提示食管狭窄。④食管内壁组织增生、易碎（图6-31），提示可能食管肿瘤。⑤食管远端食管壁或者胃黏膜进入食管腔（图6-32），提示可能食管裂孔疝。⑥骨头、毛团、针线、玩具等异物都有可能出现在食管腔内。

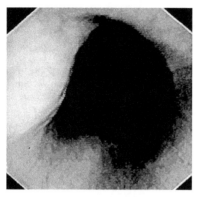

图 6-25 胸段食管主动脉压痕和搏动

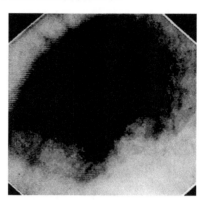

图 6-26 犬食管下段括约肌

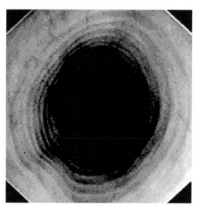

图 6-27 猫食管后段环状黏膜皱褶

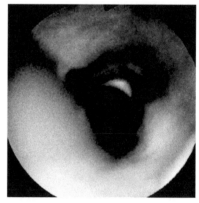

图 6-28 食管内滞留过多的液体

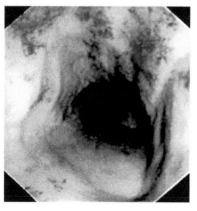

图 6-29 食管发红、糜烂

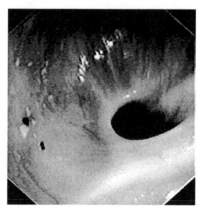

图 6-30 食管环状狭窄

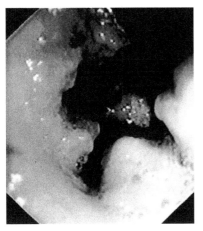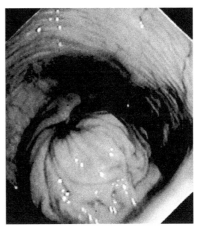

图 6-31　食管内壁增生物　　　　　　图 6-32　胃黏膜翻入食管腔

## （二）胃检查

食管检查之后，将内镜前端推入胃内，注入气体后，胃内视野变得清晰，可充分显露胃部解剖结构（图 6-33）。内镜首先看到的部位是胃底和胃体的结合部（图 6-34），如果胃部未充分膨胀，将无法观察胃内状况，未充分膨胀的原因可能是气体通过食管溢出，或者胃壁内外的病灶导致，此时可以尝试用手指压迫食管进行封闭。检查过程中要避免胃内过度膨胀，避免压迫后腔静脉，回流受阻，抑制呼吸。

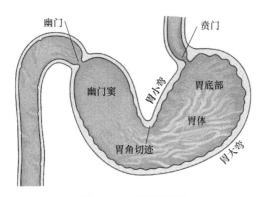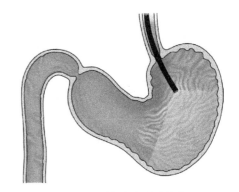

图 6-33　胃解剖结构　　　　　　　图 6-34　胃镜首先看到的位置

内镜前端继续向前，沿着胃大弯的方向自然前行（图 6-35），这时还要操作胃镜成 J 角（即 up 角状态），使镜头反转，以便观察胃底部、胃小弯、贲门（图 6-36），此时，内镜可以看到自身的插入部（图 6-37）。胃角切迹（图 6-38）是内镜检查时的一个很重要的解剖位置，可以用来区分胃体和幽门窦，一般而言胃角切迹的右下方为幽门窦。

继续插入内镜的插入部进入幽门窦，有时胃内气体过多，导致胃过度膨胀，进入幽门窦会较困难，尤其大型犬，内镜的前端容易被弯曲进入胃大弯的远端（图 6-39），而无法进入幽门窦，此时需要将内镜拔到贲门处，吸出胃内气体，适当充气再重新操作内镜，同时可以用手掌下压胃壁来降低胃大弯的顺应性。由于幽门窦的收缩，可能会造成视野

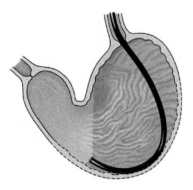

图 6-35　内镜沿着胃大弯方向前进

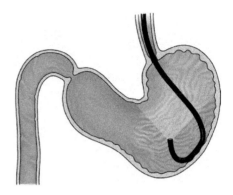

图 6-36　内镜反转

屏蔽，要仔细检查，避免漏诊。

　　内镜进入幽门窦后就要进行幽门检查，必须要将幽门调整到幽门窦中央，扭转内镜或者改变动物体位，才能方便插入（图 6-40）。当内镜前端接近幽门时，需要不断注入气体，并使幽门保持在视野中央，缓慢向前推进内镜，当开始显露出幽门时，向右下偏转内镜前端部，使其进入十二指肠（图 6-41）；内镜前端进入十二指肠后，视野中央就是十二指肠上曲部和十二指肠降部（这是一个急剧拐弯的位置），需要熟练的技术方能将内镜顺利插入十二指肠降部（图 6-42）。

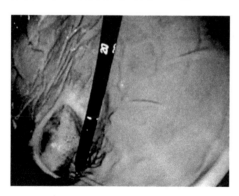

图 6-37　由内镜看到自身插入部

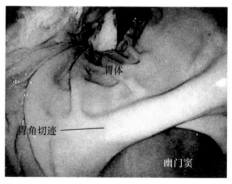

图 6-38　胃角切迹

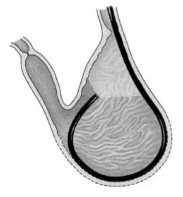

图 6-39　内镜弯曲无法进入幽门窦

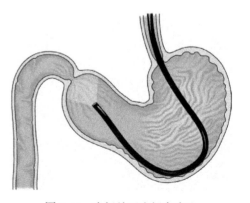

图 6-40　幽门处于幽门窦中央

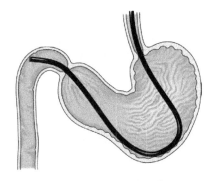 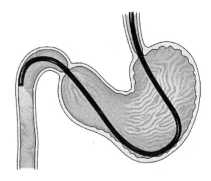

图 6-41　内镜进入十二指肠　　　　图 6-42　内镜进入十二指肠降部

　　正常禁食后一般胃内无食物，胃黏膜光滑呈淡粉红色，幽门区呈淡红色（图 6-43），有时也可看到块状红斑，这是由于局部血流差异所致。充气正常胃壁有轻度皱褶，充气不足则胃壁皱褶很深，视野不清；充气过度，胃壁皱褶消失，可能无法很好呈现胃壁病变。

　　内镜可见的异常胃内形态包括：①胃黏膜发红、水肿，甚至黏膜变厚、呈颗粒样、脆弱、糜烂、出血（图 6-44），提示胃炎。②胃内皱褶数量减少和深度减少（图 6-45），如排除过度充气等情况，提示萎缩性胃炎。③幽门周围肌群肥厚，幽门口变小，内镜无法通过，提示幽门狭窄（图 6-46）。④胃内肿物，形态各异，表现溃疡或隆起（图 6-47）；活体组织取样时表现坚硬，提示胃肿瘤。⑤幽门处也可见异物，尤其是线性异物和毛团。

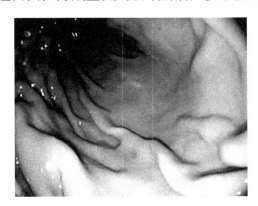 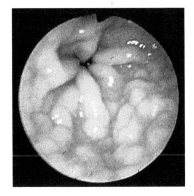

图 6-43　正常胃壁形态　　　　　　图 6-44　慢性胃炎表现

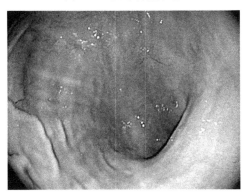 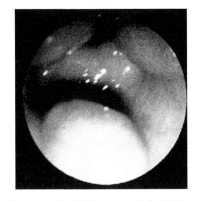

图 6-45　胃内皱褶数量减少　　　　图 6-46　幽门狭窄（正上方为幽门）

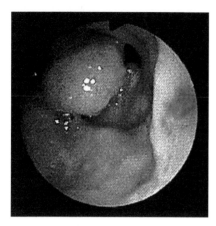

图 6-47　胃内肿瘤

### （三）十二指肠检查

内镜前端通过幽门，到达十二指肠，在十二指肠上部可见十二指肠乳头，犬 2 个（图 6-48），猫 1 个；继续往下，可见空肠近端，但由于内镜已经过多次扭转，活动范围很小，扭转插入部较为困难。

十二指肠有肠绒毛，黏膜呈现颗粒样外观，且更脆弱，内镜通过时都会出现线性损伤，插入时应更轻柔。

内经可见的异常的十二指肠形态包括：①十二指肠黏膜颗粒性增加，内镜通过时更易出血，提示慢性炎症反应。②绒毛淋巴管扩张，提示淋巴扩张性肠病（图 6-49）。③十二指肠内可见肠内寄生虫，如蛔虫等。

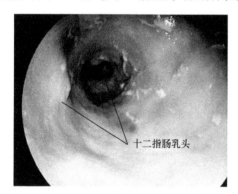

图 6-48　十二指肠乳头

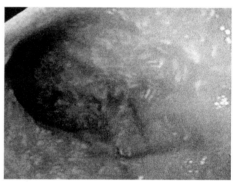

图 6-49　十二指肠内扩张的淋巴管

（毛军福，郑翠玲）

## 第三节　下消化道内镜技术

下消化道内镜检查也是兽医临床最常见的检查手段，降结肠的检查也可使用硬镜检查（图 6-50）。硬镜具有容易操作，管腔大，容易清洗，对结肠内清洗要求不高等优势；但硬镜检查距离短，范围小。本节主要介绍软镜的下消化道检查。用于下消化道的软质内镜和上消化道内镜相同，但如果混用必须严格消毒。

### 一、适应证

下消化道内镜检查主要包括直肠、结肠、回盲口、盲肠的检查。动物有下列症

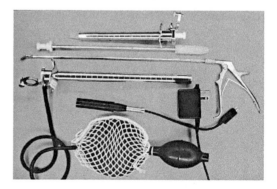

图 6-50　消化道硬镜设备

状均可进行下消化道内镜检查：大肠性腹泻（里急后重、黏液等）、便血、排便困难、大肠性梗阻（造影无法通过等）。

## 二、局限性

下消化道内镜检查无法检查回肠往前的肠道，因此并不是所有的腹泻、便血都可以从下消化道内镜检查中得到确切的结果。

进行下消化道内镜检查前应该进行病史分析和全身检查，包括直肠检查、饮食调整、驱虫、X线检查（包括钡餐造影），对于可疑病变也可进行B超检查；具体操作时检查前列腺疾病可以压迫直肠，检查腹腔肿瘤可以压迫结肠。

## 三、并发症

下消化道内镜检查的并发症主要是穿孔。在充气、活体组织采样过程中都有穿孔的危险，下消化道穿孔后会发现腹部膨胀，如果出现穿孔要及时进行外科手术治疗；其他并发症还有可能出血和腹泻，但一般症状都较轻，能自愈。

## 四、下消化道内镜操作准备

操作准备基本同上消化道内镜检查（见本章第二节），动物左侧位，但禁食时间应更长（24~48h，以便充分清空结肠）。其次很重要的一点，为了保证没有粪便污染镜头，应充分灌肠，可以用专门的灌肠器（图6-51）进行操作，温水充分灌肠，至少22ml/kg，不要用肥皂和磷酸盐（尤其猫），1~2h完成，避免时间过长黏膜充血。对于小型犬、猫也可以选用大容量注射器加软管，将温水注入肠道内。灌肠要充分，最后流出的液体要清澈，没有粪便。

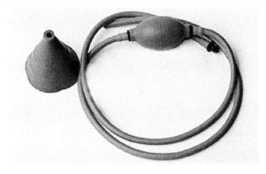

图6-51　灌肠器

## 五、下消化道内镜操作技术

下消化道内镜检查前先确认肛门和直肠远端是否有肿块、狭窄或憩室，可戴手套后用手指先插入探查，在手指引导下镜身涂润滑剂沿手指方向插入直肠。若插入过程中看不清肠腔时后退内镜，并向肠内注气，扩大肠腔；如果肛门漏气，助手可以用手捏住肛门以密闭（图6-52）。若灌肠不充分时，可以用大容量注射器通过工作通道向内进行注射温水灌洗，或者退出后重新灌肠。

当怀疑肛门直肠部有病变，且动物体重大于10kg时可以将内镜前端部向后翻转（图6-53）。检查完直肠后继续向前插入内镜，如遇阻力，可

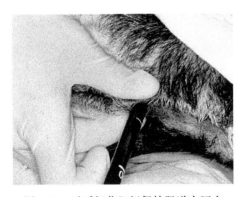

图6-52　助手捏住肛门保持肠道内压力

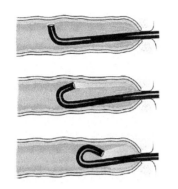

图 6-53 下消化道内镜向后翻转观察直肠

考虑退回，充气后再行插入，也有可能是肠道狭窄、肿块、回结肠套叠等因素导致插入困难。多数情况下内镜都能到达盲肠，灌肠充分的动物也可以观察到回结肠口（图 6-54），如果回结肠连接处开放，则比较容易进入回肠。如果回结肠口闭合，可以先伸入活检钳，穿过回结肠口，在活检钳金属丝的引导下进入回肠（图 6-55），进入回肠后即将活检钳退回镜身，以免损伤回肠黏膜。在检查完退回的过程中进行活组织采样，采集病料后不要再进行前进探查操作，以免造成肠道穿孔。

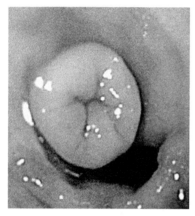

图 6-54 回结肠口

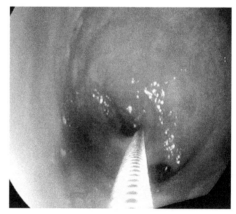

图 6-55 活检钳伸入回结肠口

正常充气的结肠壁平滑、有光泽，呈粉红色，结肠黏膜下的血管清晰可见（图 6-56），回结肠后段火山样隆起；盲肠内有类似胃的纵形皱褶；回肠内呈粉色、光滑、均匀的丝绒状。

内镜可见的异常结肠结构变化：①结肠内出血或者深浅不一的隆起（图 6-57～图 6-59），提示结肠炎症或溃疡。②结肠内溃疡、糜烂、黏膜增厚、隆起，肿物增生（图 6-60～图 6-62），提示结肠肿瘤。③结肠内寄生虫，如鞭虫（图 6-63）。④结肠内充满纵向肿物，并不附着在肠壁上，活检钳可以在周围套入几厘米深，提示回结肠套叠。

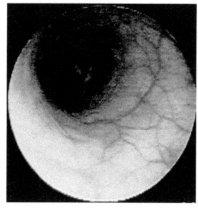

图 6-56 正常结肠壁

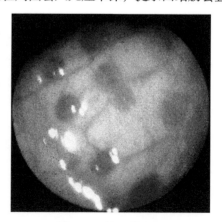

图 6-57 结肠内出血

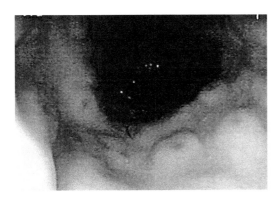

图 6-58　结肠溃疡

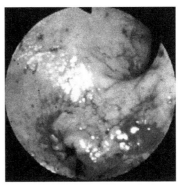

图 6-59　结肠内出血、溃疡

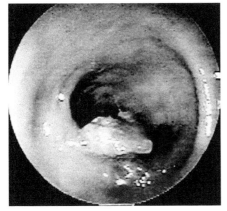

图 6-60　结肠内肿物

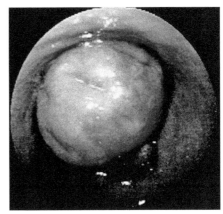

图 6-61　结肠内肿瘤（一）

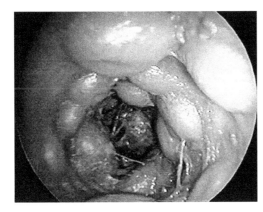

图 6-62　结肠内肿瘤（二）

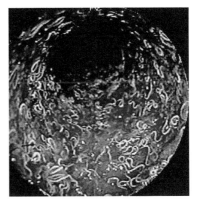

图 6-63　结肠内大量鞭虫

（毛军福，郑翠玲）

# 第四节　消化道内镜活检

活体组织检查（biopsy）简称"活检"，也称外科病理学检查，简称"外检"，是指应诊断、治疗的需要，从患病动物体内切取、钳取或穿刺等取出病变组织，进行病理学检查的一项技术。活检可协助临床检查对病变作出诊断或为疾病诊断提供线索，了解病变的性质、发展趋势，判断疾病的预后，是诊断病理学中最重要的部分之一，对绝大多数送检病例都能作出明确的组织病理学诊断，被作为临床的最后诊断。

消化道内镜直视下的活检与手术开腹直接选取样本的优缺点见表 6-2。

**表 6-2　消化道内镜直视下的活检与手术开腹直接选取样本的优缺点**

| | 内镜下活检 | 开腹活检 |
|---|---|---|
| 优点 | 快速、低侵袭性<br>黏膜病变探查良好<br>多部位采集多个样本<br>表层病变的诊断良好 | 可以对整个病变部位采样<br>硬组织采样<br>全层采样<br>可以同时做治疗（切除） |
| 缺点 | 并非所有肠道都能探查<br>不能做全层检查（增生在黏膜下）<br>硬组织无法采样<br>必须要有内镜设备 | 无法进行黏膜面的探视<br>决定采样部位较为困难<br>可能导致愈合不良（如低蛋白血症）<br>侵袭性强，费用增加 |

## 一、消化道内镜下活检技术

### （一）活检钳的种类

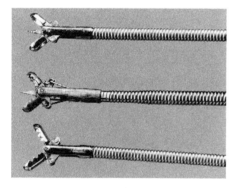

图 6-64　活检钳的种类

活检钳是内镜检查取病理标本不可缺少的工具，以直接损伤黏膜的方式获取标本，根据具体用途，活检钳一般分为有针和无针、有齿和无齿等（图 6-64）。

为彻底杜绝交叉感染的可能，必须对活检钳进行严格消毒，若使用污染的活检钳进行操作，将会导致感染的发生。中华人民共和国卫生部《消毒技术规范》（2002 年版）中规定：凡进入破损黏膜的内镜附件也应达到灭菌水平，如活检钳、高频电刀等；凡进入人体自然通道与管腔黏膜接触的内镜及其附件，如喉镜、气管镜、支气管镜、胃镜、肠镜、乙状结肠镜、直肠镜等，用前应达到高水平消毒。兽用内镜的消毒和灭菌尚无相应的法律法规，可参照卫生部的《消毒技术规范》（2002 年版）和《内镜清洗消毒技术操作规范》（2014 年版）中的规定。

### （二）活检采样

消化道内镜活检是消化道内镜的优势之一，也是以后消化道疾病检查的重点技术之一，而活检样本采集的准确性将直接影响兽医工作者对疾病的判断和治疗。

活检样本的准确性与各操作步骤密切有关，如样本采集、样本处理、切片制作、切片判读等，对于一名临床兽医来说，准确掌握整个采样过程，事先与病理学家充分沟通是样本结果准确的必备条件。

活检采样的一般步骤（图 6-65）：①先将活检钳伸入消化道内镜工作通道，直至伸出内镜前端；②打开钳牙，冲洗内镜前端，退回活检钳（钳牙保持张开状态）；③弯曲内镜，使其尽可能以 90°垂直于黏膜面；④抽吸肠内空气，使黏膜面缩至钳牙内；⑤前推活检钳，使其进入黏膜并保持一定的阻力（注意用力不能过大，避免活检钳弯曲）；⑥闭合钳牙，迅速拔出活检钳，撕拉黏膜组织，取出足够大的样本。

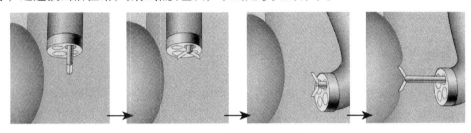

图 6-65　活检采样示意图

（三）活检注意事项

消化道内镜活检的注意事项与其他组织、器官基本相同：①取材部位要准确，避开坏死组织或明显继发感染区，在病变与正常组织的交界处取材，要求取到病变组织及周围少许正常组织，其大小一般以 1.5cm×1.5cm×0.2cm 为宜，活体组织直径小于 0.5cm者，必须用透明纸或纱布包好，以免遗失；②取材应有一定的深度，要求与病灶深度平行垂直切取，胃黏膜活检应包括黏膜肌层，可能穿孔部位采样时要小心操作；③选择尽可能大的活检器械，切取或钳取组织时应避免挤压，避免使用齿镊，以免组织变形而影响诊断（图 6-66）；④不要过度扩张消化道；⑤应多位置重复采样，一般取 6～8 个组织样本；⑥采取样本后要观察是否持续出血，并可适当给予胃肠道抗酸药，预防溃疡发生。

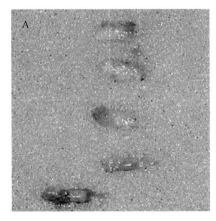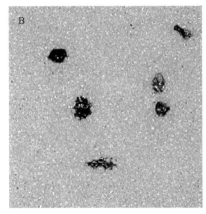

图 6-66　活检样本
A. 大块质量好的样本；B. 小块质量差的样本

## 二、活检样本的处理

用细而尖的注射器针头轻柔操作，将活检钳内的组织小心取出，并确保正确的黏膜方向（图 6-67，图 6-68），为了便于作出正确充分的病理组织学解释，正确的样本方向尤为重要，如果将样本放在固定液中自由漂浮时，病理学家是无法准确判断样本方向的，导致诊断困难。最佳处理技术包括：防止黏膜样本卷曲；提供可识别的平面；制作切片时能够获得完整厚度（图6-69，图6-70）；保持黏膜的完整性和不被压伤。

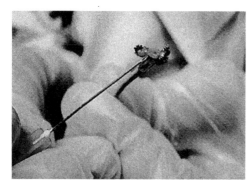

图 6-67 用注射器针头小心取出样本

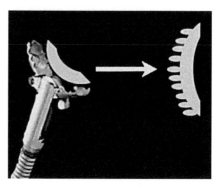

图 6-68 保证黏膜的正确方向

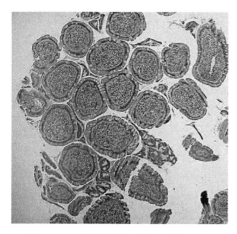

图 6-69 不良的样本（切片方向不正确，黏膜厚度不完整）

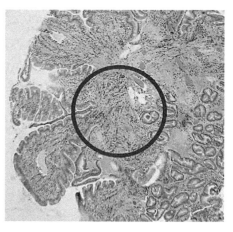

图 6-70 良好的样本（展现完整的绒毛结构和隐窝细胞）

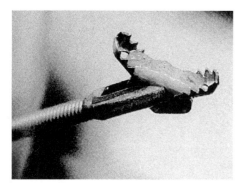

图 6-71 捋平样本

比较好的处理方式是将黏膜面向上、肌层组织在下的方式放置在一张滤纸上，组织样本可以黏附在滤纸上并一起固定，这样滤纸保证了方向性，组织包埋时也应遵循这种方向性，这样出来的病例切片才能保证获取足够的信息量；滤纸的另一个好处是可以在滤纸上标记或编号，方便后期对照位置。尽可能多地收集样本也是很重要的，一个位置6~8个样本可以保证在多个样本上获取完整组织病理的信息，从而更准确地诊断病情。

具体步骤如下：①张开活检钳，用注射器针头捋平样本（图6-71）；②将张开的活检钳翻转，张开口朝向滤纸，用针头轻柔地将样本贴在滤纸上一侧（方便包埋时转移样本），保证样本肌层贴在滤纸上，黏膜面朝上（图6-72，图6-73）；③将滤纸按顺序放入专门的样本盒内，将样本盒放入固定液中固定（图 6-74）；④连同固定液一起将样本送达病理检查机构（图 6-75）。

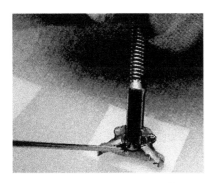

图 6-72 翻转活检钳，取出样本

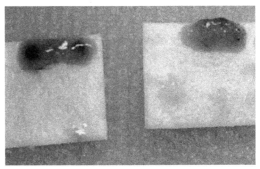

图 6-73 样本贴在滤纸一侧

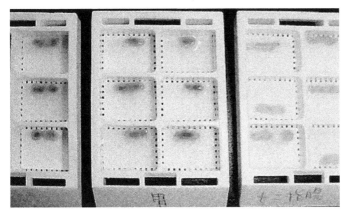

图 6-74 将样本放入标记的样本盒中

图 6-75 同固定液
一起送检

（毛军福）

# 第七章  教 学 法

## 一、课程分析

兽医特殊诊断技术是动物医学专业（职教师资方向）的专业核心课程，目标是面向职业中学培养师资，主要学习动物特殊诊断的基本理论和临床操作技能，加深学生对不同成像技术基本原理和各自图像特点的了解，初步掌握 X 线机、超声诊断仪和内镜检查的基本技术，学会图像的观察和分析方法，为动物疾病诊断提供先进的特殊的辅助诊断手段，以便对疾病作出正确诊断，培养适应现代社会经济发展需要、具有高素质实用型的影像技术人才。它以动物解剖与组织胚胎学、动物生理生化、兽医病理学、动物保定及临床检查、兽医临床检验技术等为基础，也是进一步学习动物治疗技术、动物内科病及护理、动物外科病及护理、动物产科病及护理、动物福利与兽医法规等课程的基础。

根据动物医学专业（职教师资方向）岗位的实际工作需要，为确保课程标准的落实，本课程按照教学计划要求及自身学科特点，合理安排理论教学和实验教学内容；设置了兽医特殊诊断设备的基本知识、X 线机操作技术、超声诊断操作技术、内镜操作技术 4 个一级学习情境和数个二级学习情境。通过学习情景的学习，培养学生发现问题、分析问题和解决问题的能力，以达到理论知识、实践技能和职业素质 3 个方面的具体教学目标，充分利用现有的仪器、设备，加大实验教学力度，遵循人才培养需求与规划行业发展相结合；专业人才培养方案与行业职业岗位需求和要求相结合；课程体系建设和教学内容与岗位知识、技能、素质需求相结合的原则和诚信服务的理念，融知识传授、能力培养和素质教育于一体。确保教学大纲的全面落实。

## 二、教材分析

教材是教学活动的基本工具。编写教材，必须依据课程理念，充分体现课程性质和课程价值，依据课程目标和内容标准构建富有特色的教材。本教材根据动物医学专业（职教师资方向）岗位的实际工作需要，围绕动物医学专业职业岗位需要来选择和组织课程内容，本着"以职业能力培养为核心，以工作过程为导向"的总体设计思想，提高课程和教学的目标指向性，达到理论与实践应用的融合，使学生获得本课程的专业理论知识，掌握兽医特殊诊断技术的基本操作技能，具有运用知识分析问题和解决问题的能力，并为适应职业变化的需要而继续学习奠定必要的基础。

在学习内容的编排和学时分配上，既要考虑工作任务的完整性，又要遵循职教师资学生的认知规律，按照知识与能力的关系，适当考虑技能的难易程度而编排进程和学时分配，允许一些知识和技能点出现交叉和重叠，不追求知识的完整性，强调技能的熟练性。依据各学习情境的内容总量及在该学习领域中的比例分配各学习情境的课时数。

通过实施"早期接触临床—校内理论实践一体化教学—动物医院顶岗实习"的医教结合教学模式，采用参观动物医院、临床见习、校内实训、校外实训及顶岗实习等方式，让学生早期接触临床，了解兽医特殊诊断技术岗位对知识、能力、素质等方面的要求。

（一）实用性

本教材内容具有很强的职业定向性和岗位针对性，符合动物医学专业（职教师资方向）学生的接受能力，满足学生的实践技能的需要，坚持"知、能"并重，教材不求"高、深"，只求"基础扎实、专业知识面较宽"，突出实践技能要求与标准，精选与学生实际紧密相关的、与动物诊疗紧密结合的实用性教材内容，强调基本技能和实践技能的培养，理论知识程度偏浅、广度偏宽、突出应用性和技能性，体现了教材要体现职业特色及"成人"和"成才"相结合的教育理念。教材中的设备、技术参数、操作规范和专业术语等符合最新的操作规范和标准。

（二）兴趣性

本教材内容以动物医学专业（职教师资方向）学生为主体，依据不同程度的学生特征，充分考虑已有的经验基础，从学生的兴趣、需要和能力出发，激发学生学习、表现的欲望，培养学生积极、主动的学习精神。教材要生动有趣，喜闻乐见，利用插图、原理示意图等反映真实外形，减少了文字描述，应用启发式的、引导性的叙述表达，教学生动、有趣、多样。

（三）综合性和创新性

本教材的编写以提高学生综合素质为根本目的，以技术应用能力培养为主线，吸收先进的专业技术和操作规范，着力培养学生的通用职业能力和专项职业能力，内容避免了学非所用、用非所学、基础知识重叠的现象，调整了知识结构，注重相关内容的优化组合；突出重点，科学安排，将专项技能培养和综合能力培养相结合。在不削弱专业基础知识的前提下，适当吸收了现代专业技术，将新技术、新技能、新标准渗透在教材中，培养学生的创新能力。

## 三、学情分析

（一）认知与情感发展

随着学习的进一步深入，动物医学专业学生逐渐形成了结构完整的认知系统，各认知要素趋于稳定，思维能力逐渐成熟，抽象思维逐渐占据了优势地位，思维的目的性、方向性更加明确，认知系统的自我评价、自我控制能力增强，认知活动的自觉性明显增强。

大学生处于青春期，也是典型的烦恼增殖期，情绪情感不稳定，容易受到环境的影响，在情绪体验和情绪表现上带有明显的年龄特征。

与高中生相比较，大学生情绪爆发的频率降低，心境的延续时间加长，情绪的控制能力有所提高，情绪体验的时间延长，稳定性也有所提高。例如，一些不良的情绪体验可能长达数小时，当然，有些情绪体验会长期影响着学生的成长，并可形成和改变个人的个性特征。

大学生正处于多梦的年龄阶段，几乎人类所具有的各种情绪，都已经在他们身上开始表现出来，并且各类情绪的强度不一，层次不同，情绪体验的内容丰富多彩，学生步入了纷繁多彩的情绪世界。

学生自我意识发展迅速，他们的情绪发展表现出独特的性质，存在着个性、自我感知及性别的差异。同样负面的情绪体验，男生倾向于发怒，女生则倾向于悲哀和惧怕；外向的学生容易被兴奋、乐观的情绪所笼罩，内向的学生则易被悲伤、忧郁所感染。

### （二）学习心理的特点

**1. 对专业的认知**

对于专业技能的学习，自评为很好的动物医学专业学生不到 15.0%，较好者也仅为 18.7%，56.5% 的学生认为自己的专业技能属于一般水平，认为不好或非常不好的有 9.8%，可见学生整体专业技能处于一般水平。如果考虑到学生对于自己的专业能力的认识比较欠缺，不太明确自身的专业水平与今后实际职业或工作之间本身还存在较大的差距，这个结果有可能被学生高估。根据培养中等职业学校职教师资的要求，应该培养学生直接的专业技能，以便进入教学领域后能迅速地适应相应的职业要求，因此实训方面培养学生职业技能的工作有待加强。

在专业的认识方面，随着动物医学专业学生对外部世界的认识更加深刻、完善，他们对自己所处的社会地位和学习能力等方面也有了更深入的认知。调查表明，他们对自己所学的专业认识更全面，对所学专业的前景总体比较乐观，其中，认为非常好的达到 13.3%，认为较好的有 45.5%，认为一般的达到 32.7%，7.4% 的学生认为不好，认为非常不好的仅有 1.1%。这种状况对于教师来讲是一件好事，只要学生认为该职业未来前景好，教师能合理运用相关的教学资源，采取针对性的方式方法，调动学生的学习积极性和成就动机，学生就能在专业知识的学习和技能的训练方面有较大幅度的进步。

**2. 学习态度和学习动机**

在学习态度方面，动物医学专业学生随着自我意识的进一步发展，与外部环境接触的增加，对自己所学专业在今后学习和生活中的重要性已有比较明确的意识。调查显示，64.4% 的学生比较喜欢或非常喜欢动物医学专业（其中，16% 的学生表示非常喜欢，48.4% 的学生比较喜欢），不确定对专业的喜欢程度的有 18.4%，不喜欢的有 15.5%，很不喜欢的人很少，占 1.5%。不过，应当看到，有 18.4% 的学生不能确定喜欢与否，需要教师在教育教学中调动学生的学习积极性，提升成就动机；对于另外大约 17% 的不喜欢或非常不喜欢本专业的学生，更是教师教育教学的重点，一方面，他们对这个专业不喜欢，必然导致在学习投入和技能训练中不尽力、不认真，专业知识技能较差，今后不能更好地适应社会生活和工作；另一方面，他们的存在，可能成为影响其他学生学习的重要因素。

在学习动机方面，动物医学专业学生的学习动机表现出多样性，与这个时期学生的知识面逐渐开阔、思维更加活跃有着密切的联系，其动机的指向性也与学生更多地接触和了解社会、认识到自己与社会的关系有深刻关联。调查显示，学生希望获得好的成绩的动机中，43.9% 是为了能够获得一个好的工作岗位，得到较好的物质生活待遇，这表明其获得社会认可的需求比较强烈；10.2% 的学生是为了使自己在同龄人中保持强者的地位和形象；32% 的学生是为了报答父母的养育之恩，实现家庭亲人的美好期望；有 3.9% 的学生是为了不辜负教师对自己的苦心和期望；有 6% 的学生认为自己对本专业学科的内容有浓厚的兴趣，希望通过深造发挥自己的才能；只有 4% 的学生希望履行当代青年的社会义务，为祖国的富强和繁荣尽微薄之力。总的来看，学生学习动机的指向主要偏重于个人和家庭理想的实现，而对社会和环境方面的关注相对欠缺。

在学习目标方面，数据显示，对于是否有明确的学习目标，有 30.3% 的学生承认有比较明确的目标，仅有 3% 的学生认为目标非常明确，40.2% 的学生不置可否，有 6.9% 的学生根本没有任何目标，19.6% 的学生目标不清楚。

### （三）学习方式

大学生与普通高中学生接受教育的方式存在一定的差距，学习的压力比高中阶段相对较小，和社会有了比较强的接触的愿望，也努力去和社会接触、适应社会，对学习的处理方式与高中生有较大差异。动物医学专业学生学习的主动性并不是很高，需要外部的监督和督促。调查发现，在没有人督促的情况下，只有 13.2% 的学生会主动学习，71.5% 的学生有时候会主动学习，超过 15% 的学生在无人监督、督促的情况下不主动学习。从另一个角度来看，没有主动学习的良好习惯，在学习过程中对学习的感受也就不会有快乐的体验，学习似乎是一件烦心的事。在对看专业书的调查中，有 12.9% 的学生一看专业书就烦，超过 60% 的学生有时会厌烦看专业书，只有 25.8% 的学生在看专业书时没有烦恼的体验，但是否有快乐的体验却不好说。在动物医学专业学生课外生活中，有 65.6% 的学生将上网作为课余最重要的活动方式（其中，将上网作为第一选择的达到了 46.5%）。这固然与这个年龄阶段学生思想活跃、喜欢玩乐、渴望更多地了解外部世界（虽然网络并不一定都能给予学生更多正面的引导，获得适应和了解外部世界的信息和能力）和热衷于网络有关，但更可能的原因也许在于我们的教育教学没有引导学生将更多的时间运用到专业知识和技能的学习和训练上，这也许是未来专业教学要考虑的问题。不过，值得欣慰的是，课余时间读书还是动物医学专业学生较多的选择，有 52.3% 的学生在课外看书，其中作为首选的有 24.3%，这也许是我们在今后的教育教学中可以利用的有利条件，通过这部分同学更多地带动其他同学课余学习。

### 四、各章教学法举要

例如，通过第一章兽医特殊诊断基础知识，要求学生掌握不同成像技术在不同组织和器官疾病诊断中的作用和局限性，以便在选择影像检查方法时更具有针对性，并熟知影像诊断只是一种辅助诊断方法，在进行临床诊断时应综合临床资料、实验室检查结果等作出最后诊断。在介绍 X 线诊断的基础知识时，首先介绍伦琴和 X 线之间的关系及 X 线的发现，再讲解 X 线在兽医诊断中的地位和作用，以及在动物医院中的应用现状，并告知 X 线机、超声诊断仪和内镜在稍具规模的动物医院或大城市的宠物医院已是最基本的设备，对动物疾病的诊断起到了不可或缺的作用，提高学生学好本门课的兴趣，为后续内容的学习奠定坚实的基础。

第二章 X 线技术，说明准确再现解剖部位必须考虑的 4 个因素，如在讲解小动物各解剖部位的正确摆位技术时，重点讲解患病动物保定方式和摆位辅助设施、尽可能减少患病动物 X 线摄影的伪影，理论与实验相结合，要求学生深刻理解正确动物摆位前必要的技术准备的重要性。

第三章小动物 X 线机操作技术，如讲授头部背腹位投照技术时，应至少备有犬或猫的颅骨（或模型）1 个和活体 1 个，利用实物，讲解线束投照中心、投照范围和测量部位及方法，并演示患病动物俯卧，头置于片盒上，轻压颈部，保持头部紧贴片盒，将两前肢放在投照范围之外，保证头部矢状面垂直片盒，若头总是偏向一侧，可用纱布、木块或泡沫等物品固定。

第四章大动物X线机操作技术，如讲授膝关节后前位投照技术时，应至少备有马或牛的膝关节（应包括全部或部分相接的长骨）1个和模型1个，讲解线束投照中心、投照范围和测量部位及方法，并告知学生患病动物应自然站立，X线管位于膝关节之后。如果可能，被检肢向后伸展，呈后踏步负重姿势。肢体伸展有助于片盒的放置。片盒放在膝关节的前面，使片盒的长边斜靠在体壁上，X线束与片盒垂直，应着重强调大动物对膝关节比较敏感，因此必须非常小心，如果动物变得焦躁，抓持片盒的辅助人员和放置X线管的放射技师必须时刻准备跑开。为了减少动物的运动和被踢的危险，将对侧肢提起可能有用，投照时强烈推荐进行镇静。

第五章超声诊断技术，如在胆系疾病学习中，先让学生复习胆道解剖，具体讲解时将胆总管解剖特点与超声检查结合起来，胆总管分4段，第一段包括胆囊管与肝总管汇合至十二指肠上缘，这一段位置较高，肠气干扰少，因此是影像学上超声测量的位置；第三段即胰腺段内径较窄，易发生结石嵌顿，且该段离胰头很近，胰头病变很易使该段发生梗阻，因此对肝外胆管扩张、疑胆管下端梗阻的患病动物，胰腺段胆管切面的观察是超声检查很重要的内容，这样就把解剖基础与临床学习结合起来，让学生印象深刻。

第六章消化道内镜诊断技术，讲授上消化道内镜技术时，应要求学生了解上消化道内镜检查相比传统的影像检查的优点及该方法的局限性、禁忌证和并发症。首先详细讲解检查时的物品准备、动物准备的重要性和必要性，再讲解如何将动物颈部伸直，经口腔将内镜插入部沿着气管插管上方插入，避免内镜和气管插管缠绕，防止内镜进入咽喉交界处两侧的隐窝内，无法插入食管。内镜进入食管后不要立刻进入，应该往后拉，使内镜停留在食管括约肌内侧，然后按住注气孔，往食管内注入气体，使食管扩张，直到看到整个颈部食管腔为止，一旦食管充分扩张，再向前推动内镜，通过微调上下左右旋钮，使食管腔的中央置于内镜显示器的中央。

在教学过程中，应充分发挥学生的主观能动性，引导学生发现问题，运用已经掌握的知识、现代化信息媒介，从浩如烟海的文献中寻找答案，通过合理的逻辑思维解决问题。在这个主动学习的过程中，培养学生良好的学习方法，养成终身受益的学习习惯。教学中教师常常实施讲座和讨论相结合的形式，在讲授前由教师先发给每个同学一份教学计划，包括教学目的、步骤和要讨论的内容，教师指导学生利用业余时间查阅该项技术研究进展，并复习与其有关的生理、解剖、病理等方面的基础知识，在学生充分自学的基础上利用第二课堂的形式，从该病的病因、病理机制、影像诊断、鉴别诊断等方面进行系统的讨论。动物医学专业学生不管在生活方面还是在知识结构方面都具备初步分析问题和综合问题的能力，但这种能力是朦胧和不自觉的，有的甚至非常肤浅，这需要教师悉心引导和开发。

## 五、教具及实验器材配置

X线机操作技术所需教具和器材：X线机、洗片机、胶片、打印机、犬（猫）、马

（牛）、测量尺、暗房、铅字、胶布、透明标签纸、印像机、可变孔隙准直器、铅衣、增感屏、遮线桶、铅手套、摆位的辅助物（绷带、泡沫块、泡沫楔、木块、透射线槽、胶带、纱布、绳索和压迫带等）、镇静剂（麻醉药品）、造影剂等。

超声诊断技术所需教具和器材：各种超声诊断设备、不同频率的探头、犬（猫）、保定的辅助物（绷带、泡沫块、泡沫楔、木块、透射线槽、胶带、纱布、绳索和压迫带等）、镇静剂（麻醉药品）。

消化道内镜诊断技术所需教具和器材：消化道内镜主机、辅助工具（活检钳、抓钳、取石篮、息肉切割器、注射器、细胞刷等工具）、手套、帽子、口罩、手术衣或隔离衣、水溶性润滑剂、开口器、20ml注射器、吸引器、二甲基硅油（50~100倍稀释）、灌肠器、样本盒等。

## 六、数字教学资源库利用

### （一）搭建良好的教学改革平台

利用数字教学资源库，将动物医院合适的教学病例导入、归类、整理，创建病种丰富、资料齐全、适合教学应用的数字化影像教学资源库，有利于示教片的收集、传输、保存和便捷地调用，有助于教师快速地从库中选择合适的示教片，节省教师备课时间，减少教师备课工作量。图像的数字化传输保证了图像的质量，完整的文字资料，便于学生学习影像诊断报告的书写。数字化影像教学资源库的建设为兽医特殊诊断技术的教学提供了极大的方便，充分利用该资源库进行实验实训教学，有助于开展启发式、参与式、讨论式、探究式等多种教学方法，探索建立以学习者为中心的教学新模式。实训课中让学生在教师准备的示教病例中根据自己的情况进行不同顺序和不同深度的学习，使学生由被动灌输式学习转变为主动探索性学习。在这种新的教学模式下，教师引导学生利用信息手段进行主动学习、自主学习、合作学习，可培养学生利用信息技术学习的良好习惯，增强学生在网络环境下提出问题、分析问题和解决问题的能力；同时也培养了动物医学专业学生树立终身学习，持续提高职业能力的理念。

### （二）有助于模拟工作环境实现课堂到实践的无缝对接

数字化教学资源库的建设，解决了传统储片方式的弊端，目前很多动物医院的医生均可在电脑上完成对患病动物的影像检查的阅片和报告书写。数字化教学资源库有助于加强学校与动物医院的紧密合作，为学生创造一个模拟职场的环境，提早了解特殊诊断技术的工作环境和工作流程，实现课堂教学与后续顶岗实习、动物医院工作的无缝对接，有助于培养学生必须具备的人文关怀、医患沟通、临床思维等职业素养。

### （三）有助于培养学生的学习兴趣，激发学习积极性，提高教学质量

通过相同学时数、相同教学内容的实训强化，从考核成绩、学生在掌握常见疾病的影像表现、报告书写能力、与临床的联系能力、对同影异病的分析能力和对同病异影的分析能力5个方面的影像诊断专业能力提升的比较，效果优于以前的传统教学方法。

通过让学生自主阅片分析，提高对各系统疾病的影像诊断能力。传统教学时很多学生同时观看一张示教片，距离远，看不清，影响阅片的速度；而且较多学生同时观看一

张示教片，每个人的阅片速度不同，往往会受其他同学阅片速度的影响，不能完全自主地选择自己需要看的病例。另外，学生对图像进行分析后往往需要验证自己判断是否正确，需要查阅原始的影像诊断报告和病理报告等。传统示教片中相应的报告等由于年久缺失，学生无从查阅。图像不清和资料缺失严重压制了学生的学习兴趣。学生近距离观看图像，看得清晰，且可自主查阅患病动物的临床信息、影像报告和病理结果，满足了学生阅片所需和验证自己判断的要求，激发了学生学习的积极性。

病例丰富、资料齐全、调阅方便的数字化影像教学资源库是动物医学影像诊断教学改革的一个重要方向，需要长期、不间断地进行建设。

## 七、学习方法辅导

### （一）转变学习观念，强化应用意识

转变学习观念是学习的关键。学习的目的是以就业为导向的专业学习，动物医学专业学习的基本目标就是能通过国家执业兽医师（国家助理执业兽医师）考试，走上工作岗位，从事临床及护理服务。观念转变的重点是要实现从掌握基础知识到应用知识的转变，从知识的学习向以创新精神、创新意识和创新能力为核心的职业素质提高的转变。本课程学习以掌握基本概念、基本理论、基本操作方法为主要目的，要加强与其他课程之间的联系，理论联系实际，突出学科的应用，达到用基本知识和基本技能解决实际问题，把培养自身的创新意识和创新能力放在首位。

### （二）创新学习方法，提高学习效果

本课程的学习方式要以互动式教学为切入点，就是把教师的教学过程当作思维活动的过程，学生和教师思维互动，才能共同发现、思考、探索和创新。在学习活动中与教师进行信息交换和传递，使思维活动具有主动性和参与性，在教师的教导下积极主动地将"学知识"和"用知识"融合在学习过程之中。问题是思维的动力，只有思考才能发现问题。只有带着问题学习才会产生思维的动力和参与意识，克服课堂学习的盲目性。专业知识以基本理论、基本知识、基本技能为核心，只要紧密结合实际，就能对概念进行灵活地运用和实践，对新知识产生好奇与疑问，对它们有求知与探讨的欲望，在教师的启发下，一环扣一环地探索，并形成学习知识的一个个兴奋点，整个学习过程就会处于一个热烈丰富的思维活动之中。在这些思维活动中，师生互动，生生互动，使学生的思维得到锻炼，潜能得到开发，促使思维活动向广度、深度发展。

### （三）学习现代信息技术，多途径学习

教师在教学中将多种现代信息传播媒体技术引入课堂，运用多种设备和软件进行教学。与中学时期以纸本教案、黑板、粉笔为标志的传统教学手段截然不同，多媒体教学克服了教师运用传统手段进行教学的局限，具有较强的直观性和趣味性，省时、信息量大，可以使理论教学更好地支持和促进实验教学。

学校也为学生提供多层次、多方位的学习资源，在教师的指导下，利用信息技术所提供的自主探索、多重交互、合作学习、资源共享等学习环境，改变学习方式，把现实生活和学习紧密结合起来，进行探究性实践活动，充分发挥自身的积极性和主动性，从

而提高搜集信息的能力，运用和处理文字信息的能力，多媒体教学的应用使学生由被动接受知识改变为主动接受知识，由学会转变为会学，由依赖学习转变为自主学习，由知识型向能力型转变，通过提高自主获取知识的能力，提高课堂教学的有效知识量。学生不但学到了教师传授的大部分学科知识，而且学到许多其他知识，拓展知识面，加强了学科之间的联系。网络学习也提高了学生的学习兴趣，改变了死记硬背、应试操作、单项训练的技能训练方式，加强了综合性、实用性和趣味性，提高了学生实践动手的兴趣，并把在实践中学到的知识主动应用到实际中去，使课堂学习成为欢乐的认识活动，激发了学生的好奇心，使学生在不知不觉中进入新的知识领域，对比较枯燥的课本知识产生极大的兴趣。

（四）主动实践，做实践技能的高手

中等职业学校的宗旨是要培养实用型、技能型的人才，重视学生专业素质和实际技能的培养，掌握操作的技巧，提高综合实践动手能力，培养独立工作能力，增强了上岗的竞争力。实践能力不仅是对人的素质的基本要求，也是培养人的创新能力和创业能力的重要条件。动物医学专业学生的技术，特别是新技术知识，往往是在课堂上获取的，但要真正掌握技术，必须通过应用，即充分的实践活动。体验式学习可以培养学生的技术应用能力，在丰富多彩的活动中才能亲自感受具体而丰富的客观世界，亲身经历知识的发生和发展过程，通过观察、实验、实习、社会调查等实践性活动，锻炼动手能力。应该做一个有心人，从平常的生活、学习、工作实践中发现、收集相关的素材作为课堂实践活动的背景资料，根据素材设计情景，并以角色扮演等活动为载体，融入相关的理论知识，借助以往学习、体验、情感等，在教师的引导下进行充分的体验，使课堂实践活动具有亲切感与新鲜感，学习活动中学生之间的相互合作及轻松愉快的心境，会使学生保持旺盛的学习热情。

（五）制订学习目标，进行自我规划

目标好比海上的航标灯，能指引前进的方向。没有目标的学习，就难以衡量自己的行为，难以约束和把握自己；没有目标，学习难以付诸行动，更难以取得成功。在明确了在校学习的任务后就要制订可行的目标。

目标可分为长期目标和中短期目标，要有可操作的行动计划。目标制订不可太大、太空，不具有可操作性和检测性。太难的或太容易的目标都没有实际意义，所以计划的制订和实施是有着严格科学的过程，既目标→行动计划→实施→反思、调整目标→再实施。

（六）科学安排学习时间与课外活动

教师要指导学生根据学校的作息时间和自己的情况及条件，制订出一个适合学习用的时间表，把最重要的事情放在最佳时间去做。学习时间的长短与学习效果虽然有很大关系，但并不等于时间越长，效果就越好。要掌握好个人的最佳学习时间，在学习过程中，当你感到头脑清醒、注意力高度集中、轻松愉快的时候，就是最佳时间点，这时的学习就会取得事半功倍的效果；当你感到疲劳，注意力不能集中的时候，就应当暂停学习，去做其他的事情，使大脑得到充分的休息，不至于浪费时间。善于计划时间，合理使用时间，便会大大提高学习的效率，每个人的最佳用脑时间是各不相同的，应根据自己的脑力特点和习惯安排自己的学习。另外，要善于利用零星时间，即使一个较忙的人，每天的零星时间加起来也有 2～3h，一年就是 700 多个小时，如果把这些时间合理地使用起来，就可以创造奇迹，因此，指导学生不要忽视零星时间的利用，在生活中做事迅速，挤出时间，巧妙地安排学习与课外活动。要善于把握今天，同学们一定要紧紧把握住今天不放松，凡事从现在做起，不能把当天应该完成的学习任务，推到明天去完成，而且还应当养成习惯，把明天的一部分事放在今天来做。

（高光平，观　飒，郝玉兰，程淑琴，高建新）

# 主要参考文献

陈白希. 1995. 兽医 X 线诊断学. 北京：中国农业出版社

侯加法. 2001. 小动物疾病学. 北京：中国农业出版社

黄华，李俊. 2005. 常见消化系统疾病内镜诊治图解. 昆明：云南科技出版社

姜玉新，张运. 2012. 超声医学高级教程. 北京：人民军医出版社

焦明德，蔡爱露，吴长君，等. 2003. 实用三维超声诊断学. 北京：军事医学科学出版社

李军，钱蕴秋. 2010. 超声报告书写示例. 北京：人民军医出版社

李萌，余建明. 2011. 医学影像技术学：X 线摄影技术卷. 北京：人民卫生出版社

李锐. 2004. 人体正常超声解剖图解. 成都：四川科学技术出版社

李树忠. 2015. 动物 X 线实用技术与读片指南. 北京：中国林业出版社

李益农，陆星华. 2004. 消化内镜学. 2 版. 北京：科学出版社

廖平川. 2003. 急诊超声诊断图谱. 太原：山西科学技术出版社

刘运祥，黄留业. 2008. 实用消化内镜治疗学. 2 版. 北京：人民卫生出版社

王培源，许昌. 2010. 实用临床 X 线诊断图解. 北京：化学工业出版社

谢富强. 2011. 兽医影像学. 2 版. 北京：中国农业大学出版社

邢伟，邱建国，陈明. 2014. 临床影像诊断丛书：X 线读片指南. 3 版. 南京：江苏科学技术出版社

徐富星. 2003. 下消化道内镜学. 上海：上海科学技术出版社

张云亭，于兹喜. 2010. 医学影像检查技术学. 北京：人民卫生出版社

中华医学会. 2004. 临床技术操作规范——消化内镜分册. 北京：人民军医出版社

邹仲. 1983. X 线检查技术学. 上海：上海科学技术出版社

Kevinkealy J，McAllister H. 2006. 犬猫 X 线与 B 超诊断技术. 4 版. 谢富强译. 沈阳：辽宁科学技术出版社

Lavin LM. 2010. 兽医 X 线摄影技术——如何拍出合格的 X 线片. 4 版. 谢富强主译. 北京：中国农业大学出版社

Stocksley M. 2003. 腹部超声诊断. 王志斌，房世保主译. 北京：人民卫生出版社

Ayers S. 2012. Small Animal Radiographic Techniques and Positioning. New York: John Wiley & Sons Inc

Brown M, Brown LC. 2014. Radiography for Veterinary Technicians. 5th ed. New York: Saunders

Sirois M, Mauragis D, Anthony E. 2009. Handbook of Radiographic Positioning for Veterinary Technicians. Toronto: Nelson Education Ltd

Szabo TL. Diagnostic Ultrasound Imaging: Inside Out. Amsterdam: Elsevier Academic Press

Taylor SM. 2010. Small Aminal Clinical Techniques. New York: Saunders